アナログ電子回路

前多　正［著］

Analog Electronic Circuit

森北出版

まえがき

アナログ電子回路は，MOSFET やバイポーラトランジスタなどの，電流と電圧が比例関係とならない非線形な能動素子を含む回路であり，線形素子で構成される電気回路とは異なり，その動作解析は複雑である．そこで，回路の性能を解析するために，素子の動作範囲を限定することで能動素子を線形近似した等価回路が導入されている．

しかし，等価回路を用いた解析を行うには，能動素子を線形素子に置き換えるだけでなく，電源を短絡したり，バイアス回路を変形したりするなどの処理が必要で，はじめてアナログ電子回路を学ぶ人にとって，その理解は困難である．加えて，現実の不良解析，設計指針の確立や最適化などでは，能動素子の寄生効果を含めた複雑な等価回路を用いなければ必要な情報を得ることができないので，さらに理解しづらい状況となる．それゆえ，本書は，等価回路解析における回路の変形過程を，初心者が理解しやすいレベルから実践的レベルまでセクションを分けており，難易度に応じて当該箇所を選択して学修できる構成になっている．

また，アナログ電子回路では，その動作原理も，等価回路も異なるダイオード，バイポーラトランジスタ，MOSFET など，多岐にわたる能動素子を扱うので，すべてを網羅すると，学習者が混乱することが懸念される．本書では，現在主として用いられている MOSFET を用いた回路を中心に説明し，バイポーラトランジスタを用いた基本回路の等価回路解析は，付録に記載している．

本書の構成は，以下のようになっている．最初に電気回路の基礎として，等価回路解析で必要となる知識を述べている．とくに，能動素子を置き換えるための電圧制御電圧源や電圧制御電流源および，テブナンの定理，ノートンの定理など線形回路の基本についてまとめている．2 章では，半導体の基礎と，MOSFET の動作原理および基本特性に関して述べた．3 章および 4 章では，アナログ電子回路の等価回路を導出する方法を，基本回路ごとに説明している．

アナログ電子回路の応用例は，5 章以降で記載しているが，帰還回路，差動回路，発振回路，演算増幅器では，回路の概念や特徴だけでなく，具体的な回路例を併記することにより，どのように用いられるのかを直感的にわかるように説明している．また，6 章の差動回路では，回路の寄生容量が回路特性に及ぼす影響に関しても記載している.

7章の演算増幅器では，加算や減算，積分や微分などの理想オペアンプを用いた基本的な機能の解析だけでなく，アクティブインダクタ回路やフィルタ回路応用にも言及する．また，オペアンプの周波数特性，大信号特性などの非理想特性についても述べる．さらには，実際にオペアンプを，MOSFET アナログ回路に組み込んで設計する応用例についても記載する.

8章では，オーディオのスピーカ駆動や無線機のアンテナ出力回路などに用いられる，電力増幅器の動作原理と，重要な指標である電力変換効率に関して述べた.
9章の電源回路では，交流－直流変換に関しては，単純な整流回路だけでなく，エネルギーハーベストで用いられる整流回路の実際についても記述するとともに，直流－直流変換でも，方式の概要だけでなく，電子システムで多用される，LDO に関して詳細に述べる.

最後に，森北出版の方々をはじめ，本書を執筆するにあたり，お世話になった方々に深謝いたします.

2023 年 1 月

著　者

目　次

4章 MOSFET 基本増幅回路の周波数特性 54

5章 帰還回路 70

6章 差動回路 94

7章 演算増幅器（オペアンプ） 112

アナログ電子回路では，非線形な能動素子を線形回路で近似し，等価回路に変換することで解析を行う．その際には，線形な素子を扱う電気回路の基礎知識が必要となる．ここではまず，能動素子を置き換えるための制御電源や，テブナンの定理，ノートンの定理など，線形回路の基本について復習しよう．

1.1 正弦波信号の複素数表現

正弦波交流信号の電圧や電流は，時間の経過とともに，周期的に変化する．図 1.1 は，周期的に変化する**正弦波交流電圧**（sine-wave alternating voltage）の様子を示したものである．

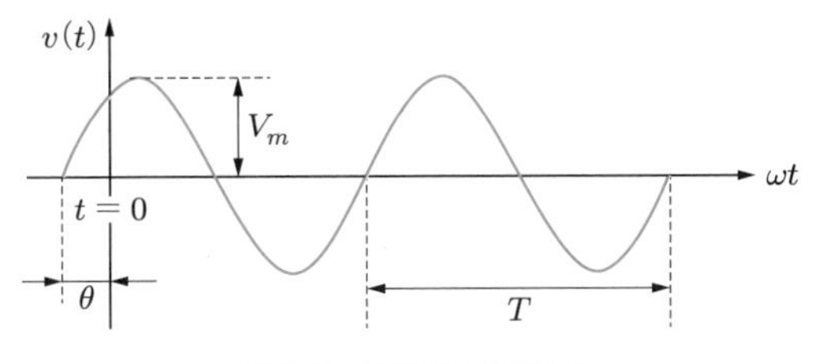

図 1.1　正弦波交流信号

時刻 t における電圧 $v(t)$ は，

$$v(t) = V_m \sin(\omega t + \theta) \tag{1.1}$$

と表され，これを電圧の瞬時値表示という．ここで，V_m [V] は**振幅**（amplitude）で，信号の最大値である．ω [rad/s] は**角周波数**（angular frequency）で，正弦波信号は，$T = 2\pi/\omega$ [s] で与えられる周期（period）ごとに同一の波形が繰り返される．周期の逆数 $f = 1/T = \omega/2\pi$ [Hz] を**周波数**（frequency）という．θ [rad] は $t = 0$ における位相を表しており，初期位相ともいわれる．

一般に，三角関数の計算は複雑になることが多い．そこで，式 (1.1) で与えられた正弦波交流信号を，**オイラーの公式**

$$e^{\pm j\theta} = \cos\theta \pm j\sin\theta \tag{1.2}$$

を用いて，

$$\boldsymbol{V}(t) = V_m e^{j(\omega t+\theta)} = V_m\cos(\omega t+\theta) + jV_m\sin(\omega t+\theta) \tag{1.3}$$

と表す．このように複素数で表現された式 (1.3) の実部または虚部だけを見れば，交流信号の特性が表現できることがわかる．

式 (1.3) を複素平面上で表現すると，図 1.2 のように，$\boldsymbol{V}(t)$ は原点とそれを中心とした半径 V_m の円上の点を結ぶベクトルとして表現される（そのため $\boldsymbol{V}(t)$ と太字で表している）．このベクトルの実軸成分が $V_m\cos(\omega t+\theta)$，虚軸成分が $jV_m\sin(\omega t+\theta)$ である．$\boldsymbol{V}(t)$ は原点を中心として反時計回りに回転し，位相 $\omega t+\theta$ が実軸からの回転角を表す．また，図からわかるように，Re{}，Im{} をそれぞれ実部と虚部を表す記号として，

$$|\boldsymbol{V}(t)| = V_m = \sqrt{[\mathrm{Re}\{\boldsymbol{V}(t)\}]^2 + [\mathrm{Im}\{\boldsymbol{V}(t)\}]^2} \tag{1.4}$$

$$\tan(\omega t+\theta) = \frac{\mathrm{Im}\{\boldsymbol{V}(t)\}}{\mathrm{Re}\{\boldsymbol{V}(t)\}} \tag{1.5}$$

である．

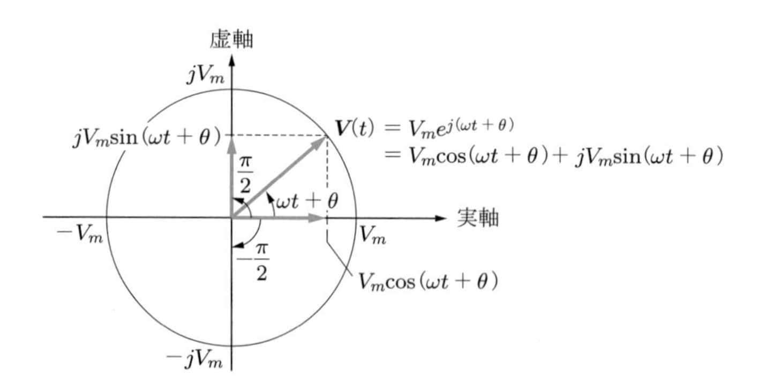

図 1.2　正弦波交流電圧の複素平面上での表現

このように複素指数関数を用いるのは，解析が以下のように容易になるためである．$e^{j(\theta_1\pm\theta_2)} = e^{j\theta_1}\times e^{\pm j\theta_2}$ であるから，位相の和や差は，指数表示では積になる．とくに，$\pm j = e^{\pm j\pi/2}$ であるから，虚数単位 j の乗算は位相が $\pi/2$ 変化することを意味し，複素平面上でのベクトルの 90° 回転に対応する．また，後述するように微積分も簡単になる．

さらに，正弦波交流信号を入力した場合，過渡的な状態を経て十分な時間が経つと，回路は定常状態に落ち着く．定常状態では，回路が線形素子（1.3 節参照）で構成されていれば，回路の出力電圧・電流は，入力信号と同じ周波数で変化する．つまり，式 (1.3) を

$$\boldsymbol{V}(t) = V_m e^{j(\omega t+\theta)} = e^{j\omega t} \times V_m e^{j\theta} \tag{1.6}$$

と表したとき，定常状態の線形回路では時間的変化を表す因子 $e^{j\omega t}$ は共通となる．よってこれを省き，初期位相 θ だけを求めれば十分である．そこで，振幅 V_m の代わりに実効値 $V_a = V_m/\sqrt{2}$ を用いて，

$$\boldsymbol{V} = V_a e^{j\theta} \tag{1.7}$$

と表現する．これは，$\boldsymbol{V}(t)$ とともに回転する座標系で見ることで，$\boldsymbol{V}(t)$ を静止したベクトルとして表すことに相当する．そのため，これを複素数表示した正弦波交流電圧の静止ベクトル表現ともいう．以降はこれを単に複素数表示とよぶ．また，複素数表示における位相とは，初期位相 θ のことである．

1.2　受動素子の複素数表示とインピーダンス

抵抗，インダクタ（コイル），キャパシタ（コンデンサ）における電圧・電流の関係を，複素数表示してみよう．まず，式 (1.6) で表される交流電圧に抵抗を接続した場合を図 1.3 に示す．抵抗を流れる電流は，オームの法則から

$$\boldsymbol{I}_R(t) = \frac{\boldsymbol{V}(t)}{R} = \frac{V_m e^{j(\omega t+\theta)}}{R} = \frac{V_m}{R} e^{j(\omega t+\theta)} \tag{1.8}$$

となる．したがって，電流と電圧は同位相とわかる．式 (1.7) と同様に，時間的変化を表す因子を省いて複素数表示すれば，

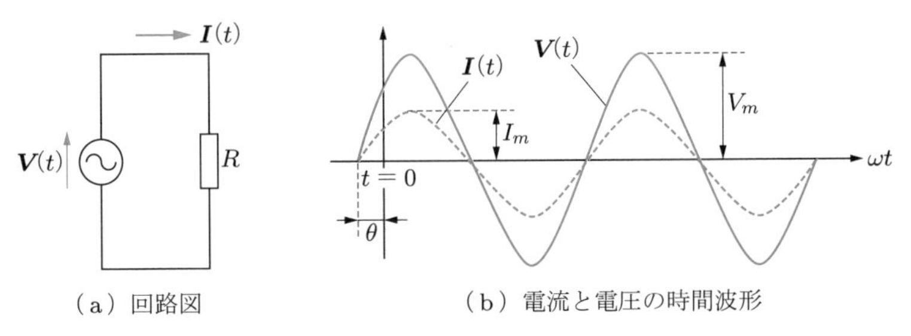

図 1.3　交流電源に抵抗を接続した場合

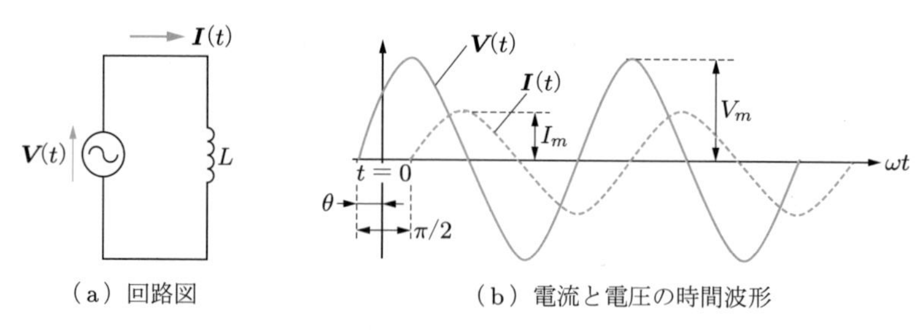

（a）回路図　　　（b）電流と電圧の時間波形

図 1.4　交流電源にインダクタを接続した場合

$$\boldsymbol{I}_R = \frac{\boldsymbol{V}}{R} = \frac{V_a}{R}e^{j\theta} = I_a e^{j\theta} \tag{1.9}$$

である．ここで，$I_a = V_a/R$ は電流の実効値である．

次に，交流電圧にインダクタを接続した場合を図 1.4 に示す．このとき，電磁誘導の法則より

$$\boldsymbol{V}(t) = L\frac{\mathrm{d}\boldsymbol{I}_L(t)}{\mathrm{d}t} \tag{1.10}$$

であるから，

$$\boldsymbol{I}_L(t) = \frac{1}{L}\int \boldsymbol{V}(t)\,\mathrm{d}t = \frac{1}{L}\int V_m e^{j(\omega t+\theta)}\,\mathrm{d}t = \frac{V_m}{j\omega L}e^{j(\omega t+\theta)} \tag{1.11}$$

となる．このように，積分は $j\omega$ の除算に置き換えられる．ここで，$1/j = -j = e^{-j\pi/2}$ であるから，

$$\boldsymbol{I}_L(t) = \frac{V_m}{j\omega L}e^{j(\omega t+\theta)} = \frac{V_m}{\omega L}e^{j(\omega t+\theta-\pi/2)} = I_m e^{j(\omega t+\theta-\pi/2)} \tag{1.12}$$

となる．したがって，インダクタを流れる電流は，電圧より位相が $\pi/2$ 遅れることがわかる．また，その振幅 $I_m = V_m/\omega L$ は周波数が高くなるにつれて小さくなることがわかる．時間的変化を表す因子を省いて複素数表示すれば，

$$\boldsymbol{I}_L = \frac{\boldsymbol{V}}{j\omega L} = \frac{V_a e^{j\theta}}{j\omega L} = I_a e^{j(\theta-\pi/2)} \tag{1.13}$$

である．ここで，$I_a = V_a/\omega L$ は電流の実効値である．

最後に，交流電源にキャパシタを接続した場合を図 1.5 に示す．このとき，キャパシタの電極に蓄えられる電荷 $\boldsymbol{Q}(t) = C\boldsymbol{V}(t)$ であり，電流 $\boldsymbol{I}_C(t)$ は電荷 $\boldsymbol{Q}(t)$ の単位時間あたりの変化に等しいから，

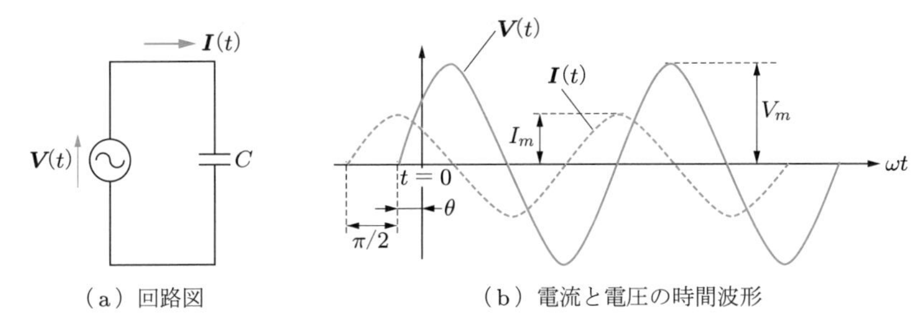

（a）回路図　（b）電流と電圧の時間波形

図 1.5　**交流電源にキャパシタを接続した場合**

$$\boldsymbol{I}_C(t)=\frac{\mathrm{d}\boldsymbol{Q}(t)}{\mathrm{d}t}=C\frac{\mathrm{d}\boldsymbol{V}(t)}{\mathrm{d}t}=C\frac{\mathrm{d}\{V_m e^{j(\omega t+\theta)}\}}{\mathrm{d}t}=j\omega C\times V_m e^{j(\omega t+\theta)} \tag{1.14}$$

となる．このように，微分は $j\omega$ の乗算に置き換えられる．また，$j=e^{j\pi/2}$ であるから，

$$\boldsymbol{I}_C(t)=j\omega C\times V_m e^{j(\omega t+\theta)}=\omega CV_m e^{j(\omega t+\theta+\pi/2)}=I_m e^{j(\omega t+\theta+\pi/2)} \tag{1.15}$$

となる．したがって，キャパシタを流れる電流は，電圧より位相が $\pi/2$ 進むことがわかる．また，その振幅 $I_m=\omega CV_m$ は周波数が高くなるにつれて大きくなることがわかる．時間的変化を表す因子を省いて複素数表示すれば，

$$\boldsymbol{I}_C=j\omega C\boldsymbol{V}=j\omega CV_a e^{j\theta}=I_a e^{j(\theta+\pi/2)} \tag{1.16}$$

である．ここで，$I_a=\omega CV_a$ は電流の実効値である．

式 (1.9)，(1.13)，(1.16) において，$R=\boldsymbol{Z}_R$，$j\omega L=\boldsymbol{Z}_L$，$1/j\omega C=\boldsymbol{Z}_C$ とおくと，それぞれ

$$\boldsymbol{I}_R=\frac{\boldsymbol{V}}{\boldsymbol{Z}_R},\quad \boldsymbol{I}_L=\frac{\boldsymbol{V}}{\boldsymbol{Z}_L},\quad \boldsymbol{I}_C=\frac{\boldsymbol{V}}{\boldsymbol{Z}_C} \tag{1.17}$$

となり，すべて直流回路におけるオームの法則と同じ形式で表せることがわかる．$\boldsymbol{Z}_R$，$\boldsymbol{Z}_L$，$\boldsymbol{Z}_C$ はそれぞれの交流回路における抵抗に相当し，**インピーダンス** (impedance) とよばれる．単位はオーム [Ω] である．また，インピーダンス $\boldsymbol{Z}$ の逆数 $\boldsymbol{Y}=1/\boldsymbol{Z}$ を**アドミタンス** (admittance) という．アドミタンスの単位はジーメンス [S] である．

以上を表 1.1 にまとめる．このように，複素数表示を用いると，$j\omega$ の乗算・除算により微積分が行えるようになる．また，インピーダンスを用いることで，素子にかかわらず同じ形式で電圧・電流の関係を扱えるようになる．

表 1.1　電圧・電流の関係の瞬時値表示と複素数表示

回路	瞬時値表示	複素数表示
R のみ	$v_R(t) = Ri(t)$	$\boldsymbol{V}_R = R\boldsymbol{I}$
L のみ	$v_L(t) = L\dfrac{\mathrm{d}i(t)}{\mathrm{d}t}$	$\boldsymbol{V}_L = j\omega L\boldsymbol{I}$
C のみ	$v_C(t) = \dfrac{1}{C}\displaystyle\int i(t)\,\mathrm{d}t$	$\boldsymbol{V}_C = \dfrac{1}{j\omega C}\boldsymbol{I}$

1.3 回路の線形性

一定の値 R [Ω] をもつ抵抗に流れる電流 i [A] と，抵抗両端に現れる電圧 v [V] の関係を，図 1.6 を用いて考えよう．まず，図 (a) のように電流 i_1 が流れるとき，抵抗両端に現れる電圧 $v_1 = R \times i_1$ である．また，図 (b) に示すように電流 i_2 が流れるとき，抵抗両端に現れる電圧 $v_2 = R \times i_2$ である．一方，図 (c) のように $i_3 = i_1 + i_2$ の電流が流れるとき，抵抗両端に現れる電圧は，

$$v_3 = R \times i_3 = R \times (i_2 + i_2) = R \times i_1 + R \times i_2 = v_1 + v_2 \tag{1.18}$$

となり，i_1，i_2 がそれぞれ単独で流れるときに現れる電圧の和で表される．これを線形関係という．同様に，インダクタ L やキャパシタ C が一定の値であれば，

$$v_3 = L\frac{\mathrm{d}i_3}{\mathrm{d}t} = L\frac{\mathrm{d}(i_1 + i_2)}{\mathrm{d}t} = L\frac{\mathrm{d}i_1}{\mathrm{d}t} + L\frac{\mathrm{d}i_2}{\mathrm{d}t} = v_1 + v_2 \tag{1.19}$$

$$v_3 = \frac{1}{C}\int i_3\,\mathrm{d}t = \frac{1}{C}\int (i_1 + i_2)\,\mathrm{d}t = \frac{1}{C}\int i_1\,\mathrm{d}t + \frac{1}{C}\int i_2\,\mathrm{d}t = v_1 + v_2 \tag{1.20}$$

となり，線形関係が成り立つ．

このように，抵抗やインダクタ，キャパシタが定数値であればつねに線形関係が成立し，これらは**線形素子**（linear element）とよばれる．また，線形素子および電

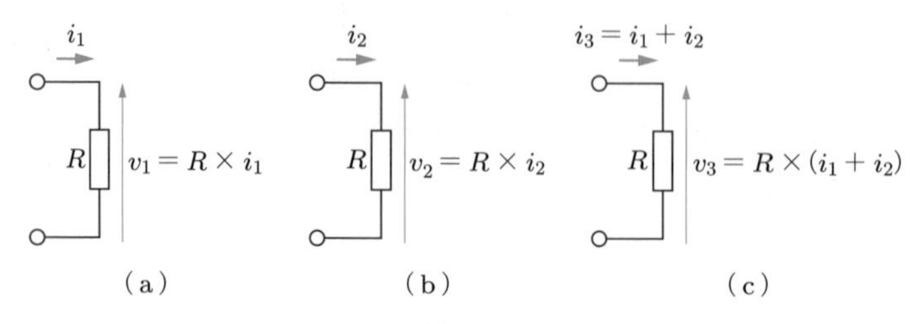

図 1.6　抵抗に現れる電圧

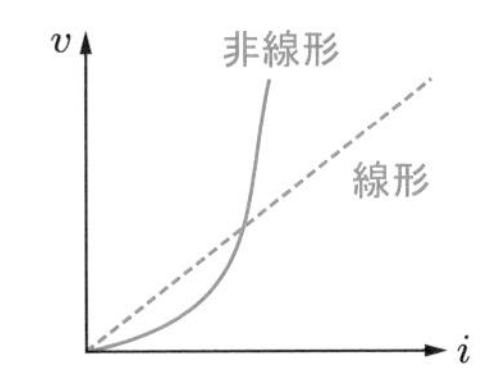

図 1.7　線形素子と非線形素子における電流・電圧の関係

圧源または電流源から構成された回路を，**線形回路**（linear circuit）という．図 1.7 に，線形素子の場合と非線形素子の場合の電流・電圧の関係を示す．線形素子では，素子に現れる電圧は流れる電流に比例するが，非線形素子では比例しない．

素子が線形であれば，複素数表示した場合でも同様に線形関係が成り立つ．たとえば，図 1.8 のように，インダクタの複素数表示では，

$$\boldsymbol{V}_3 = j\omega L\boldsymbol{I}_3 = j\omega L(\boldsymbol{I}_1 + \boldsymbol{I}_2) = j\omega L\boldsymbol{I}_1 + j\omega L\boldsymbol{I}_2 = \boldsymbol{V}_1 + \boldsymbol{V}_2 \tag{1.21}$$

となり，線形関係が成り立つことがわかる．

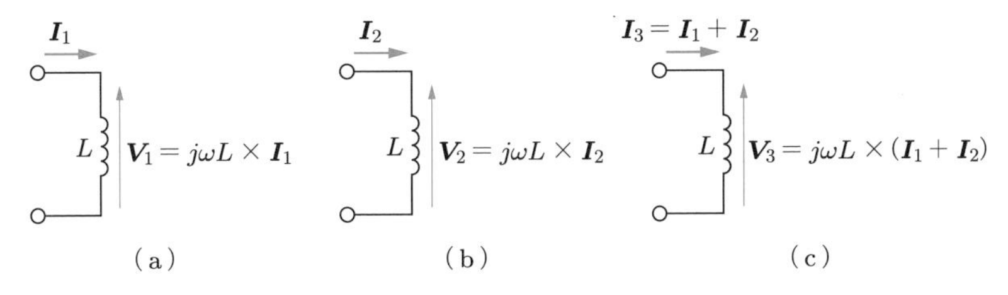

図 1.8　複素数表示における線形関係（インダクタの場合）

1.4　電圧源・電流源と制御電源

本節では，電子回路に用いられる電源について述べる．理想的な電源は，どのような負荷（load）を接続しても，一定の電圧または電流を供給できる素子である．しかし，実際の**電圧源**（voltage source）は，図 1.9 (a) のように，電源 v_0 に直列に接続される内部抵抗 r_0 が存在する．したがって，内部抵抗と同程度に小さい負荷インピーダンスを電源に接続すると，出力電圧は分圧されて低くなる．

また，実際の**電流源**（current source）も，図 (b) に示すように，電流源 i_0 に並列に接続される内部抵抗 r_0 が存在する．そのため，内部抵抗と同程度に高い負荷インピーダンスを電源に接続すると，出力電流が内部抵抗に分流されて，十分な電流を負荷に流すことができなくなる．このように実際の回路設計では，電源の内部抵

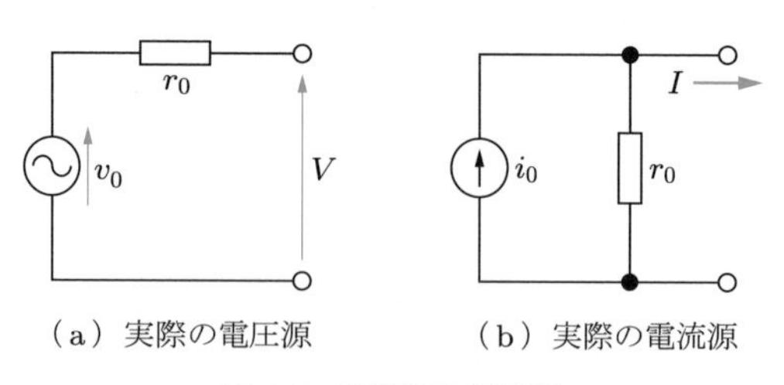

（a）実際の電圧源　（b）実際の電流源

図 1.9　**電圧源と電流源**

抗を考慮し，接続する負荷が電源の供給能力に影響しないようにする必要がある．

なお，アナログ電子回路の解析は複雑であるので，理想電源を想定して行うことが多い．理想電源（電圧源の場合は内部抵抗がゼロ，電流源の場合は内部抵抗が無限大）は，接続される回路または負荷によらず一定の出力を維持するので，**独立電源**（independent source）ともいう．

これに対し，**制御電源**（controlled source）は，制御入力である特定の 2 端子間の電圧または電流に比例した，電圧または電流を出力するものである．制御電圧源は，制御入力と出力の種類により，電圧制御電圧源，電圧制御電流源，電流制御電圧源，電流制御電流源の 4 種類がある．

電圧制御電圧源（voltage controlled voltage source：VCVS）は，図 1.10 (a) に示すように，入力端子に印加された電圧 v_i に比例した電圧が出力される電圧源である．ここで，A_V は電圧利得とよばれる無次元の定数である．この電源の入力端子間のインピーダンスは無限大で，出力抵抗はゼロであり，理想的な電圧増幅回路を記述する場合に用いられる．

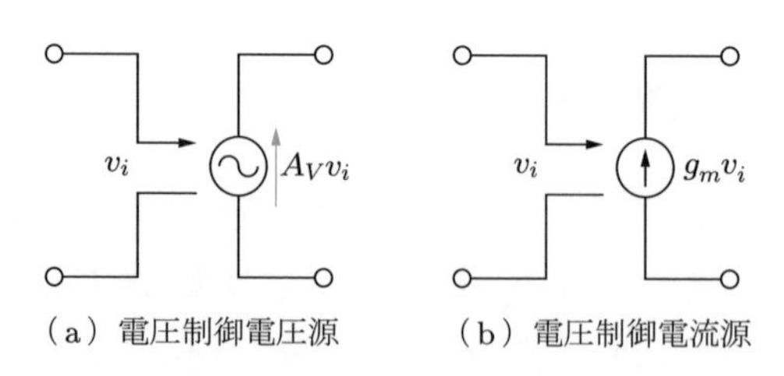

（a）電圧制御電圧源　（b）電圧制御電流源

図 1.10　**電圧制御電源**

図 1.10 (b) に示す**電圧制御電流源**（voltage controlled current source：VCCS）は，入力端子に印加された電圧 v_i に比例した電流が出力される電流源である．g_m は，伝達コンダクタンスとよばれる定数で，単位 [S] である．この電源の入力インピーダンスと出力インピーダンスは，ともに無限大である．この制御電源は，電子回路解析で，MOSFET やバイポーラトランジスタを等価回路で置き換える際によ

く用いられる．

図 1.11 (a) に示す**電流制御電圧源**（current controlled voltage source：CCVS）は，入力端子間に流れる電流 i_i に比例した電圧が出力される電圧源である．r_m は伝達抵抗とよばれる定数で，単位 [Ω] である．この電源の入力端子間には電流が流れるが，端子間電圧はゼロで，したがって入力インピーダンスはゼロである．また電圧源であるので，出力インピーダンスもゼロとなる．

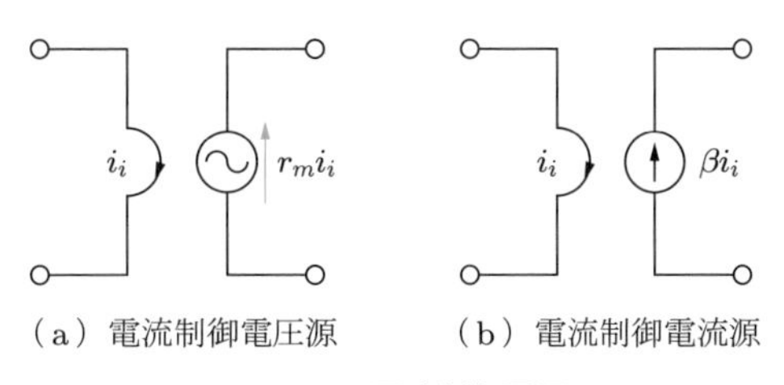

図 1.11　**電流制御電源**

図 1.11 (b) の**電流制御電流源**（current controlled current source：CCCS）は，入力端子間に流れる電流 i_i に比例した電流が出力される電流源である．β は電流利得とよばれる無次元の定数である．この電源の入力インピーダンスはゼロで，出力インピーダンスは無限大である．

1.5　二端子対回路（Z 行列）

本節では，回路の入出力インピーダンスを求める際に利用する**二端子対回路**（**Z 行列**）について述べる．複雑な電子回路の解析でも，図 1.12 のように対象とする回路の入出力電圧や電流がわかっていれば，回路の入力と出力に関係したインピーダンスなどが導出できる．前節でも述べたように，回路の前後に接続される電源や回路の駆動能力は無限大ではない．そのため，入出力信号の振幅やレベルは入出力インピーダンスによって変わってしまう．これが，回路解析で入出力インピーダンスが必要となる理由である．

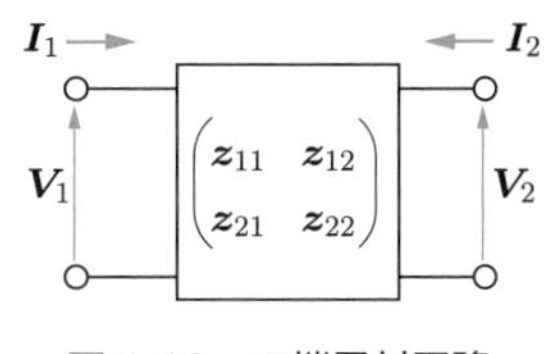

図 1.12　**二端子対回路**

図1.12に示した二端子対回路は，入力と出力で1対の端子をもっており，入力端子1–1′間の電圧を$\boldsymbol{V}_1$，流入する電流を$\boldsymbol{I}_1$とし，出力端子2–2′間の電圧を$\boldsymbol{V}_2$，流入する電流を$\boldsymbol{I}_2$とする．このとき，これら電流と電圧には下記の連立方程式が成立する．

$$\begin{cases}\boldsymbol{V}_1 = \boldsymbol{z}_{11}\boldsymbol{I}_1 + \boldsymbol{z}_{12}\boldsymbol{I}_2 \\ \boldsymbol{V}_2 = \boldsymbol{z}_{21}\boldsymbol{I}_1 + \boldsymbol{z}_{22}\boldsymbol{I}_2\end{cases} \tag{1.22}$$

これを行列の形式で示すと，$\boldsymbol{Z}$行列とよばれる次式が得られる．この行列要素$\boldsymbol{z}_{ij}$を$\boldsymbol{z}$パラメータといい，一般には複素数である（そのため太字で表している）．

$$\begin{pmatrix}\boldsymbol{V}_1 \\ \boldsymbol{V}_2\end{pmatrix} = \begin{pmatrix}\boldsymbol{z}_{11} & \boldsymbol{z}_{12} \\ \boldsymbol{z}_{21} & \boldsymbol{z}_{22}\end{pmatrix}\begin{pmatrix}\boldsymbol{I}_1 \\ \boldsymbol{I}_2\end{pmatrix} \tag{1.23}$$

行列式のパラメータである$\boldsymbol{z}_{11}$は入力インピーダンスとよばれ，式(1.22)で，出力端子を開放状態（出力に何も接続しない）で$\boldsymbol{I}_2 = 0$として，

$$\boldsymbol{z}_{11} = \left.\frac{\boldsymbol{V}_1}{\boldsymbol{I}_1}\right|_{\boldsymbol{I}_2=0} \tag{1.24}$$

で求められる．また，$\boldsymbol{z}_{22}$は出力インピーダンスとよばれ，式(1.22)で，入力端子を開放状態（入力に何も接続しない）で$\boldsymbol{I}_1 = 0$として，

$$\boldsymbol{z}_{22} = \left.\frac{\boldsymbol{V}_2}{\boldsymbol{I}_2}\right|_{\boldsymbol{I}_1=0} \tag{1.25}$$

として求められる．さらに，$\boldsymbol{z}_{12}$は入力端子を開放（$\boldsymbol{I}_1 = 0$）したときの，出力から入力への伝達インピーダンス，$\boldsymbol{z}_{21}$は出力端子を開放（$\boldsymbol{I}_2 = 0$）したときの，入力から出力への伝達インピーダンスとよばれ，それぞれ

$$\boldsymbol{z}_{12} = \left.\frac{\boldsymbol{V}_1}{\boldsymbol{I}_2}\right|_{\boldsymbol{I}_1=0} \tag{1.26}$$

$$\boldsymbol{z}_{21} = \left.\frac{\boldsymbol{V}_2}{\boldsymbol{I}_1}\right|_{\boldsymbol{I}_2=0} \tag{1.27}$$

で求められる．なお，式(1.25)や式(1.26)を求める際には，$\boldsymbol{I}_1 = 0$となるように入力端子を短絡する場合もある．

1.6 電気回路で成り立つ法則と定理

1.6.1 キルヒホッフの法則

キルヒホッフの法則（Kirchhoff's law）は，電流則とよばれる**キルヒホッフの第1法則**（Kirchhoff's current law：KCL）と，電圧則とよばれる**キルヒホッフの第2法則**（Kirchhoff's voltage law：KVL）からなる．

キルヒホッフの電流則は，回路中の任意の節点に流れ込む電流の総和がゼロになることを示している．その様子を図 1.13 (a) に示す．図中の接点 a に流れ込む電流経路は四つであるが，これらすべての電流の和がゼロになる．すなわち，$i_1 + i_2 + i_3 + i_4 = 0$ が成り立つ．

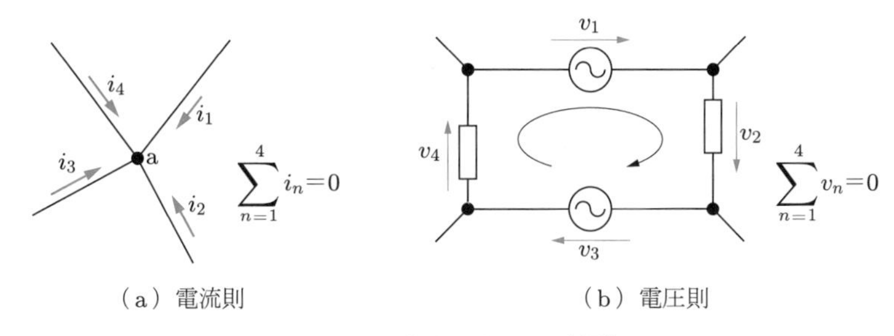

（a）電流則　（b）電圧則

図 1.13 キルヒホッフの法則

キルヒホッフの電圧則は，回路上の任意の閉回路における各素子に加わる電圧の総和がゼロになることを示している．なお，電位差の符号は，閉回路を一巡する方向を正，逆の方向を負とする．すなわち，図 1.13 (b) において，$v_1 + v_2 + v_3 + v_4 = 0$ が成り立つ．

1.6.2 重ね合わせの理

複数の電圧源や電流源と線形素子から構成された回路において，回路の任意の接点における電圧または電流は，それぞれの電源が単独で存在した場合の電流または電圧の和に等しい．この定理を，**重ね合わせの理**（superposition theorem）という．なお，単独の電源回路とするためには，電圧源を取り除くときは短絡し，電流源を取り除くときは開放して考える．

図 1.14 (a) に示す電圧源と電流源を一つずつ含む回路における電圧 $\boldsymbol{V}$ と電流 $\boldsymbol{I}$ を求めてみよう．まず，図 (b) のように電流源を開放した場合の電圧 $\boldsymbol{V}_1$ と電流 $\boldsymbol{I}_1$ を求め，次に，図 (c) のように電圧源を短絡した場合の電圧 $\boldsymbol{V}_2$ と電流 $\boldsymbol{I}_2$ を求める．

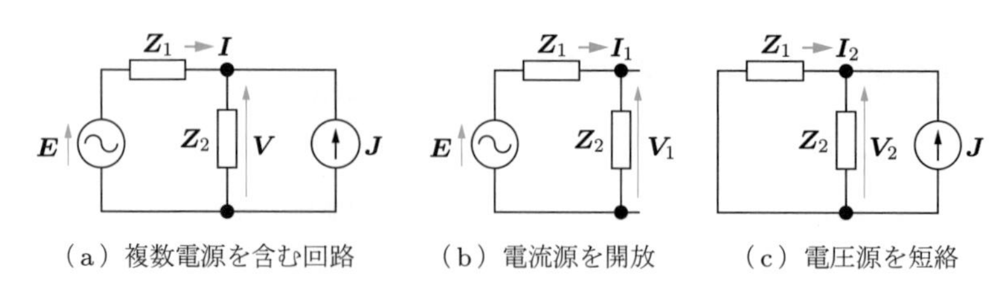

図 1.14　**重ね合わせの理**

最後に，これらの和からもとの回路の電圧と電流が求められる．すなわち，

$$\boldsymbol{I} = \boldsymbol{I}_1 + \boldsymbol{I}_2 = \frac{\boldsymbol{E}}{\boldsymbol{Z}_1 + \boldsymbol{Z}_2} - \boldsymbol{Z}_2 \frac{\boldsymbol{J}}{\boldsymbol{Z}_1 + \boldsymbol{Z}_2} = \frac{\boldsymbol{E} - \boldsymbol{Z}_2 \boldsymbol{J}}{\boldsymbol{Z}_1 + \boldsymbol{Z}_2} \tag{1.28}$$

$$\boldsymbol{V} = \boldsymbol{V}_1 + \boldsymbol{V}_2 = \boldsymbol{Z}_2 \frac{\boldsymbol{E}}{\boldsymbol{Z}_1 + \boldsymbol{Z}_2} + \boldsymbol{Z}_1 \boldsymbol{Z}_2 \frac{\boldsymbol{J}}{\boldsymbol{Z}_1 + \boldsymbol{Z}_2} = \boldsymbol{Z}_2 \frac{\boldsymbol{E} + \boldsymbol{Z}_1 \boldsymbol{J}}{\boldsymbol{Z}_1 + \boldsymbol{Z}_2} \tag{1.29}$$

となる．

1.6.3　テブナンの定理とノートンの定理

回路が線形であれば，以下に示すテブナンの定理とノートンの定理を用いることができる．

図 1.15 (a) に示す，内部に電源を含む回路において，a–b 間のすべての電圧源を短絡し，すべての電流源を開放する．このとき端子 a–b 間の開放電圧が $\boldsymbol{E}_0$ [V] で，端子 a–b 間から回路を見たインピーダンスが $\boldsymbol{Z}_0$ [Ω] であったとする．**テブナンの定理**（Thevenin's theorem）によれば，その等価回路は図 (b) に示すように，電圧源 $\boldsymbol{E}_0$ とインピーダンス $\boldsymbol{Z}_0$ が直列接続されたものとみなせる．この回路を**テブナンの等価回路**（Thevenin's equivalent circuit）といい，端子 a–b 間に任意のインピーダンス $\boldsymbol{Z}$ [Ω] を接続したときの，$\boldsymbol{Z}$ を流れる電流 $\boldsymbol{I}$ [A] は，

$$\boldsymbol{I} = \frac{\boldsymbol{E}_0}{\boldsymbol{Z}_0 + \boldsymbol{Z}} \tag{1.30}$$

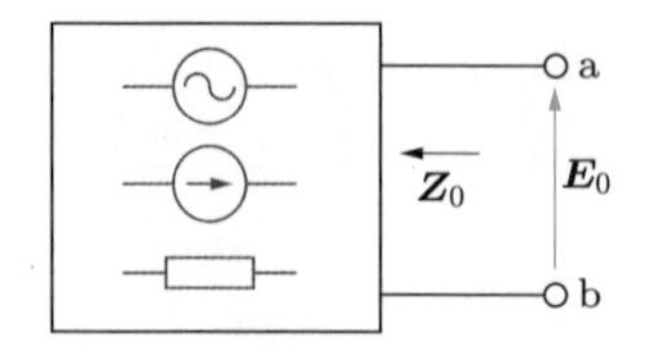

（a）内部に電源を含む回路

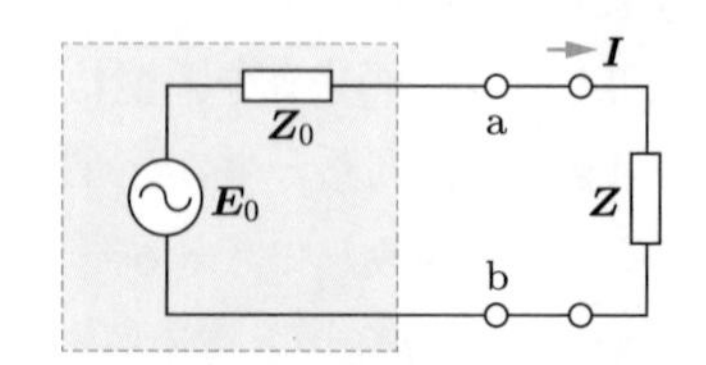

（b）テブナンの定理による等価回路

図 1.15　**テブナンの定理**

と求められる．テブナンの定理を用いれば，回路の詳細が不明であっても，注目する端子対に関する電圧とインピーダンスで解析ができる．

図 1.16 (a) に示す，内部に電源を含む回路において，端子 a–b 間のすべての電圧源を短絡し，すべての電流源を開放する．このとき端子 a–b 間の短絡電流が $\boldsymbol{J}_0$ [A] で，端子 a–b 間から回路を見たアドミタンスが $\boldsymbol{Y}_0$ [S] であったとする．**ノートンの定理**（Norton's theorem）によれば，その等価回路は図 (b) に示すように，電流源 $\boldsymbol{J}_0$ とアドミタンス $\boldsymbol{Y}_0$ が並列接続されたものとみなせる．この回路を**ノートンの等価回路**（Norton's equivalent circuit）といい，端子 a–b 間に任意のアドミタンス $\boldsymbol{Y}$ [S] を接続したときの $\boldsymbol{Y}$ の端子電圧 $\boldsymbol{V}$ [V] は，

$$\boldsymbol{V} = \frac{\boldsymbol{J}_0}{\boldsymbol{Y}_0 + \boldsymbol{Y}} \tag{1.31}$$

で求められる．

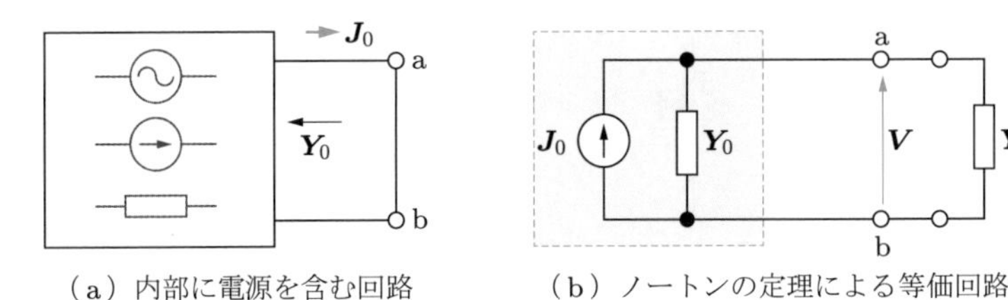

（a）内部に電源を含む回路　（b）ノートンの定理による等価回路

図 1.16　ノートンの定理

演習問題

1.1 問図 1.1 に示すように，抵抗 R [Ω] とインダクタ L_1 [H]，L_2 [H] を直列接続した RL 直列回路に交流電圧源を接続したとき，次の問いに答えよ．

(1) 回路の電流を複素数表示を用いて示せ．

(2) インダクタ L_2 の電圧を求めよ．

なお，電圧源の実効値電圧は E [V]，角周波数は ω [rad/s]，位相はゼロとする．

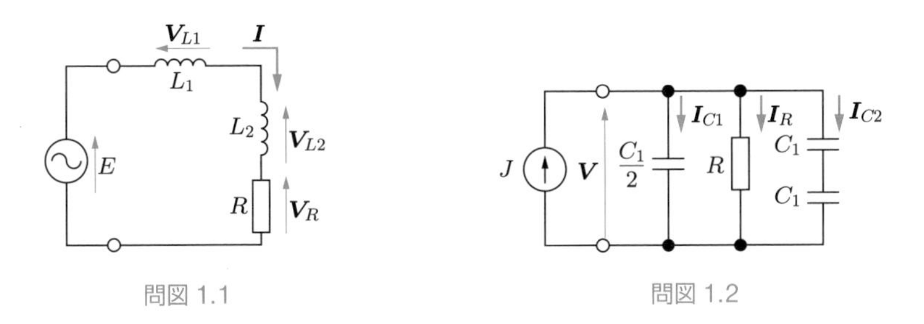

問図 1.1　問図 1.2

1.2 問図 1.2 に示すように，抵抗 R [Ω] とキャパシタ C_1 [F] が並列接続された RC 並列回路に交流電流源を接続したとき，次の問いに答えよ．

(1) 回路の電圧を複素数表示を用いて示せ．

(2) 電流 $\boldsymbol{I}_{C2}$ を求めよ．

なお，電流源の実効値電流は J [A]，角周波数は ω [rad/s]，位相はゼロとする．

1.3 問図 1.3 のように，電圧源 E [V] および電流源 J [A]，インピーダンス $\boldsymbol{Z}_1$ [Ω]，$\boldsymbol{Z}_2$ [Ω] で構成された回路の端子 a–b 間にインピーダンス $\boldsymbol{Z}_0$ [Ω] を接続したとき，$\boldsymbol{Z}_0$ を流れる電流を重ね合わせの理を用いて求めよ．

1.4 問図 1.4 のように，インピーダンス $\boldsymbol{Z}_1$〜$\boldsymbol{Z}_5$ [Ω] で構成された回路に電圧源 E [V] を接続したとき，インピーダンス $\boldsymbol{Z}_5$ [Ω] を流れる電流をテブナンの定理を用いて求めよ．

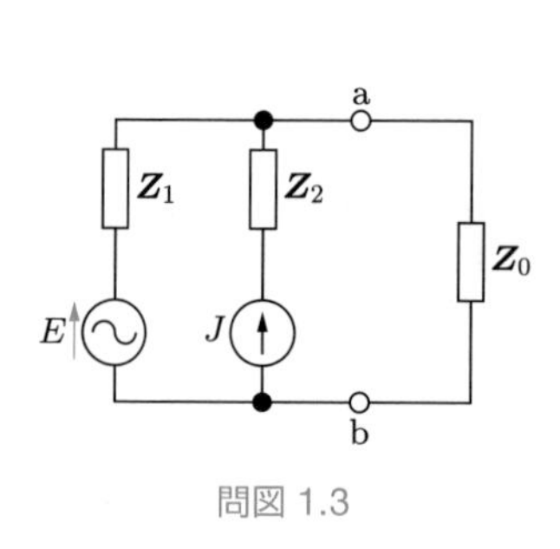

問図 1.3

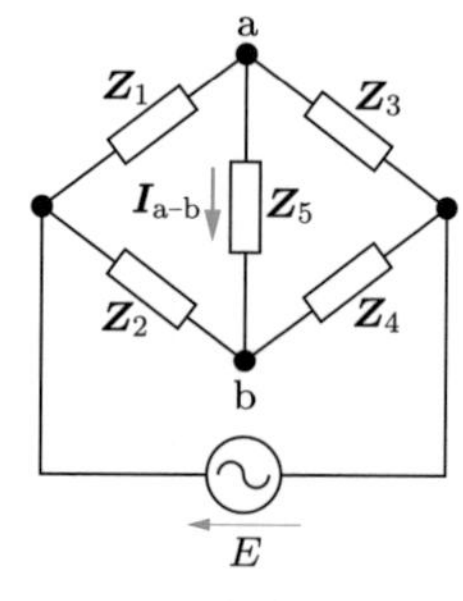

問図 1.4

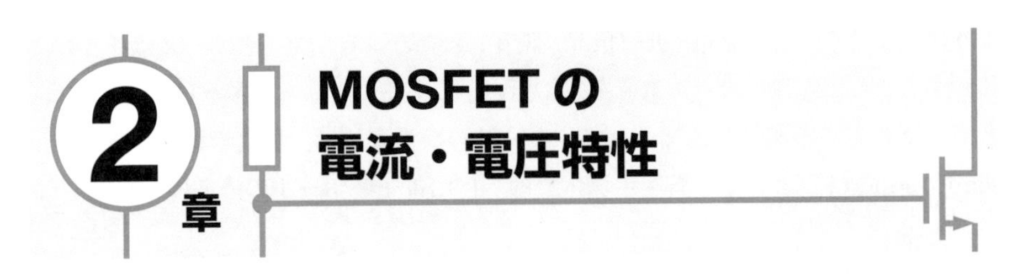

2章 MOSFETの電流・電圧特性

電子回路を構成するMOSFETやバイポーラトランジスタなどの非線形な能動素子は，シリコン（silicon）などの半導体（semiconductor）で実現されている．半導体は，導体[†1]と，絶縁物[†2]の中間の電気伝導率をもつ物質である．半導体は，適当な不純物を添加（ドープ）することによって，電流を運ぶ担体（キャリア）の種類や，その数を大きく変化させることができるという特徴をもつ．本章では，MOSFETで用いられているシリコン半導体の基礎と，MOSFETの動作原理および基本特性に関して述べる．

2.1 半導体の基礎

半導体は，不純物をドープしない**真性半導体**，不純物をドープすることにより自由電子の濃度を高くした**n型半導体**と，電子の抜けた空孔であるホールの濃度が高い**p型半導体**がある．

2.1.1 真性半導体

シリコン（ケイ素Si）は，**IV族**に属する元素で，結晶の中の原子は，最外殻に存在する4個の電子を隣接する原子と共有して結合することで，安定な状態を保っている．このような結合を共有結合という．このとき，最外殻の電子は，原子との結合が強いために自由に動くことができないので，真性半導体の電気伝導率は10^{-5} S/m程度と低い．外部からエネルギーが真性半導体に加わると，最外殻の電子は一時的に結晶内を移動できるようになる．この電子を**自由電子**（free electron）という．電子が移動した跡には，抜け孔ができる．この抜け孔そのものは移動できないが，ほかの自由電子が移動してきて埋めることで，見かけ上，移動する正電荷の

---

†1　電気伝導率が10^{6} S/m以上の物質で，たとえば銅：5.8×10^{7} S/mなど．

†2　電気伝導率が10^{-8} S/m以下の物質で，たとえばガラスの主成分であるSiO_2：10^{-16}～10^{-17} S/mなど．

ように振る舞う．これを**ホール**（hole，正孔）という．自由電子とホールは，ともに移動することで電流となり，電荷を運ぶ担い手であることから，**キャリア**（carrier）ともよばれる．不純物が添加されていない純粋な半導体は，**真性半導体**（intrinsic semiconductor）という．真性半導体では，自由電子とホールの濃度は等しい．

2.1.2　n型半導体

IV族のシリコン結晶に，最外殻に5個の電子をもつV族元素（リンPや，ヒ素As）を少量添加（**ドーピング**：doping）すると，図2.1のようにシリコンと共有結合できない最外殻電子が1個余分にできる．これが自由電子として振る舞う一方，ホールは自由電子と**再結合**（recombination）する頻度が増えるので，ホール濃度は低くなる．このとき自由電子を多数キャリア，ホールを少数キャリアという．IV族元素に対して自由電子を生成するので，V族元素は**ドナー**（donor）とよばれる．このような半導体は，負電荷である自由電子が多数キャリアであることから，「negative」の頭文字をとって**n型半導体**とよばれている．

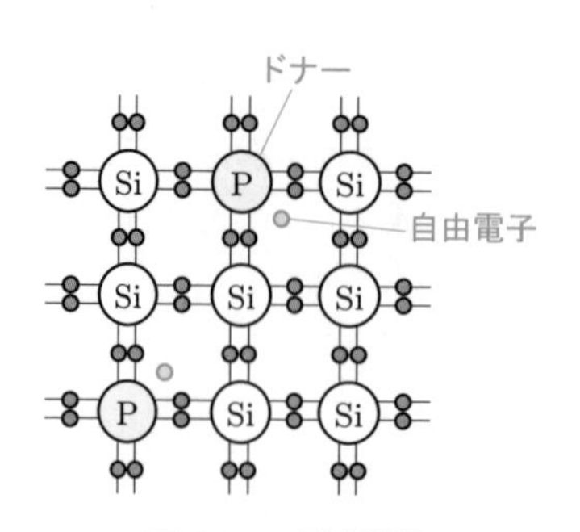

図2.1　**n型半導体**

2.1.3　p型半導体

IV族のシリコン結晶に，最外殻に3個の電子しかもたない**III族元素**（ホウ素Bや，ガリウムGa）をドーピングすると，図2.2のようにシリコンと共有結合する最外殻電子が1個不足する．これがホールとなるので，その濃度は高くなる．一方，自由電子はホールと再結合する頻度が増えるので，その濃度は低くなる．したがって，この場合はホールが多数キャリア，自由電子が少数キャリアになる．IV族元素に対して，ホールを生成し，自由電子を受け入れるので，III族元素は**アクセプタ**（acceptor）とよばれる．このような半導体は，正電荷であるホールが多数キャリアであることから，「positive」の頭文字をとって**p型半導体**とよばれている．

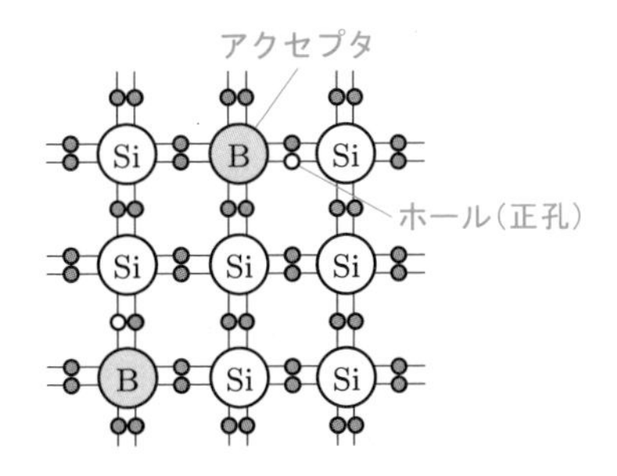

図 2.2 p 型半導体

2.2 pn 接合ダイオード

p 型半導体と n 型半導体が一つの結晶内でつながった構造を**pn 接合**（pn junction）とよび，図 2.3 のような構造をもつ素子を**pn 接合ダイオード**（diode）という．pn 接合ダイオードの p 型半導体側を**アノード**（anode），n 型半導体側を**カソード**（cathode）という．

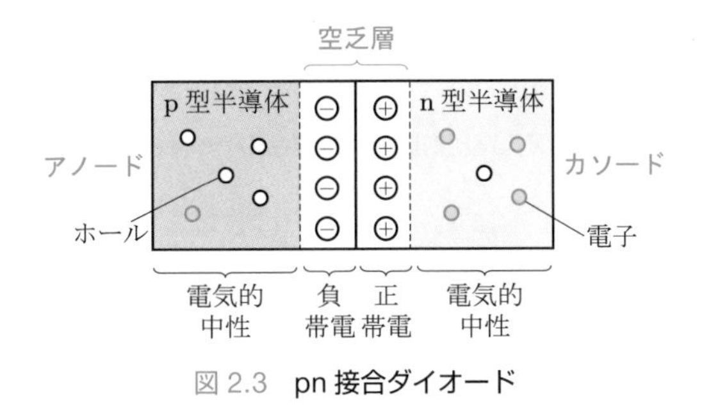

図 2.3 pn 接合ダイオード

この構造では半導体内でキャリア濃度に差ができるので，キャリアは均一になるように移動する．このキャリア移動を**拡散**（diffusion）という．pn 接合の境界面付近では，n 型半導体から p 型半導体に拡散してきた電子はホールと再結合して消滅し，p 型半導体から n 型半導体に移動してきたホールは電子と再結合して消滅する．このキャリアの移動と再結合により，pn 接合の境界面付近には，図に示すように**空乏層**（depletion layer）とよばれるキャリアが存在しない領域が形成される．

空乏層内の n 型半導体側では，ドナーから発生した自由電子が移動してしまうので正に帯電し，p 型半導体側はアクセプタにより生じたホールに自由電子が束縛されるので負に帯電する．この結果，接合部で電界が発生し，空乏層の両端には電位差（**拡散電位**：diffusion potential）が発生する．この拡散電位による電界でキャリアの拡散はそれ以上進まず，pn接合両端の電圧はゼロとなる．

ここで，図2.4 (a) に示すようにpn接合ダイオードのアノード端子（p型半導体側）に正電圧，カソード端子（n型半導体側）に負電圧を印加した場合を考える．この向きの印加電圧を**順方向電圧**（forward voltage）または，**順方向バイアス**（forward bias）とよぶ．順方向電圧は空乏層内の拡散電位の向きと逆であるため，空乏層内の電位差が小さくなり，多数キャリアであるp型半導体のホールおよびn型半導体の自由電子は空乏層を越えて移動する．空乏層を越えたキャリアは再結合して消滅するが，電源からp型半導体にはホールが，n型半導体には電子が注入されるので，pn接合には電流が流れ続ける．

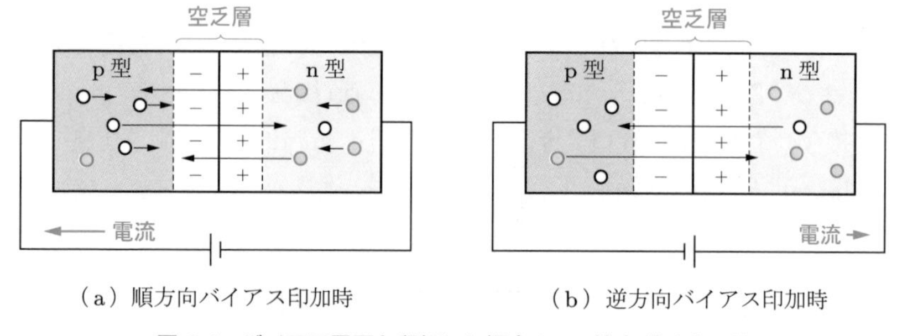

（a）順方向バイアス印加時　　（b）逆方向バイアス印加時

図2.4　バイアス電圧を印加した場合のpn接合ダイオード

次に，図2.4 (b) に示すようにアノード端子に負電圧，カソード端子に正電圧を印加した場合を考える．この向きの印加電圧を，**逆方向電圧**（reverse voltage）または，**逆方向バイアス**（reverse bias）とよぶ．逆方向電圧は空乏層内の拡散電位の向きと同じであるため，空乏層内の電位差が大きくなり，多数キャリアは空乏層を越えることができない．一方，少数キャリアであるp型半導体の電子およびn型半導体のホールは，電源に引き寄せられ空乏層を越えて移動する．その結果，pn接合ダイオードには少数キャリアの移動により微小な電流が流れる．

このように，pn接合ダイオードは順方向電圧を印加したときと，逆方向電圧を印加したときでは，素子を流れる電流が大きく異なるという非線形特性をもっている．pn接合ダイオードを流れる電流 I_D は，ダイオードの両端に印加する電圧を V_D とすると，

$$I_D = I_S\left\{\exp\left(\frac{qV_D}{nk_{\mathrm{B}}T}\right) - 1\right\} \tag{2.1}$$

で表される．ここで，T は絶対温度，k_{B} は**ボルツマン定数**（1.38×10^{-23} J/K），

q は電気素量（1.6×10^{-19} C）であり，I_S は逆方向飽和電流とよばれる定数で，拡散電位が大きいほど小さい値となる．また，n は理想係数で 1〜2 の値をとる．

pn 接合ダイオードは，順方向と逆方向電圧に対する非線形な特性を利用した整流回路などに利用されている．

2.3 MOSFET

MOSFET（metal-oxide-semiconductor field effect transistor）は，**電界効果トランジスタ**の一種である．図 2.5 (a) に示すように，半導体基板上に二酸化ケイ素（SiO_2）を挟んで金属のゲート（gate）電極が形成されており，「MOS」の名前は，このゲート構造に由来している．この図の例は n チャネル MOSFET とよばれる素子で，ドレイン（drain）電極とソース（source）電極間を流れる電流を担うキャリアは電子である．半導体基板は p 型であるので，ソース・ドレイン電極は n 型半導体（電子が非常に多いことから n^+ 層とよばれる）が選択的に形成される．

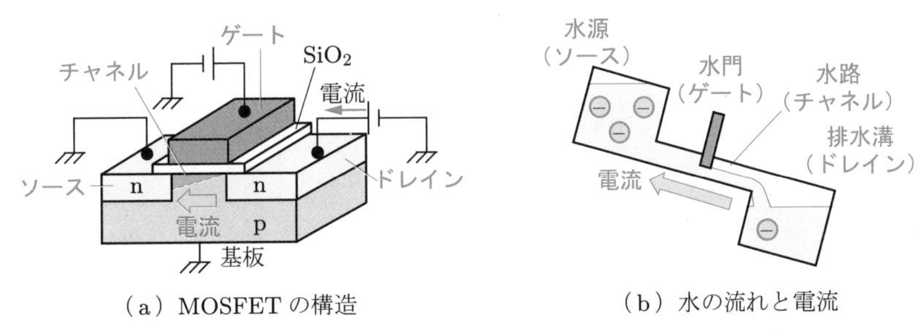

（a）MOSFET の構造

（b）水の流れと電流

図 2.5 MOSFET

この構造において，ゲート・ソース間に印加された電圧 V_{GS} を増加すると，半導体－酸化膜界面に電子が多い反転層が形成される．この反転層は**チャネル**（channel）とよばれ，形成されたチャネルがソースおよびドレイン電極の n^+ 層間をつなぐことで，両電極が導通する．ここで，ドレイン・ソース間に正電圧を印加すれば，ソース電極からドレイン電極に向かって電子が移動するので，電流はドレイン電極からソース電極に流れることになる．

この様子を水の流れにたとえて，図 (b) に示す．電子の供給源を意味する「ソース」は水源にあたり，「ゲート」は，水（電子）の流れを制御する水門に相当する．また，「ドレイン」は，水（電子）の排水溝に相当する．このほか，図 (a) において基板を接地しているバックゲート電極あるいはバルク電極などとよばれる電極が存在するが，ほとんどの場合，この電極はソース電極と接続され，MOSFETは三端子素子として用いられる．

このMOSFETを用いた信号増幅のイメージを図2.6に示す．図(a)のように，ドレイン電極は水道の蛇口に，チャネルはホースに，水の流れは電流に相当する．ゲート電極に相当する手でホースを握り，締め付けたり緩めたりすることで，水の流れる量を変化させることができる．図(b)は，この状況を電子回路に対応させた例である．MOSFETのゲート・ソース間電圧の変化により電流を変化させて，電源の直流エネルギーを交流エネルギーに変換する．これにより，電子回路は入力信号を見かけ上増幅することができる．

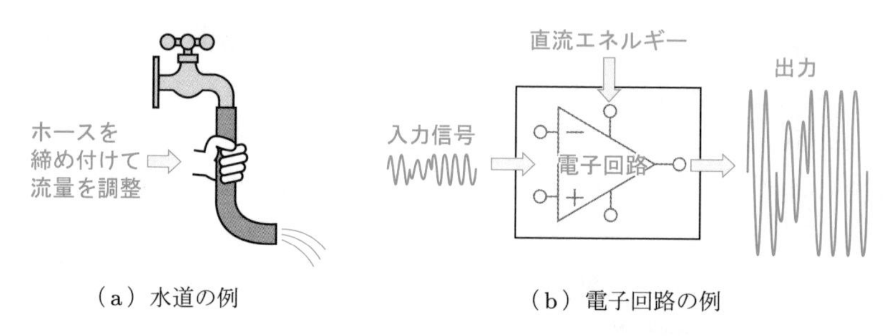

（a）水道の例　（b）電子回路の例

図2.6　**信号増幅のイメージ**

nチャネルMOSFETのドレイン電流を解析的に求めてみよう．図2.7に示すように，ソース電位をV_S，ドレイン電位をV_D，ゲート電位をV_G，単位長あたりの**ゲート酸化膜容量**を$C_{\mathrm{ox}n}$ [F/m]とする．ゲート電位を高くして，半導体－酸化膜界面に電子が多い反転層が形成されるときのゲート電位をV_{Tn}とする．このときのゲート・ソース間電圧（これを単にゲート電圧という）を**しきい値電圧**（threshold voltage）という．$V_{Tn} < 0$の場合は，ゲート電圧がゼロであっても電流が流れる

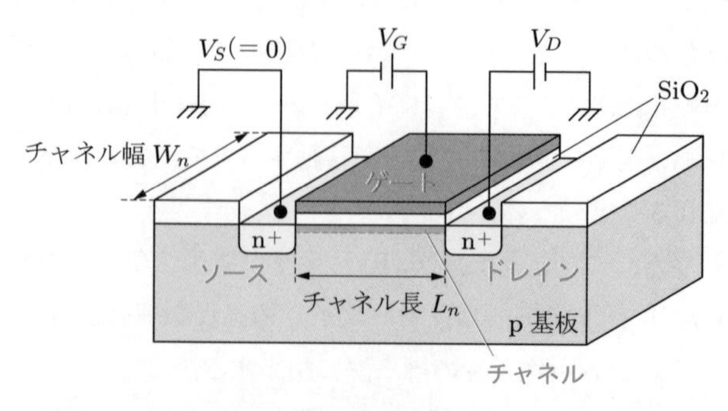

図2.7　**nチャネルMOSFETの構造（ソース接地の場合）**

ディプレッション型（depletion type）MOSFET で，$V_{Tn} > 0$ の場合は，**エンハンスメント型**（enhancement type）MOSFET という．

以降の回路解析では，実際の電子回路で主として用いられているエンハンスメント型 MOSFET を前提として説明する．ここで，チャネルに沿って任意の位置 x における電位を V_a（$V_S \leqq V_a \leqq V_D$）とすると，その位置での半導体内に生じる単位長さあたりの電荷量は

$$q_{\mathrm{sc}n} = C_{\mathrm{ox}n}(V_G - V_{Tn} - V_a) \tag{2.2}$$

と表せる．この電子は，ドレイン・ソース間電圧 V_{DS}（これを単にドレイン電圧という）によって発生する半導体界面に並行な電界 $E(x)$ により加速されるので，**実効電子移動度**を μ_n [m^2/(V・s)]，チャネル幅を W_n [m] とすれば，ドレイン・ソース間電流 $i_{DSn}(x)$（これを単にドレイン電流という）は，

$$i_{DSn}(x) = \mu_n \times W_n \times q_{\mathrm{sc}n} \times E(x) \tag{2.3}$$

となる．電界 $E(x)$ は，半導体界面の電位 V_a の微分係数であるので，

$$E(x) = \frac{\mathrm{d}V_a}{\mathrm{d}x} \tag{2.4}$$

から，

$$i_{DSn}(x) = \mu_n \times W_n \times q_{\mathrm{sc}n} \times \frac{\mathrm{d}V_a}{\mathrm{d}x} = W_n \mu_n C_{\mathrm{ox}n}(V_G - V_{Tn} - V_a)\frac{\mathrm{d}V_a}{\mathrm{d}x} \tag{2.5}$$

となる．また，ソース電極から注入される電子は，すべてドレイン電極に達するので，この電流はチャネルの場所によらず一定値 I_{DSn} となる．したがって，この式をソース電極からドレイン電極（$x = 0$〜L_n の区間）まで積分すると，

$$\int_0^{L_n} i_{DSn}(x)\,\mathrm{d}x = L_n \times I_{DSn} = W_n \mu_n C_{\mathrm{ox}n} \int_{V_S}^{V_D} (V_G - V_{Tn} - V_a)\,\mathrm{d}V_a \tag{2.6}$$

から，

$$\begin{aligned} I_{DSn} &= \frac{W_n}{L_n}\mu_n C_{\mathrm{ox}n}(V_D - V_S)\left\{(V_G - V_{Tn} - V_S) - \frac{1}{2}(V_D - V_S)\right\} \\ &= \frac{W_n}{L_n}\mu_n C_{\mathrm{ox}n}\left\{(V_{GS} - V_{Tn})V_{DS} - \frac{1}{2}V_{DS}^2\right\} \end{aligned} \tag{2.7}$$

が得られる．ここで，上式は**伝達コンダクタンス係数** K_n を用いて，

$$I_{DSn} = 2K_n\left\{(V_{GS} - V_{Tn})V_{DS} - \frac{1}{2}V_{DS}^2\right\} \quad \left(K_n = \frac{1}{2}\frac{W_n}{L_n}\mu_n C_{\mathrm{oxn}}\right) \tag{2.8}$$

と変形できる．このときのMOSFETの動作状態を図2.8 (a) に示す．ここではゲート直下に電子が多いn型反転層（チャネル）ができており，ドレイン電圧 V_{DS} が増えるとドレイン電流が増える．そのため，この動作領域を**非飽和領域**（non-saturation region）または**線形領域**（linear region）という．なお，反転層が形成されるしきい値 V_{Tn} 以下のゲート電圧のときには，V_{DS} を印加しても電流は流れない†．この領域を**遮断領域**（cut-off region）という．

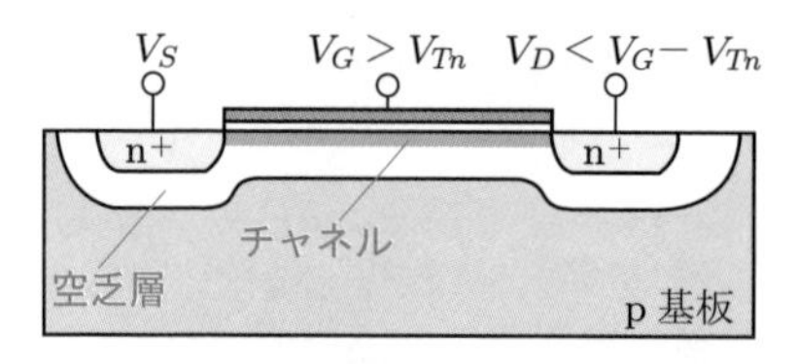

（a）非飽和領域（$V_{DS} < V_{GS} - V_{Tn}$）

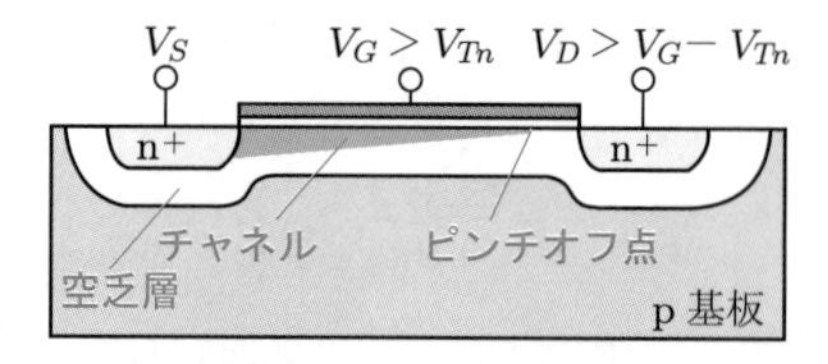

（b）飽和領域（$V_{DS} > V_{GS} - V_{Tn}$）

図2.8　nチャネルMOSFETの動作領域

次に，ゲート電圧を V_{Tn} 以上で一定に保ちながら，ドレイン電圧 V_{DS} を高くしていくと，図 (b) に示すように，ドレイン電極近傍の空乏層が厚くなり，ドレインの手前でチャネルがなくなる**ピンチオフ**状態が発生する．この状態からさらに V_{DS} を高くすると，チャネルが途中で切れてしまう状態になるが，電子は空乏層の中をドレイン電極の正電圧に引かれて移動する．この動作領域を**飽和領域**（saturation region）といい，ドレイン電流は V_{DS} によらず一定の値となる．また，非飽和領域と飽和領域の境界となる $V_{DS} = V_{GS} - V_{Tn}$ をピンチオフ電圧という．

このときの電流をドレイン飽和電流 $I_{DS\mathrm{satn}}$ とよび，式 (2.8) にピンチオフ電圧 $V_{DS} = V_{GS} - V_{Tn}$ を代入すれば，

$$I_{DS\mathrm{satn}} = K_n(V_{GS} - V_{Tn})^2 \tag{2.9}$$

が得られる．この飽和領域では，ドレイン電流はゲート電圧の2乗に比例する．式 (2.8) および式 (2.9) から求められるMOSFETのドレイン電流・電圧特性を，図2.9に示す．

† ゲート電圧としきい値の差 $V_{\mathrm{ov}} = V_{GS} - V_{Tn}$ をオーバードライブ電圧という．

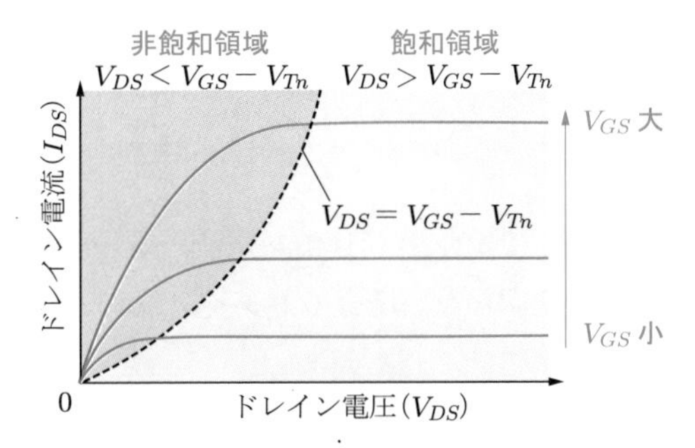

図 2.9　n チャネル MOSFET のドレイン電流特性

なお，ドレイン電圧を，図 2.10 (a) に示すピンチオフ電圧に等しい状態よりさらに高くすると，空乏層が広がって図 (b) に示すようにピンチオフ点がソース電極側に移動し，実効的なゲート長が短くなる**チャネル長変調**（channel length modulation）とよばれる現象が発生する．

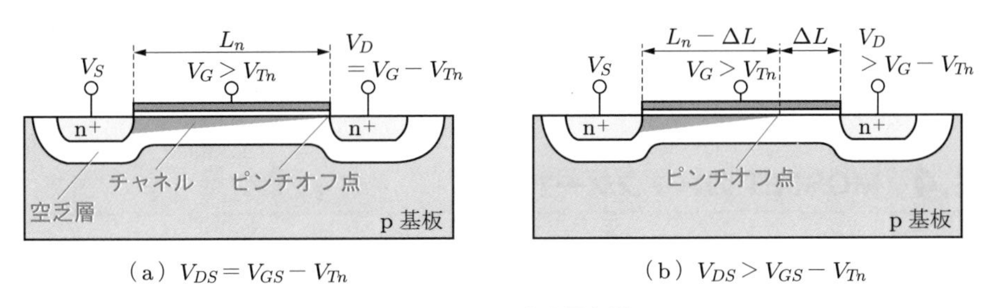

（a）$V_{DS} = V_{GS} - V_{Tn}$　　（b）$V_{DS} > V_{GS} - V_{Tn}$

図 2.10　チャネル長変調

このように実効的なゲート長が短縮される効果を式 (2.9) に加えると，ドレイン電流の解析式,

$$
\begin{aligned}
I_{DS\mathrm{sat}n} &= \frac{1}{2}\frac{W_n}{L_n - \Delta L}\mu_n C_{\mathrm{ox}n}(V_{GS} - V_{Tn})^2 \\
&= \frac{1}{2}\frac{W_n}{L_n(1 - \Delta L/L_n)}\mu_n C_{\mathrm{ox}n}(V_{GS} - V_{Tn})^2 \qquad (2.10)
\end{aligned}
$$

が得られる．ここで，$\Delta L/L_n$ が 1 よりも十分小さいとして近似し，さらに $\Delta L/L_n$ がドレイン電圧の関数であるので，**ドレインコンダクタンスパラメータ** λ_n を導入して式を変形すると,

$$
I_{DS\mathrm{sat}n} \cong K_n(V_{GS} - V_{Tn})^2\left(1 + \frac{\Delta L}{L_n}\right) = K_n(V_{GS} - V_{Tn})^2(1 + \lambda_n V_{DS}) \qquad (2.11)
$$

となる．ドレイン電流の非飽和領域も同様に求めることができ，

$$I_{DSn} = 2K_n\left\{(V_{GS} - V_{Tn})V_{DS} - \frac{1}{2}V_{DS}^2\right\}(1 + \lambda_n V_{DS}) \tag{2.12}$$

となる．式 (2.11) および式 (2.12) のドレイン電流・電圧特性を図 2.11 に示す．比較のために，チャネル長変調がない場合のドレイン電流・電圧特性を破線で表している．

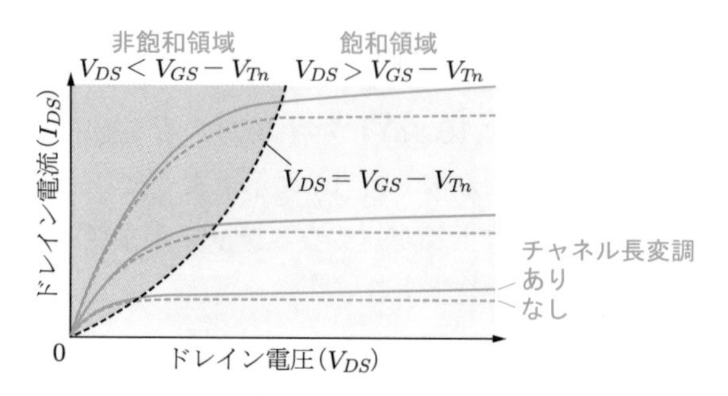

図 2.11　チャネル長変調特性を考慮したドレイン電流特性

2.4 MOSFETのバックゲート効果

図 2.12 に示すように，n チャネル MOSFET を三端子素子として用いる場合には，ソース電極とバックゲート電極を回路の最下位電位（接地）に接続することにより，MOSFET を構成する半導体が順方向に**バイアス**（bias）されないようにする．バックゲート電位 V_B をソース電位 V_S より低くして負電位にすると，基板電位が下がるのでソース電極接合部が逆バイアスとなる．これにより，等価的にはしきい値が正方向に上昇するようになる．バックゲート電極をソース電極と別に接続するような回路では，このしきい値の変化を見込んだ設計に留意すべきである．

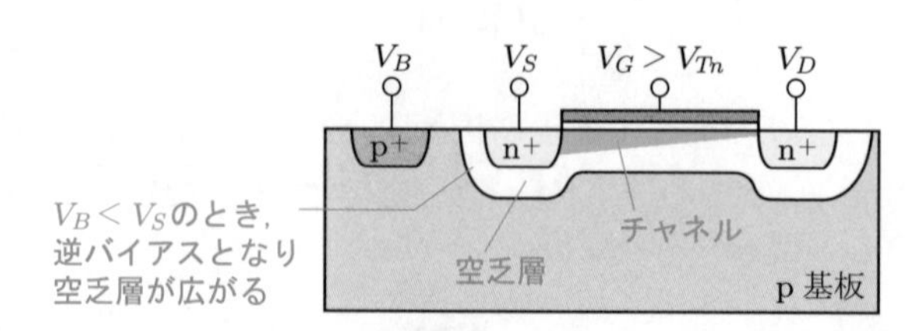

図 2.12　バックゲート電極を含む n チャネル MOSFET の断面構造

2.5 p チャネル MOSFET

p チャネル MOSFET も，半導体基板上に SiO_2 を挟んだ金属でゲート電極が形成されているが，ドレイン電極とソース電極間を流れる電流のキャリアはホールである．そのため，図 2.13 に示すように，p 型半導体基板上に，n ウェルとよばれる n 型層に囲まれて，ソースとドレイン電極の p 型半導体が選択的に形成されている．この MOSFET も，三端子素子として用いる場合には，ホールの供給源であるソース電極とバックゲート電極を回路の最上位電位（電源 V_{DD}）に接続することにより，MOSFET を構成する半導体が順方向にバイアスされないようにする．p チャネル MOSFET のバックゲート接続は，n チャネル MOSFET と逆になることに注意が必要である．

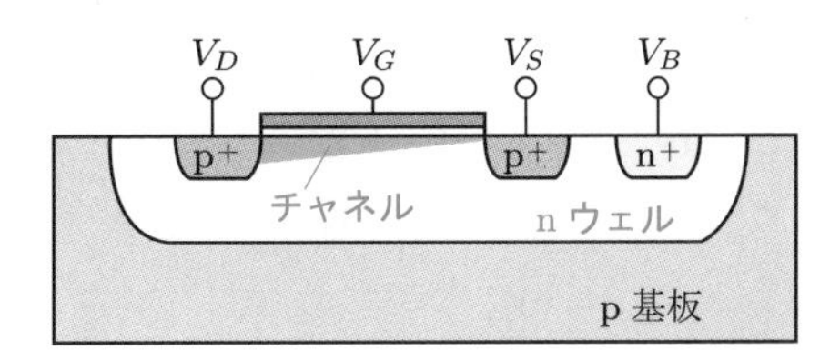

図 2.13　**バックゲート電極を含む p チャネル MOSFET の断面構造**

この構造において，ゲート・ソース間に印加された電圧 V_{GS} を負にすることにより，ドレイン・ソース間のゲート電極直下にはホールが誘起され，p 型の反転層が形成される．ここで，p 型反転層が形成されるゲート電位を $V_{Tp} < 0$ とする．反転層のホールは，ドレイン電圧によって発生する半導体界面に並行な電界に加速されるので，n チャネル MOSFET と同様に，ドレイン電流 $i_{DSp}(x)$ の近似式が導出できる．チャネル長変調効果を含むドレイン電流は，非飽和領域の $|V_{DSp}| < |V_G - V_{Tp}|$ では，

$$I_{DSp} = -\frac{W_p}{L_p}\mu_p C_{\text{ox}p}\left\{(V_{GSp} - V_{Tp})V_{DSp} - \frac{1}{2}V_{DSp}^2\right\}(1 + \lambda_p V_{DSp}) \quad (2.13)$$

となる．ここで，電流の符号が負であるのは，ドレインからソース電極に流れる方向を正としているためである．また，p チャネル MOSFET のゲート容量は $C_{\text{ox}p}$ [F/m]，**実効ホール移動度**は μ_p [m^2/(V · s)]，ゲート長は L_p [m]，チャネル幅は W_p [m] としている．

また，ドレイン電流飽和領域の $|V_{DSp}| > |V_G - V_{Tp}|$ では，

$$I_{DS\mathrm{sat}p} = -\frac{1}{2}\frac{W_p}{L_p}\mu_p C_{\mathrm{ox}p}(V_{GSp} - V_{Tp})^2(1 + \lambda_p V_{DSp}) \tag{2.14}$$

となる．室温（約 300 K）におけるホール移動度は，450 cm^2/(V · s) で，電子移動度の 1200〜1500 cm^2/(V · s) に比較して 1/3 程度であるので，n チャネル MOSFET と同程度の電流を流すためには，ゲート幅を 3 倍程度に設計する必要がある．

なお，p チャネル MOSFET においてバックゲート電位をソース電位より高い電位にすると，n ウェル層の電位が上がるので，ソース電極との接合部が逆バイアスとなる．これにより等価的には，しきい値が負の方向に下がるようになる．

2.6 MOSFET の回路記号とゲート電圧およびドレイン電流の関係

図 2.14 に，MOSFET の回路記号を示す．ゲート電圧およびドレイン電圧と，ドレイン電流の方向も記載してある．図 (a) は，n チャネル MOSFET の回路記号である．この例では，$V_{Tn} > 0$ であり，ゲート電圧 $V_{GS} > V_{Tn}$ で，ドレイン電極からソース電極に向かってドレイン電流が流れる．このとき，ドレイン電位はソース電位より高い（$V_D - V_S = V_{DS} > 0$）．

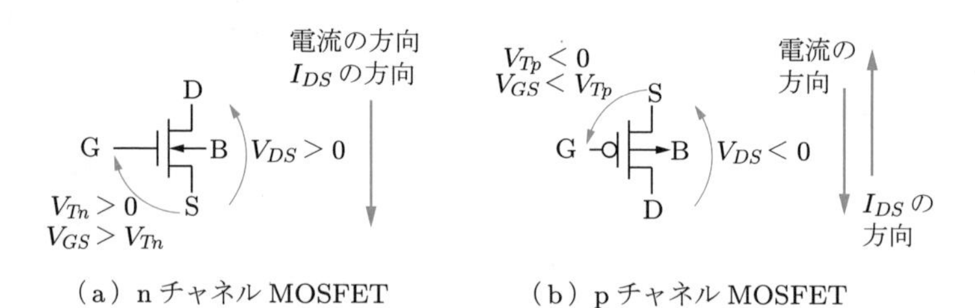

図 2.14　MOSFET の回路記号

図 (b) は p チャネル MOSFET の回路記号である．p チャネル MOSFET は，n チャネル MOSFET と相補の関係にある．ドレイン電流を担うキャリアは，n チャネル MOSFET では電子であるのに対して，p チャネル MOSFET ではホールであるので，ゲート電圧とドレイン電圧，ドレイン電流の方向が逆になる．この例では，$V_{Tp} < 0$ であり，ゲート電圧 $V_{GS} < V_{Tp}$ で，ソース電極からドレイン電極に向かって電流が流れる．このとき，ソース電位はドレイン電位より高い（$V_D - V_S = V_{DS} < 0$）．

なお，回路図によっては，バックゲート電極は異なる表記であったり，表記されないこともある．図 2.15 に，MOSFET のその他の表記例を示す．

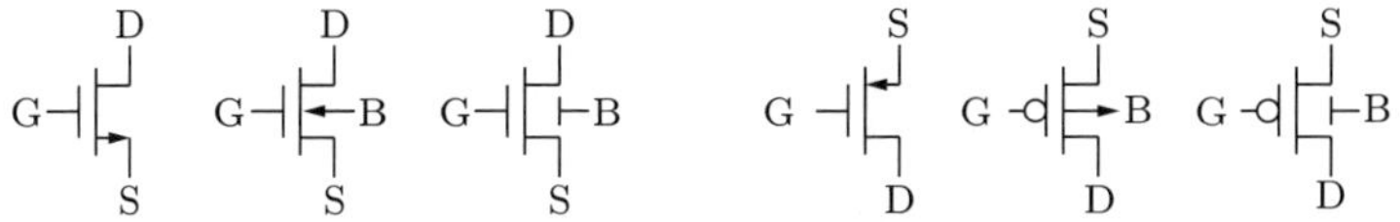

（a）n チャネル MOSFET　　（b）p チャネル MOSFET

図 2.15　**その他の表記例**

すでに述べたように，MOSFET にはエンハンスメント型とディプレッション型があり，この違いを図 2.16 のような記号で表すことがある．実用上はエンハンスメント型が用いられるのがほとんどであるため，とくに区別せず，エンハンスメント型もディプレッション型と同じ記号で表すことがある．本書でも，記載する MOSFET はすべてエンハンスメント型であるとする．

（a）エンハンスメント型　　（b）ディプレッション型

図 2.16　**エンハンスメント型とディプレッション型の記号**

演習問題

2.1 pn 接合ダイオードについて，次の問いに答えよ．

(1) 絶対温度 $T = 300$ K，ボルツマン定数 $k_{\mathrm{B}} = 1.38 \times 10^{-23}$ J/K，電気素量 $q = 1.6 \times 10^{-19}$ C，理想係数 $n = 1$，逆方向飽和電流 $I_S = 1 \times 10^{-12}$ として，アノード・カソード間電圧 V_D が，$-0.6\ \mathrm{V} < V_D < +0.6\ \mathrm{V}$ の範囲で電流特性を描け．

(2) この pn ダイオードに直列に抵抗 $R = 1\ \mathrm{k\Omega}$ を接続した回路に，1.0 V の電圧を印加したときに流れる電流を求めよ．

2.2 式 (2.10) で与えられたチャネル長変調効果を含む MOSFET のドレイン電流式から，式 (2.11) を導け．なお，$\Delta L/L_n = \lambda_n V_{DS}$ とする．

2.3 式 (2.11) および式 (2.14) で示された n チャネルおよび p チャネル MOSFET のドレイン電流特性を考える．ドレインコンダクタンスがともに無視できるとして，どちらも室温（約 300 K）におけるホール移動度が 400 cm^2/(V · s)，電子移動度が 1000 cm^2/(V · s) であり，ゲート長とゲート酸化膜厚が等しく，またしきい値電圧の絶対値が等しく $V_{Tn} = |V_{Tp}|$ であるとする．このとき両者のドレイン電流を等しくするためには，p チャネル MOSFET のゲート幅を n チャネル MOSFET の何倍に設計する必要があるか．

3章 MOSFET基本増幅回路の動作解析

本章では，MOSFETを用いた基本増幅回路として，ソース接地増幅回路，ドレイン接地増幅回路，ゲート接地増幅回路を取り上げ，それら回路の電圧利得や入出力インピーダンスを，等価回路を用いて求める方法に関して述べる．

3.1 ソース接地増幅回路

ソース接地増幅回路は，図3.1に示すように，MOSFETのソース電極をGND（グランド）に接続（接地）して，ゲート電極に入力信号（ここでは直流電圧）を印加し，ドレイン電極と電源（V_{DD}）との間に抵抗を接続した回路である．この抵抗は，電源から供給された電気エネルギーを電圧または電流信号に変換して消費するという意味で，**負荷抵抗**（load resistance）とよばれ，回路の出力はドレイン電極の電位となる．なお，バックゲート電極は記述が省略されているが，GNDに接続されている．以降は，素子の電極のことを端子と記載する．

3.1.1 ソース接地増幅回路の大信号動作

図3.1の回路において，ゲート電位をゼロから電源電圧（V_{DD}）まで高くすることを考える．キルヒホッフの電流則から，式(2.11)，(2.12)で与えられるMOSFETを流れるドレイン電流と，抵抗を流れる電流は等しいので，MOSFETの動作領域

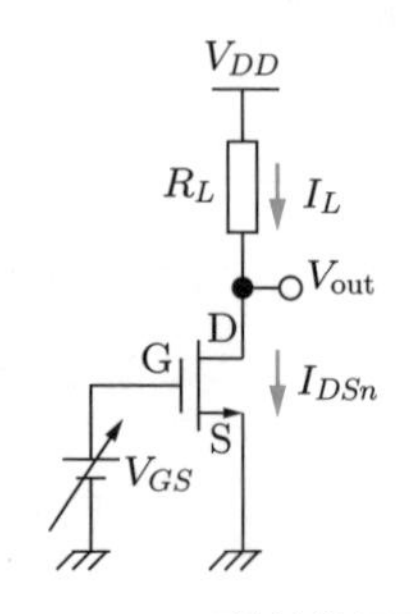

図3.1　ソース接地増幅回路

ごとに $I_L = I_{DSn}$ を計算すれば，ゲート電圧と出力電圧の関係が求められる．一方で，MOSFET の電流・電圧特性に従い，動作領域ごとに求められる解析式は直感的にわかりづらいことに加え，式 (2.12) はドレイン電圧の 3 次式となるので解析も困難である．

そこで，図 3.2 に示すように，図を用いて動作解析を行う．負荷抵抗にかかる電圧は，$V_{DD} - V_{\mathrm{out}}$ となるので，負荷抵抗を流れる電流は出力電位に逆比例し，図に示すような

出力電位がゼロのとき：V_{DD}/R_L

出力電位が V_{DD} のとき：ゼロ

の 2 点をつなぐ直線で表される．この負荷抵抗を流れる電流を示した線を，**負荷線**という．キルヒホッフの電流則により，負荷抵抗を流れる電流と MOSFET を流れる電流は等しい．よって，ソース接地増幅回路のドレイン電流は，ゲート電圧 V_{GS} に応じてこの負荷線の上を動くことになる．図の V_{GS1}〜V_{GS4} に対応した各動作点は，次のようになる．

① MOSFET は遮断領域で，電流が流れないので出力電位は V_{DD} となる．

② MOSFET のしきい値電圧以上のゲート電圧が印加され，ドレイン電流が流れ始めるので，負荷抵抗の電位降下により出力電位が低下する．

③ MOSFET は飽和領域にあり，ドレイン電流がゲート電圧の 2 乗に比例して大きく増加するので，出力電位も大きく低下する．

④ 出力電位がさらに低下し，MOSFET のドレイン電圧が小さくなることで，MOSFET は非飽和領域に入る．この領域では，出力電位の変化も小さい．

この結果，図 3.3 のようなゲート電圧に対するドレイン電圧の関係（入出力特性）

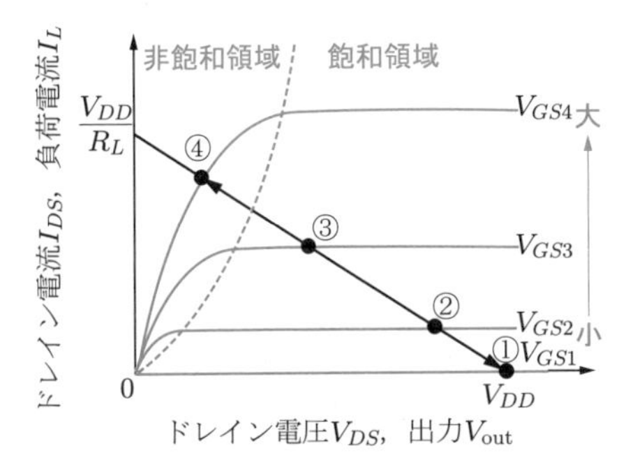

図 3.2 ドレイン電流・電圧特性と負荷線

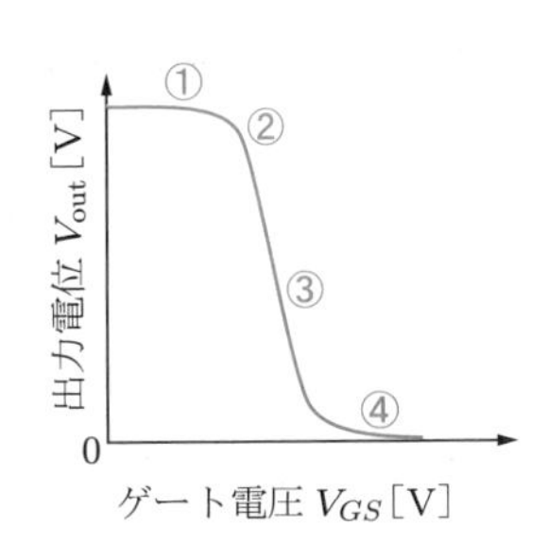

図 3.3 入出力特性

が求められる．なお，このような入出力特性を詳細に作図するには，ゲート電圧の微小変化に応じたドレイン電流特性が必要となるが，一般には回路シミュレータを用いて作成することが多い．

図 3.4 (a) は，ソース接地増幅回路のゲート端子に，直流電圧 V_{GS} と正弦波信号 $v_{\rm in}$ が印加された回路を示している†．この場合の出力波形は，図 (b) に示す入出力特性を利用して求められる．この回路では，入出力特性の横軸のゲート電圧は $V_{GS}+v_{\rm in}$ である．また，縦軸の出力電位は $v_{\rm out}$ と表す．

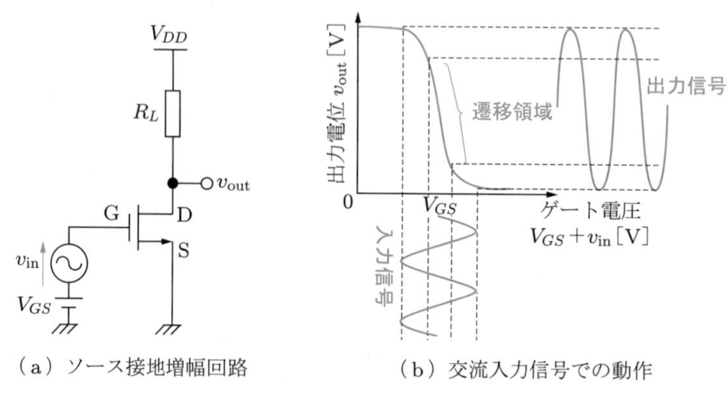

（a）ソース接地増幅回路　　（b）交流入力信号での動作

図 3.4　**大振幅信号が印加されたソース接地増幅回路の動作**

ゲート電圧に対して，出力電位が一定の傾きで変化する領域（遷移領域）では，入力信号に比例した出力が得られるが，遷移領域の範囲外では，出力の変化が小さくなっている．したがって，ゲート電圧として，遷移領域の幅以上の振幅をもつ正弦波を入力すると，出力波形は歪んでしまうことがわかる．一般にアナログ電子回路では，入力波形と出力波形が相似（線形）の関係であることが要求される．したがって，出力信号が歪まない小信号動作となるように回路を設計する必要がある．

3.1.2　ソース接地増幅回路のバイアス設計

次に，負荷線を含むドレイン電流特性を用いた図式解法で，最適なバイアスを具体的に決定してみよう．ソース接地増幅回路出力の中心電圧を動作点とよぶ．ここでは，図 3.5 に示す動作点 1〜3 を考える．入出力波形が線形性を維持できるのは，出力振幅が $V_{DD}/2$ 以下の場合である．動作点 2 の場合，出力振幅は $V_{DD}/2$ まで線形増幅できるが，出力の動作点が負荷線の中心からずれた動作点 1 や動作点 3 の場

† 本書では以降，このように電圧・電流が交流信号であることを示す場合には，小文字 v，i を用いる．

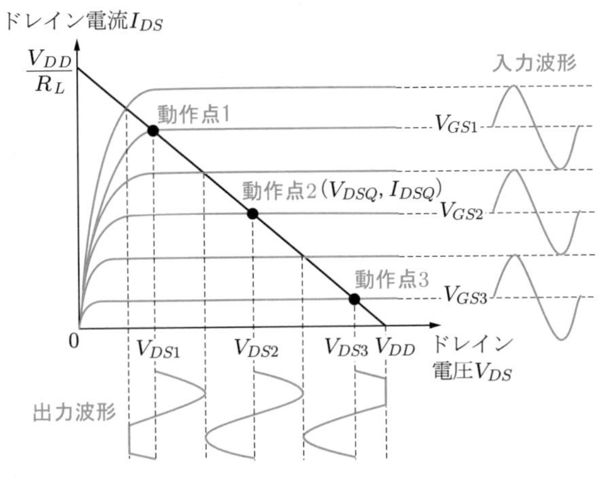

図 3.5 ソース接地増幅回路の動作バイアス

合は，出力振幅が大きくなると，振幅の上部，または下部がつぶれた波形になる．したがって，入力波形と相似の波形で，出力振幅が $V_{DD}/2$ まで線形増幅できる最適バイアス条件は，

$$V_{DSQ} = \frac{V_{DD}}{2} \tag{3.1}$$

$$I_{DSQ} = \frac{V_{DD}}{2R_L} \tag{3.2}$$

となる．

伝達コンダクタンス係数 K_n としきい値電圧 V_{Tn} が，MOSFET のデバイスパラメータとして与えられている場合，そのチャネル長変調効果を無視すれば，ドレイン電流 I_{DS} は式 (2.9) から，

$$I_{DS} = K_n(V_{GS} - V_{Tn})^2 \tag{3.3}$$

と求められる．さらに，この I_{DS} から，ソース接地増幅回路の出力 V_{out} は，

$$V_{\mathrm{out}} = V_{DD} - I_{DS} \times R_L \tag{3.4}$$

と計算できる．

なお，図 3.4 のようにゲート電位の直流成分（バイアス）を電圧源で直接与えるとコスト増になるので，実際の回路設計では電源の数を減らすように工夫がされている．図 3.6 に示す増幅回路では，電源電圧 V_{DD} から抵抗分割によって直流ゲート電位を生成する．これを自己バイアス回路という．このようにバイアス回路を設

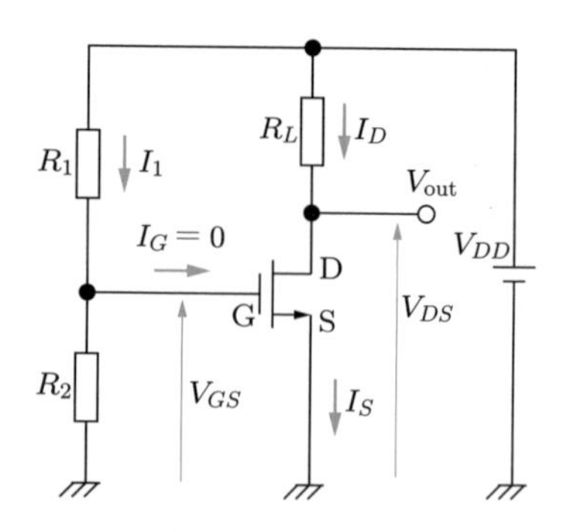

図 3.6　ソース接地増幅回路の自己バイアス回路

計すると，MOSFET のゲートは絶縁されているので電流は流れず（$I_G = 0$），したがってゲート電圧 V_{GS} は，

$$V_{GS} = \frac{R_2}{R_1 + R_2} V_{DD} \tag{3.5}$$

で求められる．バイアス回路に流れる電流は増幅動作に寄与しないので，バイアス電流 I_1 は可能な限り小さい値に設計することが望ましい．

3.1.3 MOSFET の小信号等価回路

等価回路とは，回路の何らかの特性に着目して，その特性を表す最小限の要素に単純化した回路である．小信号動作に対しては等価回路を用いた解析を適用することが可能で，2 章で述べた MOSFET の電流・電圧特性を用いた解析と同じ結果が得られる．

MOSFET は，ゲート・ソース間に印加された電圧によりドレイン電流を制御する素子であるので，等価回路には 1.4 節で述べた電圧制御電流源が用いられる．ここでは簡単化のために，図 2.9 に示したドレイン電流・電圧特性をもつ MOSFET が，飽和領域の動作点の周りに限定して動作し，その動作点の周辺ではドレイン電流の変化量がゲート電圧の変化量に比例すると仮定する．すなわち，MOSFET には図 3.7 (a) に示すように小振幅の信号 v_{gs} が印加されており，それに比例したドレイン電流が流れるとする．したがって，この比例定数を伝達コンダクタンス g_m として電圧制御電流源に置き換えると，図 (b) のようになる．これが，チャネル長変調やバックゲートバイアスを考慮しない，MOSFET の簡易等価回路である．この MOSFET のドレイン電流は式 (2.9) で表される．したがって伝達コンダクタンス g_m は，式 (2.9) を V_{GS} で微分することにより，

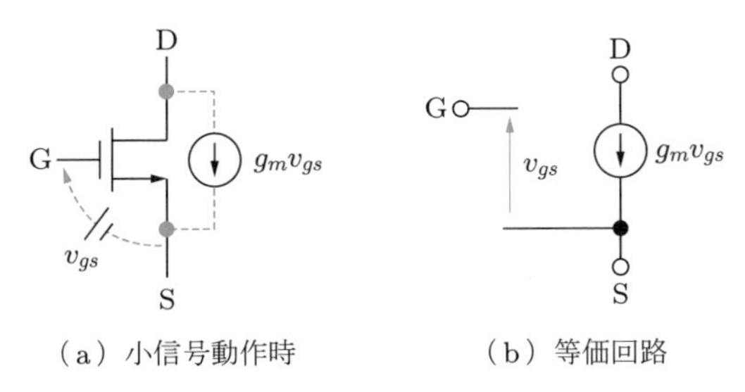

図 3.7　MOSFET の簡易等価回路

$$g_m = \frac{\mathrm{d}I_{DS}}{\mathrm{d}V_{GS}} = 2K(V_{GS} - V_{Tn}) \tag{3.6}$$

と求められる．

3.1.4 ソース接地増幅回路の等価回路解析

図 3.8 は**ソース接地増幅回路**の例である．この例の信号源 v_1 は，直流成分がゼロで，交流成分は $v_1 = V_1 \sin \omega t$ である．MOSFET の動作点の直流電圧は，電源 V_{DD} を抵抗 R_1 と R_2 で分割生成する自己バイアス回路により決定され，ゲート端子に印加される．信号源からの入力 v_1，および回路の出力 v_2 は，**カップリングキャパシタ** C_1，C_2 を介してそれぞれゲート端子およびドレイン端子に接続されている．

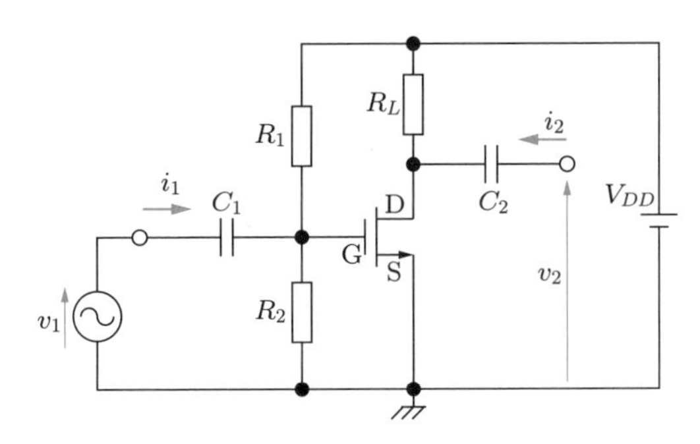

図 3.8　ソース接地増幅回路

カップリングキャパシタは，図 3.9 に示すように交流成分のみを伝える役割をもつ．これは一般に，増幅回路をつなげていく場合を考えると，各増幅回路の出力が次段の増幅器の最適バイアスでないことが多いためである．カップリングキャパシタのインピーダンスは $1/j\omega C$ であるので，信号周波数に対して十分大きな値のキャパシタを用いれば，交流信号に対しては短絡，直流信号に対しては開放として扱ってよい．本章における等価回路導出では，上記の仮定によりカップリングキャパシ

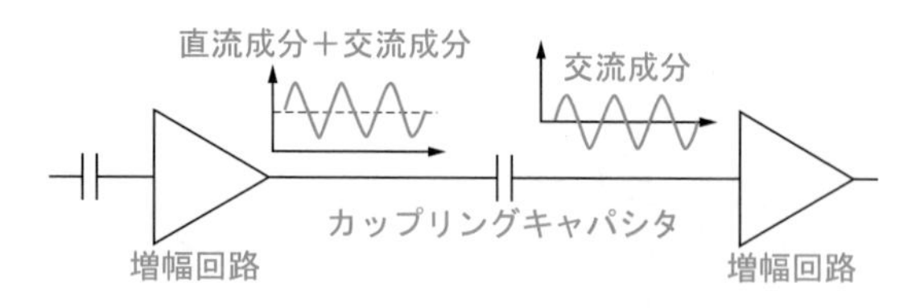

図 3.9　**カップリングキャパシタの役割**

タを短絡して扱うことにする．

なお，プリント基板上であれば，数 μF～数 10 μF の**積層セラミックチップキャパシタ**を，カップリングキャパシタとして実装することができる．この容量値は，数 100 Hz～数 MHz の中域や，数 100 MHz 以上の高域で短絡とみなせるほど大きな値である．また，チップキャパシタは，μF オーダ～数 pF まで幅広い容量値が利用できるので設計上の選択肢は広い．一方で，半導体チップ上で実現できるキャパシタは数 pF～数 10 pF が限界であるので，カップリングキャパシタとして用いるときは，キャパシタのインピーダンスを考慮した設計が必要である．

次に，非線形素子である MOSFET を用いた増幅回路における直流成分と交流成分の増幅，および直流電源の扱いに関して述べる．図 3.10 (a) に示すように，入力の直流バイアスを V_i，入力信号の交流成分を v_i とすると，増幅回路の出力は，直流成分 V_o と交流成分 v_o が重なって出力される．動作範囲を小信号に限定することにより，直流成分の増幅は図 (b) のように非線形，交流成分の増幅は図 (c) のよう

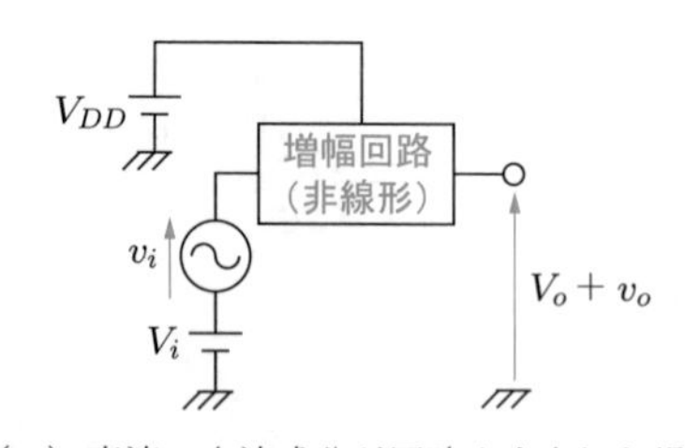

（a）直流・交流成分が同時入力された場合

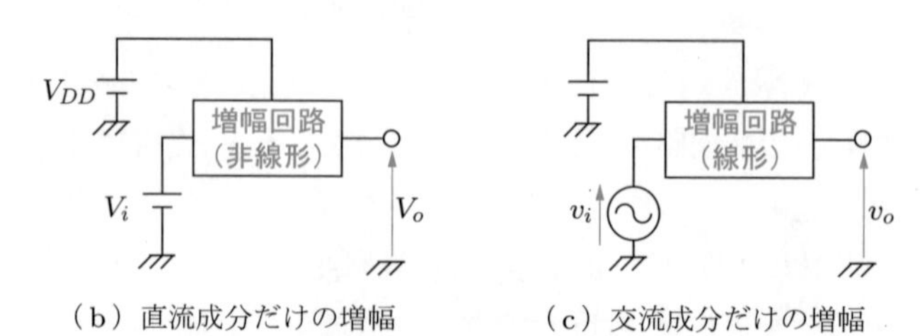

（b）直流成分だけの増幅　　（c）交流成分だけの増幅

図 3.10　**増幅回路における直流成分と交流成分の増幅**

に線形である．

等価回路解析では，上述した直流成分は，信号ではないことから考えない．さらに，直流電源は，理想的な場合の内部抵抗はゼロであるので，交流成分から見ると短絡と同じであると考える．

以上に基づいたソース接地増幅回路の等価回路導出の途中過程を示すと，図 3.11 のようになる．図 3.8 の回路における MOSFET を図 3.7 で求めた小信号等価回路に置換し，カップリングキャパシタ C_1，C_2 を短絡，直流電源 V_{DD} を短絡した図である．

バイアス回路の R_1 と R_2，および負荷抵抗 R_L を移動して見やすく整理すると，最終的な等価回路として図 3.12 が求められる．

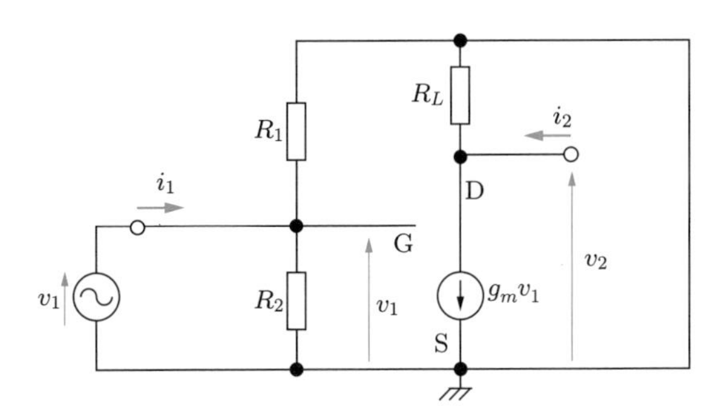

図 3.11　等価回路導出の途中過程

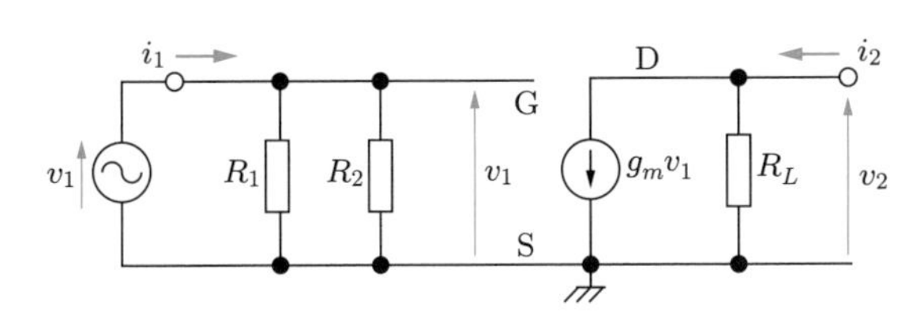

図 3.12　MOSFET 特性を簡略化した最終的な等価回路（ソース接地増幅回路）

図 3.12 の等価回路を用いて，電圧利得 A_V を求めよう．MOSFET のゲート電圧 v_{gs} は信号源 v_1 となり，この電圧に比例した電流 $g_m v_1$ が出力抵抗に流れるので，出力電圧 v_2 は，

$$v_2 = -R_L \times g_m v_{gs} = -g_m R_L v_1 \tag{3.7}$$

となる．ここで，電圧値の符号が負であるのは，制御電流源の電流の向きから，出力電位が負になるためである．したがって，出力開放（出力に何も接続されていな

い状態で $i_2 = 0$ の条件）における電圧利得 A_V は，次のようになる．

$$A_V = \left.\frac{v_2}{v_1}\right|_{i_2=0} = -g_m R_L \tag{3.8}$$

次に，入出力インピーダンスを求めよう．入出力インピーダンスは，1.5 節の定義で求められるが，図 3.12 の回路は，入力と出力が分離されているので別々に求めることができる．入力インピーダンスは，入力端子（信号源が接続された節点）から見たインピーダンスであり，入力端子に接続されている素子は，バイアス回路の R_1 と R_2 の並列接続のみなので，

$$Z_{\text{in}} = \left.\frac{v_1}{i_1}\right|_{i_2=0} = \frac{1}{1/R_1 + 1/R_2} = \frac{R_1 R_2}{R_1 + R_2} \tag{3.9}$$

となる（以降はこのような並列接続を $R_1 /\!/ R_2$ と表す）．一方，出力端子に接続されている素子は，負荷抵抗 R_L と電流源の並列接続であるが，電流源の内部インピーダンスは 1.4 節で述べたように無限大であるので，出力インピーダンスは，

$$Z_{\text{out}} = \left.\frac{v_2}{i_2}\right|_{v_1=0} = R_L \tag{3.10}$$

となる．

3.1.5 詳細な等価回路解析

前項で述べた等価回路解析は，MOSFET 特性を簡略化しているので，現実の不良解析，設計指針の確立や最適化には不向きであることが多い．本項では，MOSFET 特性のチャネル長変調効果，およびバックゲート特性を考慮した等価回路を用いた解析に関して述べる．MOSFET のドレイン電流 I_{DS} は，ゲート電圧 V_{GS}，ドレイン電圧 V_{DS}，およびバックゲート電圧 V_{BS} の関数であるので，

$$I_{DS} = f(V_{GS}, V_{DS}, V_{BS}) \tag{3.11}$$

となる．入出力信号が相似（線形関係）になるように動作範囲を限定すると，ドレイン電流が各電圧に線形近似できることになる．ドレイン電流 I_{DS} が，中心値 I_{DS0} と微小変化分 ΔI_{DS} で表されるとすれば，テイラー展開を用いて，

$$\begin{aligned} I_{DS} &= I_{DS0} + \Delta I_{DS} \\ &= I_{DS}(V_{GS0}, V_{DS0}, V_{BS0}) + \frac{\partial I_{DS}}{\partial V_{GS}}\Delta V_{GS} + \frac{\partial I_{DS}}{\partial V_{DS}}\Delta V_{DS} + \frac{\partial I_{DS}}{\partial V_{BS}}\Delta V_{BS} \end{aligned} \tag{3.12}$$

と表現できる．ここで，$\partial I_{DS}/\partial V_{GS}$ を伝達コンダクタンス g_m，$\partial I_{DS}/\partial V_{DS}$ をドレインコンダクタンス g_D，$\partial I_{DS}/\partial V_{BS}$ を g_{mb} とおく．電圧の微小変化をそれぞれ v_{gs}，v_{ds}，v_{bs} とすれば，

$$\Delta I_{DS} = g_m v_{gs} + g_D v_{ds} + g_{mb} v_{bs} \tag{3.13}$$

が得られる．この式から，MOSFET の等価回路が図 3.13 のように導出できる．なお，ドレインコンダクタンスは，$r_D = 1/g_D$ として抵抗素子で表記している．

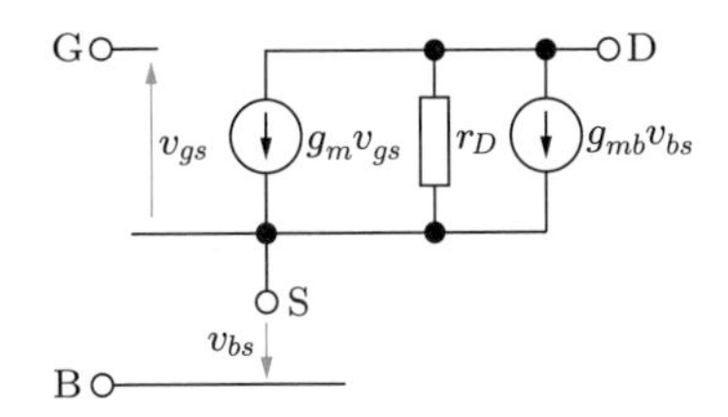

図 3.13　チャネル長変調とバックゲート効果を含む MOSFET の等価回路

図 3.14 は，バックゲート端子も表記したソース接地増幅回路である．この回路における MOSFET を，図 3.13 で求めた等価回路で置換し，カップリングキャパシタ C_1，C_2 を短絡，直流電源 V_{DD} を短絡すると，図 3.15 のようになる．この回路のバックゲート端子は GND に接続されているので $v_{bs} = 0$ となり，等価回路におけるバックゲート電圧による制御電流源は省略できる．

さらに，バイアス回路の R_1 と R_2，および負荷抵抗 R_L を移動して見やすく整理すると，最終的な等価回路として図 3.16 が求められる．

図 3.16 の等価回路と，簡略化した等価回路の図 3.12 との違いは，出力側（電流源 $g_m v_1$ の右側）だけであるので，入力側である MOSFET のゲート電圧は，図 3.12

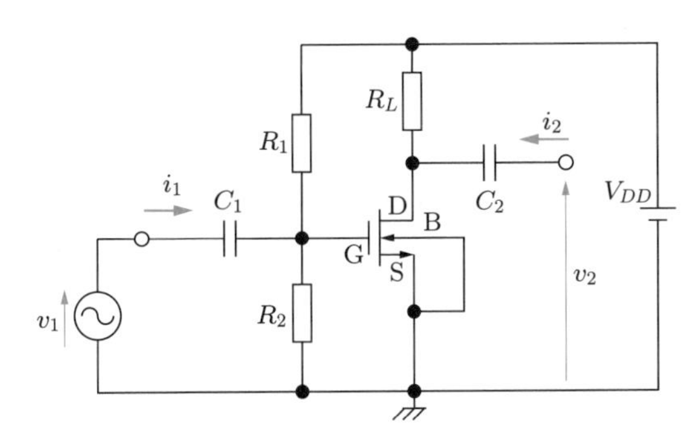

図 3.14　バックゲート端子も記載したソース接地増幅回路

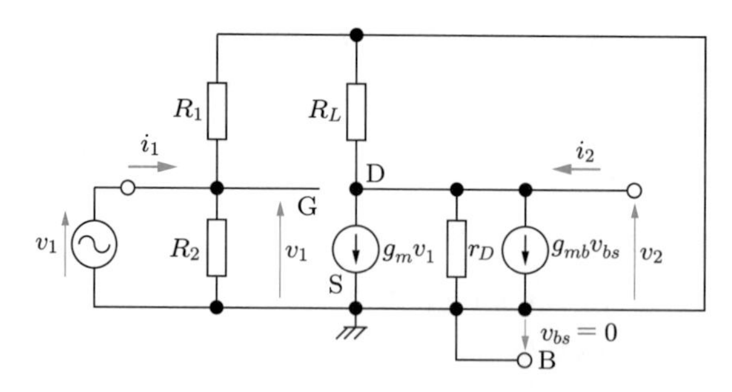

図 3.15　**等価回路導出の途中過程**

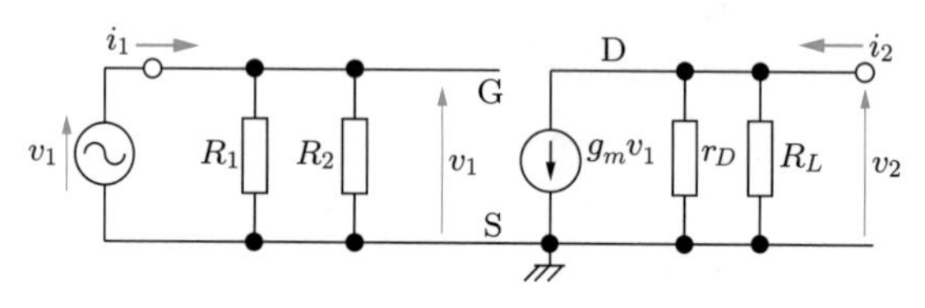

図 3.16　**最終的な等価回路（ソース接地増幅回路）**

と同様に信号源 v_1 に等しく，MOSFET からはこの電圧に比例した電流 $g_m v_1$ が流れる．よって，この回路の出力電圧 v_2 は，負荷抵抗 R_L とドレイン抵抗 r_D の並列接続回路に，この MOSFET の電流が流れると考えて，

$$v_2 = -(R_L \mathbin{/\!/} r_D) \times g_m v_1 \tag{3.14}$$

と求められる．したがって，電圧利得 A_V は次のようになる．

$$A_V = \left.\frac{v_2}{v_1}\right|_{i_2=0} = -g_m(R_L \mathbin{/\!/} r_D) \tag{3.15}$$

入力端子に接続されている素子は，図 3.12 と同じくバイアス回路の R_1 と R_2 の並列接続のみであるので，入力インピーダンスは，

$$Z_{\rm in} = \left.\frac{v_1}{i_1}\right|_{i_2=0} = R_1 \mathbin{/\!/} R_2 \tag{3.16}$$

となる．出力端子に接続されている素子は，負荷抵抗 R_L とドレイン抵抗，および電流源の並列接続であるが，電流源の内部インピーダンスは 1.4 節で述べたように無限大であるので，出力インピーダンスは，

$$Z_{\rm out} = \left.\frac{v_2}{i_2}\right|_{i_1=0} = R_L \mathbin{/\!/} r_D \tag{3.17}$$

となる．

3.2 ドレイン接地増幅回路

ドレイン接地増幅回路を，図 3.17 に示す．ドレイン端子は電源 V_{DD} に接続されており，入力信号がバイアス回路を介してゲート端子に印加され，出力がソース端子から取り出される．ドレイン端子が GND ではなく電源に接続されているにもかかわらず，ドレイン接地回路とよぶ理由は，電源の内部インピーダンスがゼロなので交流信号は接地とみなせるためである．「接地」の本来の意味は，電位の基準点に接続することであるので，電源に接続しても「接地」とよばれる．

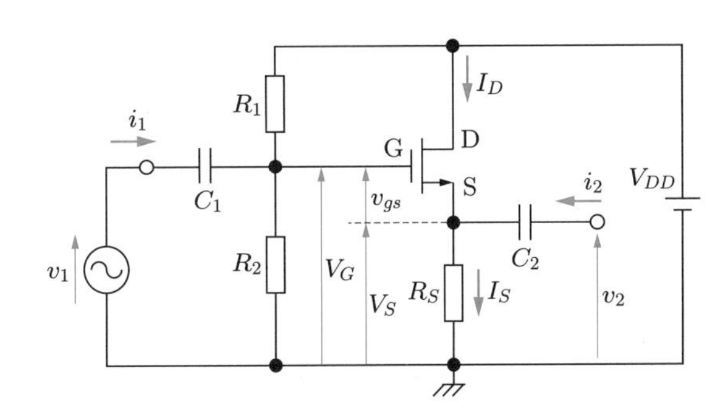

図 3.17　ドレイン接地増幅回路

3.2.1 ドレイン接地増幅回路のバイアス設計

ドレイン端子が V_{DD} に接続されているので，ソース電位 V_S が最大限変化できるように設計するならば，その中心電位は，

$$V_S = \frac{V_{DD}}{2} \tag{3.18}$$

となるようにすればよい．ここで，出力波形が歪まないように MOSFET を飽和領域で動作させるとして，ドレイン電流 I_{DS} を決めればよい．キルヒホッフの電流則から $I_S = I_{DS}$ であるので，ソース抵抗 R_S は，

$$R_S = \frac{V_S}{I_S} \tag{3.19}$$

で求められる．さらに，MOSFET が飽和領域で動作しているなら，式 (2.9) から v_{gs} を求められる．したがって，MOSFET のゲート電位は $V_G = v_{gs} + V_S$ であるので，バイアス回路の分圧の条件を用いれば，抵抗 R_1 と R_2 は次式を満たすように定めればよい．

$$V_G = v_{gs} + V_S = \frac{R_2}{R_1 + R_2} V_{DD} \tag{3.20}$$

この回路の動作は次のようになる.

(1) ゲート電位 V_G を高くすると，ゲート電圧 v_{gs} が増大する.

(2) その結果，ドレイン電流 I_{DS}（ソース電流 I_S）が増大し，ソース抵抗の電圧降下でソース電位 V_S が高くなる.

(3) 最終的に，ゲート電圧が減少するように動作する.

逆に，ゲート電位が下がり，v_{gs} が減少するとドレイン電流が減少するので，ソース電位が低下し，v_{gs} が増大するように動作する．このように，ソース電位が入力であるゲート電位を追いかける（フォローする）ように動作し，ゲート電圧が一定になる．そのためドレイン接地増幅回路は，**ソースフォロア回路**（source follower circuit）ともよばれる.

また，ソース電流を適度に調整することにより，出力電位をゲート入力から一定の値だけ下げることもできる．そのため，**レベルシフト回路**（level-shift circuit）とよばれることもある.

3.2.2 ドレイン接地増幅回路の等価回路解析

図 3.17 のドレイン接地増幅回路における MOSFET を，図 3.7 の簡易等価回路で置換し，カップリングキャパシタ C_1，C_2 を短絡，直流電源 V_{DD} を短絡すると，図 3.18 のようになる.

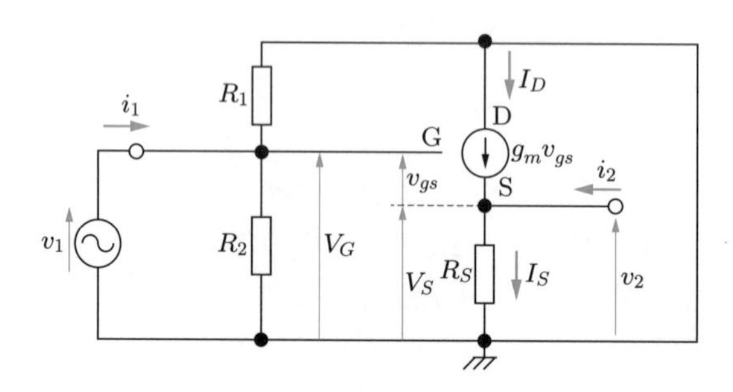

図 3.18　**等価回路導出の途中過程**

さらに，バイアス回路の R_1 と R_2，および制御電流源を移動して見やすく整理すると，最終的な等価回路として図 3.19 が求められる．その際，制御電流源は抵抗 R_S に電流が流れ込む向きとなるよう注意する必要がある．また，制御電圧 v_{gs} が，ソース端子とゲート端子間の電位差であることに注意する.

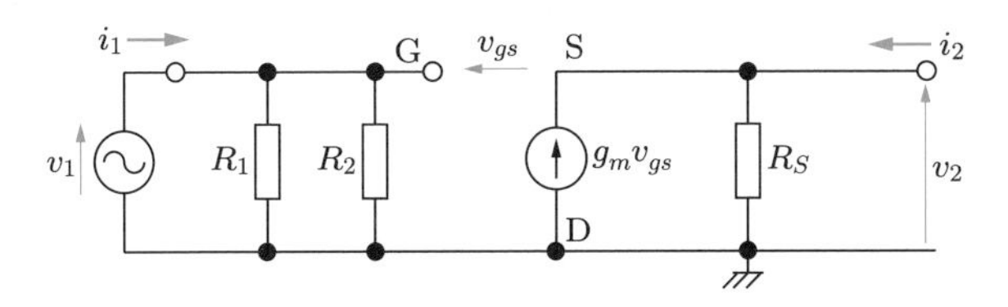

図 3.19 **最終的な等価回路（ドレイン接地増幅回路）**

この回路では，$v_{gs} = v_1 - v_2$ であるので，出力端に負荷を接続しない開放負荷の場合には，

$$v_2 = R_S \times g_m v_{gs} = R_S g_m (v_1 - v_2) \tag{3.21}$$

となる．したがって，電圧利得 A_V は，

$$A_V = \left.\frac{v_2}{v_1}\right|_{i_2=0} = \frac{g_m R_S}{1 + g_m R_S} \tag{3.22}$$

と求められる．電圧利得の符号は正であるので，出力信号は入力と同相であることがわかる．また，$g_m R_S \gg 1$ であるなら，電圧利得は 1 になる．

入力インピーダンスは，ソース接地増幅回路と同様に，バイアス回路の R_1 と R_2 の並列抵抗値

$$Z_{\text{in}} = \left.\frac{v_1}{i_1}\right|_{i_2=0} = R_1 /\!/ R_2 \tag{3.23}$$

になる．一方，出力インピーダンスは，ソース接地増幅回路のように簡単には求められない．その理由は，出力電位に応じて，制御電流源の電流値が変化するためである．出力インピーダンスは，入力端子を開放（$i_1 = 0$）として，出力端子に電圧 v_2 を印加した際に流れる電流 i_2 との比 v_2/i_2 で求められる．図 3.19 の回路で入力端子を開放すると，抵抗 R_1 と R_2 には電流が流れないので，入力側の電位は GND に等しくなる．よって，出力インピーダンスを求めるための等価回路は，図 3.20 のようになる．なお，入力端子を短絡（$v_1 = 0$）としても，$i_1 = 0$ になるので同じ等価回路となる．

この回路において，ソース抵抗 R_S を流れる電流は $i_2 + g_m v_{gs}$ であり，さらに，入力側が GND に接続されているとみなせるので，$v_{gs} = -v_2$ からソース抵抗 R_S を流れる電流は，$i_2 - g_m v_2$ となる．この電流がソース抵抗 R_S に流れることで現れる電圧は出力 v_2 となるので，$v_2 = (i_2 - g_m v_2) R_S$ から，出力インピーダンスは，

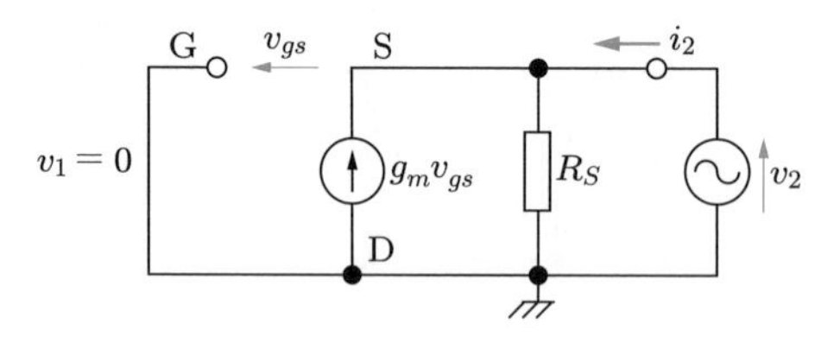

図 3.20　ドレイン接地増幅回路の出力インピーダンスを求めるための等価回路

$$Z_{\text{out}} = \left. \frac{v_2}{i_2} \right|_{i_1=0} = \frac{R_S}{1 + g_m R_S} \tag{3.24}$$

となる．もし，$g_m R_S \gg 1$ であれば，出力インピーダンス Z_{out} は $1/g_m$ と近似できるので，低インピーダンスが実現できる．これに対して，入力インピーダンスはバイアス回路抵抗の並列接続であるので，高インピーダンスである．そのため，ドレイン接地増幅回路は，回路どうしを接続する際のインピーダンス変換回路として用いられたり，低インピーダンスの負荷に大きな電力を供給する場合などに用いられたりする．また，この回路は，後述するミラー効果の影響が小さいので，周波数特性が良好である点も特長の一つである．

3.2.3 詳細な等価回路解析

図 3.21 は，バックゲート端子も表記したドレイン接地増幅回路である．この回路における MOSFET を図 3.13 で求めた等価回路で置換し，カップリングキャパシタ C_1，C_2 を短絡，直流電源 V_{DD} を短絡すると，図 3.22 のようになる．

さらに，バイアス回路 R_1 と R_2，ドレイン抵抗 r_D，および二つの制御電流源を移動して見やすく整理すると，最終的な等価回路として図 3.23 が求められる．その際，制御電流源は抵抗 R_S に電流が流れ込む向きとなるよう注意する必要がある．

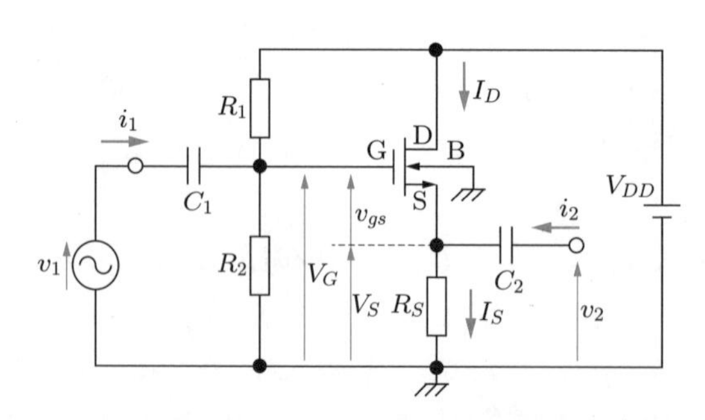

図 3.21　バックゲート端子も記載したドレイン接地増幅回路

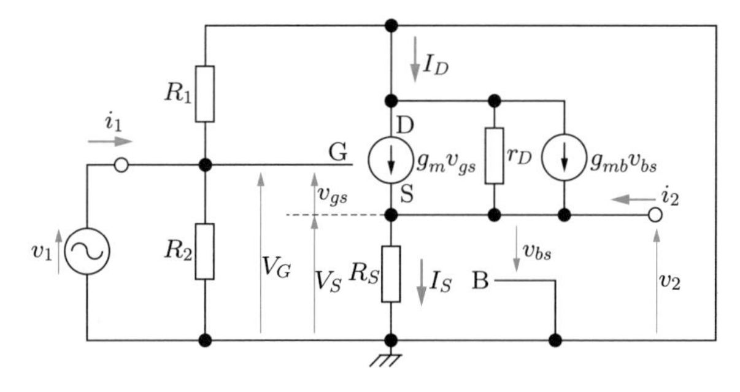

図 3.22 **等価回路導出の途中過程**

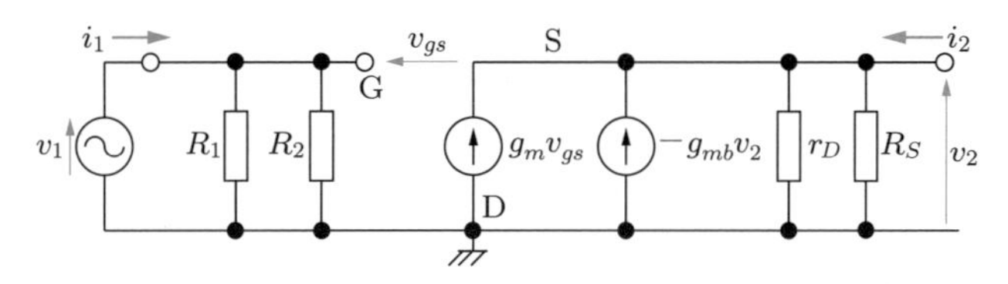

図 3.23 **最終的な等価回路（ドレイン接地増幅回路）**

また，制御電圧 v_{gs}，v_{bs} の向きにも注意する．とくに，バックゲート電圧 v_{bs} は出力電圧 v_2 と符号が逆であるので，$v_{bs} = -v_2$ であることに留意する．

図 3.23 の回路において，ゲート電圧は $v_{gs} = v_1 - v_2$ であるので，出力側の並列抵抗（$R_S \mathbin{/\!/} r_D$）に流れる電流は，出力端子を開放した状態（$i_2 = 0$）で，

$$g_m v_{gs} - g_{mb} v_2 = g_m (v_1 - v_2) - g_{mb} v_2 = \frac{v_2}{R_S \mathbin{/\!/} r_D} \tag{3.25}$$

である．よって，これを入力電圧 v_1 と出力電圧 v_2 の項で整理すると，

$$v_2 \left(\frac{1}{R_S \mathbin{/\!/} r_D} + g_{mb} + g_m \right) = g_m v_1 \tag{3.26}$$

となる．したがって，電圧利得 A_V として，

$$A_V = \left. \frac{v_2}{v_1} \right|_{i_2=0} = \frac{g_m}{1/(R_S \mathbin{/\!/} r_D) + g_{mb} + g_m} = \frac{g_m (R_S \mathbin{/\!/} r_D)}{1 + (g_{mb} + g_m)(R_S \mathbin{/\!/} r_D)} \tag{3.27}$$

が得られる．

入出力インピーダンスは，図 3.20 の簡略化した等価回路の方法と同じ考え方で求められる．入力側に接続されている素子は，バイアス回路の R_1 と R_2 のみであるので，その並列抵抗値が入力インピーダンス

$$Z_{\rm in} = \left.\frac{v_1}{i_1}\right|_{i_2=0} = R_1 /\!/ R_2 \tag{3.28}$$

になる．一方，出力インピーダンスは，入力端子を開放（$i_1 = 0$）して，出力端子に電圧 v_2 を印加した際に流れる電流 i_2 との比 v_2/i_2 で求められる．図 3.23 の回路で入力端子を開放した場合の等価回路は，図 3.24 のようになる．

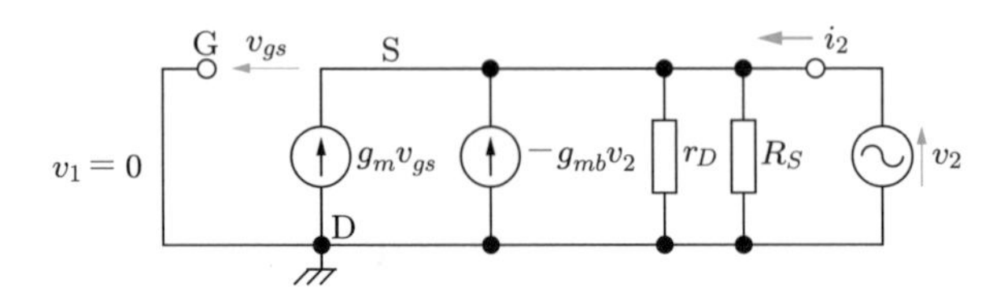

図 3.24　**ドレイン接地増幅回路の出力インピーダンスを求めるための等価回路**

この回路では，入力側が GND に接続されているとみなせるので $v_{gs} = -v_2$ となり，並列接続された抵抗を流れる電流は $i_2 - (g_m + g_{mb})v_2$ となる．この電流が並列抵抗に流れることで現れる電圧は，出力 v_2 となるので，$v_2 = \{i_2 - (g_m + g_{mb})v_2\}(R_S /\!/ r_D)$ から，

$$Z_{\rm out} = \left.\frac{v_2}{i_2}\right|_{i_1=0} = \frac{R_S /\!/ r_D}{1 + (g_m + g_{mb})(R_S /\!/ r_D)} \tag{3.29}$$

が得られる．

3.3 ゲート接地増幅回路

図 3.25 に示す**ゲート接地増幅回路**は，ソース接地増幅回路と似ているが，入力信号はソース端子に印加される構成である．ゲート電位は，直流的には自己バイアス回路で生成し，交流的にはバイパスキャパシタ C_G で接地されている．入力である交流電圧源の内部抵抗はゼロであるので，この回路の直流バイアスを設計する際に，ソースに接続された交流電圧源は短絡とみなしてもよい．したがって，この回路のバイアス回路の設計は，3.1 節で述べたソース接地回路と同じ考え方で行うことができる．すなわち，出力端子の直流電位は，出力振幅が最大の $V_{DD}/2$ まで線形増幅できるように，式 (3.1)，(3.2) の条件を満たすように決める．また，式 (3.3)，(3.4) からゲート電位を決定し，自己バイアス回路の抵抗値は，式 (3.5) を用いて決定する．

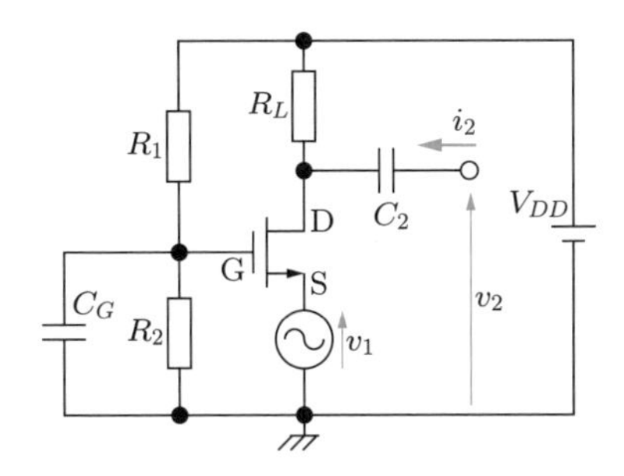

図 3.25 ゲート接地増幅回路

3.3.1 ゲート接地増幅回路の等価回路解析

図 3.25 のゲート接地増幅回路における MOSFET を，図 3.7 の簡略化した等価回路で置換し，カップリングキャパシタ C_2 と直流電源 V_{DD} を短絡する．さらに，バイパスキャパシタ C_G を短絡すると，バイアス抵抗 R_1，R_2 の節点電位が接地されるので，図 3.26 のようになる．

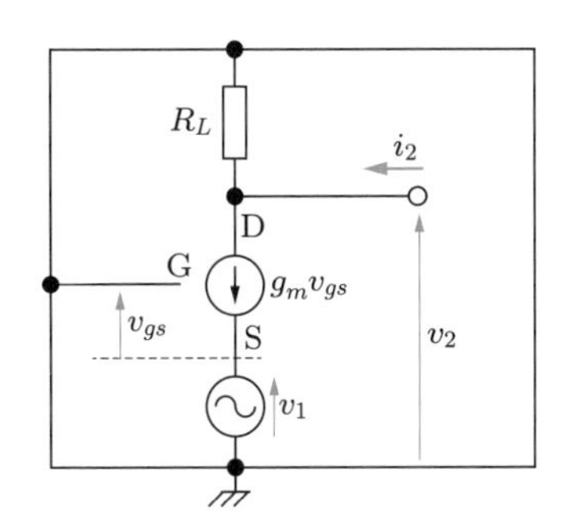

図 3.26 等価回路導出の途中過程

さらに，負荷抵抗 R_L を移動して見やすく整理すると，最終的な等価回路として図 3.27 が求められる．その際，制御電流源は入力信号電圧源に向かって電流が流れる向きとなるよう注意する必要がある．また，制御電圧 v_{gs} は，ソース端子と接地間の電位差であるので，入力信号電圧源と逆向きとなる．

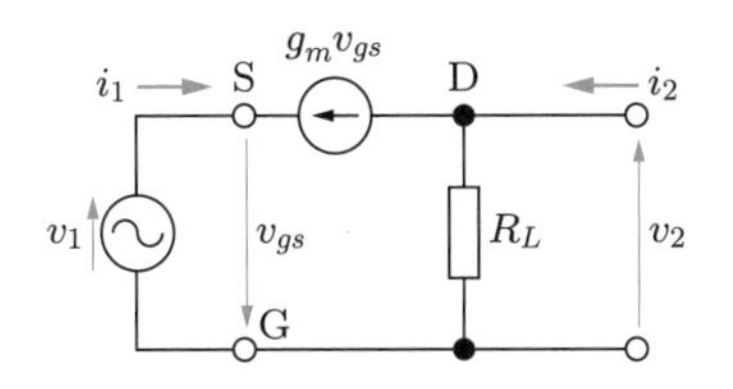

図 3.27 MOSFET 特性を簡略化した最終的な等価回路（ゲート接地増幅回路）

図3.27の回路において，出力負荷抵抗 R_L に流れる電流は，出力端子を開放した状態（$i_2 = 0$）で，制御電流源の $v_{gs} = -v_1$ を考慮して，

$$i_2 = 0 = \frac{v_2}{R_L} + g_m v_{gs} = \frac{v_2}{R_L} - g_m v_1 \tag{3.30}$$

となる．式を整理すると，電圧利得 A_V は，

$$A_V = \left.\frac{v_2}{v_1}\right|_{i_2=0} = g_m R_L \tag{3.31}$$

であり，利得の絶対値はソース接地増幅回路と同じとなる．

また，入力端子であるソースに流れる電流は，制御電流源のみが接続されているので，電流の向きに注意して，出力端子開放（$i_2 = 0$）で $i_1 = -g_m v_{gs} = g_m v_1$ から，

$$Z_{\mathrm{in}} = \left.\frac{v_1}{i_1}\right|_{i_2=0} = \frac{1}{g_m} \tag{3.32}$$

が得られる．この式から，ゲート接地増幅回路の入力インピーダンスは低いことがわかる．一方，出力側に接続されている素子は制御電流源と負荷抵抗のみであり，電流源の内部インピーダンスは無限大であるので，出力インピーダンスは，

$$Z_{\mathrm{out}} = \left.\frac{v_2}{i_2}\right|_{v_1=0} = R_L \tag{3.33}$$

と，ソース接地増幅回路と同じになる．

3.3.2 詳細な等価回路解析

図3.28は，バックゲート端子を表記したゲート接地増幅回路である．この回路では，電流が流れる経路に信号源が接続されるので，信号源抵抗 R_S も考慮した解析を行うことにする．

この回路におけるMOSFETを図3.13で求めた等価回路で置換し，カップリングキャパシタ C_2 と直流電源 V_{DD} を短絡する．さらに，バイパスキャパシタ C_G を短絡すると，バイアス抵抗 R_1，R_2 の節点電位が接地されるので，図3.29のようになる．

最後に，負荷抵抗 R_L を見やすいように移動し，入力信号源抵抗 R_S と負荷抵抗 R_L の間に並列に接続されているドレイン抵抗 r_D および二つの制御電流源の向きに注意して整理すると，最終的な等価回路として図3.30が求められる．その際，電

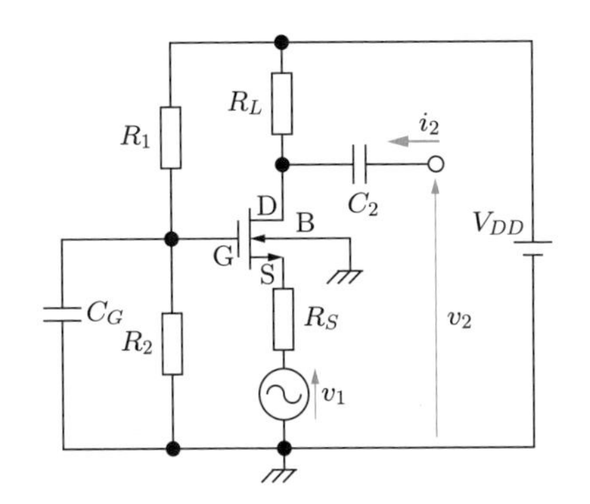

図 3.28　バックゲート端子も記載したゲート接地増幅回路

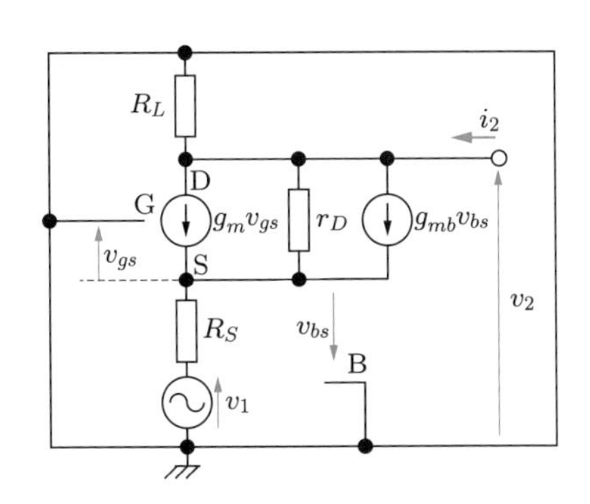

図 3.29　等価回路導出の途中過程

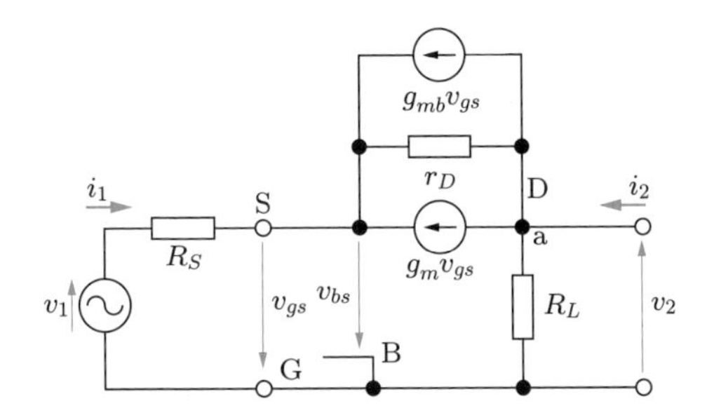

図 3.30　最終的な等価回路（ゲート接地増幅回路）

流源の制御電圧 v_{gs} および v_{bs} は，入力信号源と逆向きになることに注意する必要がある．

この等価回路において，出力開放（$i_2 = 0$）条件で，ドレイン抵抗を流れる電流を i_{r_D} とすると，キルヒホッフの電圧則から

$$v_{gs} + v_2 = r_D i_{r_D} \tag{3.34}$$

の関係が得られる．ここで，ドレイン抵抗の電圧に着目している理由は，制御電流源は電圧の定義ができないからである．ドレイン抵抗を流れる電流 i_{r_D} は，点 a に流れ込む電流から制御電流源の電流を除いたものであるので，

$$i_{r_D} = -\frac{v_2}{R_L} - g_m v_{gs} - g_{mb} v_{gs} \tag{3.35}$$

となる．この式を式 (3.34) に代入して，

$$r_D \left\{ -\frac{v_2}{R_L} - (g_m + g_{mb}) v_{gs} \right\} - v_{gs} = v_2 \tag{3.36}$$

が得られる．次に，v_{gs} と v_1 の関係を導出する．キルヒホッフの電圧則より，$v_1 - i_1R_S + v_{gs} = 0$ であることと，入力電流 i_1 は負荷抵抗を流れる電流 v_2/R_L と等しいことから，

$$v_{gs} = \frac{v_2}{R_L}R_S - v_1 \tag{3.37}$$

が得られる．これを式 (3.36) に代入して，v_1 と v_2 の関係を整理すると，

$$\{r_D(g_m + g_{mb}) + 1\}v_1 = \left[1 + \frac{r_D}{R_L} + \{r_D(g_m + g_{mb}) + 1\}\frac{R_S}{R_L}\right]v_2 \tag{3.38}$$

となる．したがって，電圧利得 A_V は，

$$A_V = \left.\frac{v_2}{v_1}\right|_{i_2=0} = \frac{(g_m + g_{mb})r_D + 1}{R_S + R_L + r_D + (g_m + g_{mb})r_D R_S}R_L \tag{3.39}$$

と得られる．また，出力端を開放したときに流れる電流 i_1 は，ソース電位が $v_1 - i_1R_S$ で与えられるので，

$$i_1 = (-g_m - g_{mb})(i_1R_S - v_1) + \frac{v_1 - i_1R_S}{r_D} - \frac{R_L}{r_D}i_1 \tag{3.40}$$

となる．この式を v_1 と i_1 の項で整理すると，

$$\left(g_m + g_{mb} + \frac{1}{r_D}\right)v_1 = \left\{1 + \frac{R_L}{r_D} + (g_m + g_{mb})R_S - \frac{R_S}{r_D}\right\}i_1 \tag{3.41}$$

となるので，入力インピーダンスは，

$$Z_{\text{in}} = \left.\frac{v_1}{i_1}\right|_{i_2=0} = \frac{r_D + R_L + R_S\{(g_m + g_{mb})r_D + 1\}}{(g_m + g_{mb})r_D + 1} \tag{3.42}$$

と求められる．

最後に，出力インピーダンスを求める．入力電源を短絡して考えると，等価回路は図 3.31 となる．ここで，ソース電位を v_S とすれば，出力端から見た電流は，

$$i_2 = \frac{v_2}{R_L} + \frac{v_2 - v_S}{r_D} + (g_{mb} + g_m)v_{gs} \tag{3.43}$$

となり，この電流が抵抗 R_S を流れることで現れる電圧に，$v_{gs} = -v_S$ の関係を代入すると，

$$v_S = \left\{\frac{v_2 - v_S}{r_D} + (g_{mb} + g_m)(-v_S)\right\}R_S \tag{3.44}$$

が得られる．この式を整理すると，

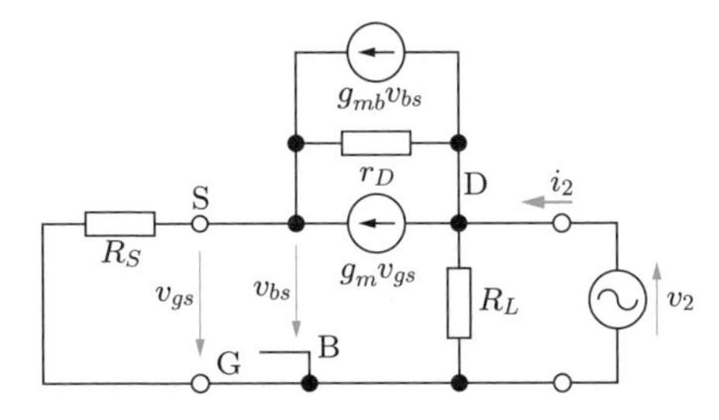

図 3.31 ゲート接地増幅回路の出力インピーダンスを求めるための等価回路

$$v_S = \frac{R_S}{r_D + R_S\{(g_{mb} + g_m)r_D + 1\}} v_2 \tag{3.45}$$

となり，さらに，これを式 (3.43) に代入すると，

$$i_2 = \left[\frac{1}{R_L} + \frac{1}{r_D} - \frac{R_S/r_D + (g_{mb} + g_m)R_S}{r_D + R_S\{(g_{mb} + g_m)r_D + 1\}}\right] v_2 \tag{3.46}$$

となる．したがって，出力インピーダンスは，

$$Z_{\rm out} = \left.\frac{v_2}{i_2}\right|_{v_1=0} = \frac{R_L r_D}{R_L + r_D - R_S R_L \dfrac{1 + (g_{mb} + g_m)r_D}{r_D + R_S\{(g_{mb} + g_m)r_D + 1\}}} \tag{3.47}$$

と求められる．

3.4 各接地方式と増幅回路の特性

簡易等価回路で解析した三つの増幅回路の，電圧利得 A_V，入力インピーダンス $Z_{\rm in}$，出力インピーダンス $Z_{\rm out}$ を比較してみよう．これらをまとめると，表 3.1 のようになる．代表値として，負荷抵抗 R_L やソース抵抗 R_S は数 kΩ〜数 10 kΩ，バイアス抵抗 R_1，R_2 は数 10 kΩ〜数 100 kΩ，g_m は 1〜10 mS 程度と考えれば，ソース接地増幅回路は，高利得および高入力インピーダンスが実現できることがわ

表 3.1 接地方式の違いによる増幅回路の特性比較

パラメータ	ソース接地 式 (3.8)〜(3.10)	ドレイン接地 式 (3.22)〜(3.24)	ゲート接地 式 (3.31)〜(3.33)
電圧利得 A_V	$-g_m R_L$	$\dfrac{g_m R_S}{1 + g_m R_S} \approx 1.0$	$g_m R_L$
入力インピーダンス $Z_{\rm in}$	$R_1 /\!/ R_2$	$R_1 /\!/ R_2$	$\dfrac{1}{g_m}$
出力インピーダンス $Z_{\rm out}$	R_L	$\dfrac{R_S}{1 + g_m R_S} \approx \dfrac{1}{g_m}$	R_L

かる．そのため，電圧増幅を目的とする場合は，ソース接地増幅回路が選択されることが多い．

一方，ドレイン接地増幅回路は利得が1以下で，高入力・低出力インピーダンスである．したがって，インピーダンスの低い負荷が接続される出力回路や，増幅回路を多段構成する際に，インピーダンス変換を目的として使われることが多い．

ゲート接地増幅回路は，利得はソース接地増幅回路と同じであるが，入力と出力の位相が同じ（同相）という特徴がある．また，入力インピーダンスが低いので，単独の回路として用いられることはない．次章で説明するようにミラー効果がなく，高周波特性に優れるので，高周波信号の増幅や，6.5節で述べる**カスコード回路**（cascode circuit）などに用いられることが多い．

3.5 多段増幅回路

前節までに述べた増幅回路単独では電圧利得などの目標性能が達成できない場合には，複数の増幅回路を縦続接続した構成を用いる．このような構成を**多段増幅回路**という．「段」とは，回路内の増幅素子（MOSFET）を意味しており，MOSFETを含む増幅回路を指す場合もある．また，多段増幅回路における，各増幅段は，入力側から数えた数字で表され，とくに1段目を初段，出力を取り出す回路段を出力段または最終段という．表3.2に，目標とする性能に応じた2段増幅回路の構成例を示す．

表3.2　2段増幅回路の構成例

目標性能	1段目	2段目
高利得	ソース接地増幅回路	ソース接地増幅回路
低出力インピーダンス	ソース接地増幅回路	ドレイン接地増幅回路

図3.32は，2段増幅回路の例である．各増幅段の入力および出力の直流電位は，それぞれの増幅回路に適した値になっていないので，カップリングキャパシタを中間に接続することで，直流成分を除去している．この増幅回路全体の利得をA_Vとすると，

$$A_V = \frac{v_2}{v_1} = \frac{v_2}{v_{12}} \times \frac{v_{12}}{v_1} = A_{V2} \times A_{V1} \tag{3.48}$$

となる．ここで，A_{V1}，A_{V2}はこの2段増幅回路での1段目，2段目の増幅器の利得である．式(3.48)は，各段単独の利得の積とは必ずしも一致しない．表3.1に示

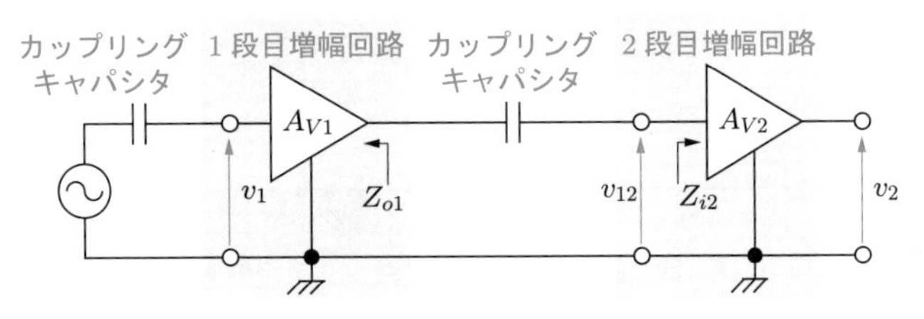

図 3.32 2段増幅回路

した増幅回路単独の利得は，出力開放条件で求めたものであり，図 3.32 の多段増幅回路では，出力に2段目の回路の入力インピーダンス Z_{i2} が並列接続されているからである．

図 3.33 は，2段ソース接地増幅回路の例である．この回路の電圧利得を解析してみよう．各段はカップリングキャパシタ C_1，C_2 で直流成分が分離されているとすれば，各増幅回路のバイアスは 3.1.2 項で述べたように個別に設計できる．単独の増幅回路と同様に，この回路における MOSFET を図 3.7 で求めた簡易等価回路で置換し，カップリングキャパシタ C_1，C_2，C_3 と直流電源 V_{DD} を短絡すると，図 3.34 のようになる．ここで，g_{m1}，g_{m2} は1段目，2段目の増幅回路の MOSFET の伝達コンダクタンスである．

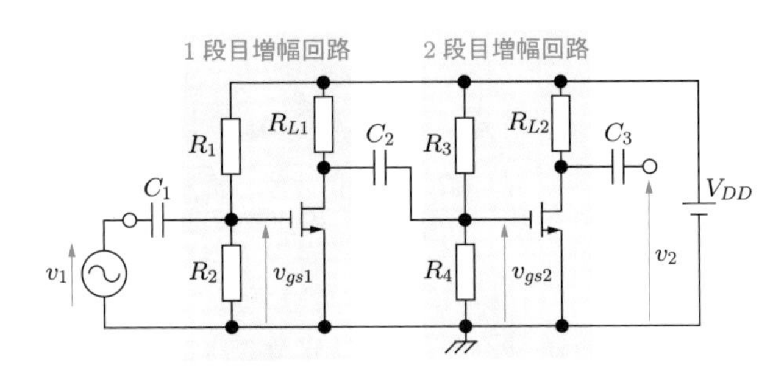

図 3.33 2段ソース接地増幅回路

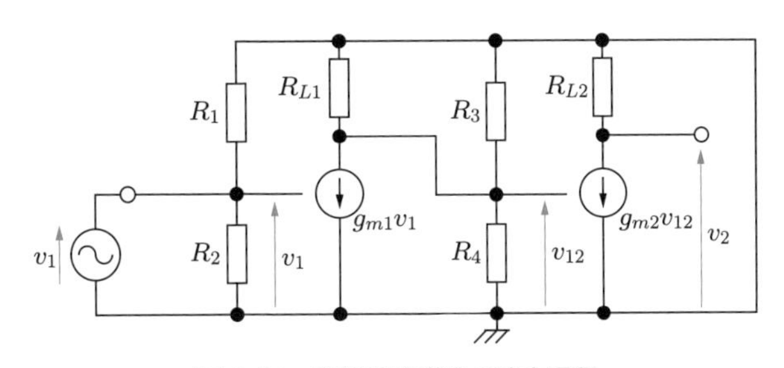

図 3.34 等価回路導出の途中過程

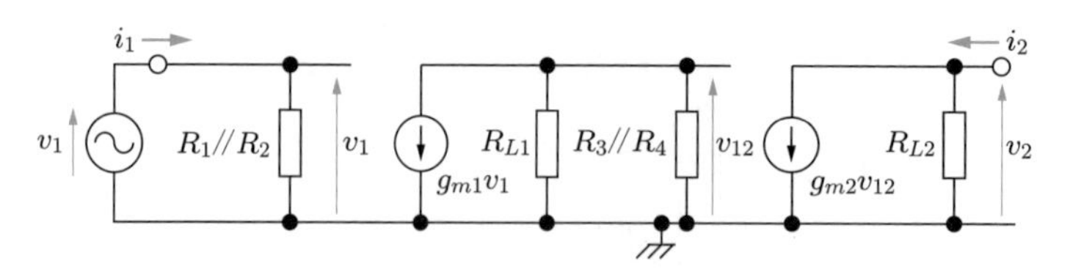

図 3.35　**最終的な等価回路（2 段ソース接地増幅回路）**

さらに，負荷抵抗 R_{L1}，R_{L2}，およびバイアス抵抗 R_1，R_3 を移動すると，最終的な等価回路として図 3.35 が求められる．

この等価回路で利得解析する際には，単体の増幅回路の場合と同様に出力開放（$i_2 = 0$）条件で行う．この回路では，制御電流源の前後で回路が区切られているので，出力側電圧から考えるとわかりやすい．出力 v_2 は，制御電圧 v_{12} で制御される電流源の電流 $g_{m2}v_{12}$ が負荷抵抗 R_{L2} に流れるので，電圧の向きに注意して

$$v_2 = -R_{L2} \times g_{m2}v_{12} \tag{3.49}$$

となる．ここで，上式における制御電圧 v_{12} は，1 段目の増幅回路の出力である．この出力には負荷抵抗 R_L と 2 段目の増幅回路のバイアス抵抗 $R_3 /\!/ R_4$ が並列接続されているので，

$$v_{12} = -\frac{R_{L1}(R_3 /\!/ R_4)}{R_{L1} + R_3 /\!/ R_4} g_{m1}v_1 \tag{3.50}$$

となる．これを式 (3.49) に代入すると，電圧利得 A_V が，

$$A_V = \frac{v_2}{v_1} = R_{L2}g_{m2} \times \frac{R_{L1}(R_3 /\!/ R_4)}{R_{L1} + R_3 /\!/ R_4} g_{m1} = \frac{g_{m1}g_{m2}R_{L1}R_{L2}(R_3 /\!/ R_4)}{R_{L1} + R_3 /\!/ R_4} \tag{3.51}$$

と求められる．ここで，1 段目，2 段目の（出力開放条件における）増幅回路単体での電圧利得をそれぞれ A_{V10}，A_{V20} とすれば，$A_{V10} = g_{m1}R_{L1}$，$A_{V20} = g_{m2}R_{L2}$ で与えられるので，これを式 (3.51) に代入すると，

$$A_V = \frac{R_3 /\!/ R_4}{R_{L1} + R_3 /\!/ R_4} A_{V10}A_{V20} \tag{3.52}$$

と変形できる．したがって，1 段目の出力インピーダンス R_{L1} が十分低いか，2 段目の入力インピーダンス $R_3 /\!/ R_4$ が十分高い場合，2 段増幅回路の利得は単体の増幅回路の利得の積と一致する．しかし，それ以外では利得が低くなることに注意が必要である．

演習問題

3.1 図 3.6 の回路において，MOSFET デバイスパラメータを $K = 8$ mS/V，$V_{Tn} = 0.5$ V とし，$V_{DD} = 2$ V，$I_D = 2.0$ mA とするとき，出力電圧が最大となるようバイアス設計せよ（R_1，R_2，R_L の値を求めよ）．なお，MOSFET は飽和領域で動作しているとし，バイアス回路を流れる電流は 1 μA とする．

3.2 図 3.8 の回路において，MOSFET デバイスパラメータを $K = 2.5$ mS/V とし，$R_1 = 850$ kΩ，$R_2 = 150$ kΩ，$R_L = 2.0$ kΩ とするとき，電圧利得 A_V，入力インピーダンス，出力インピーダンスを求めよ．ただし，カップリングキャパシタのインピーダンスは十分小さいとする．

3.3 図 3.17 の回路において，MOSFET デバイスパラメータを $K = 2.5$ mS/V とし，$R_1 = 390$ kΩ，$R_2 = 610$ kΩ，$R_S = 5.0$ kΩ とするとき，電圧利得 A_V，入力インピーダンス，出力インピーダンスを求めよ．ただし，カップリングキャパシタのインピーダンスは，信号周波数で動作するとき十分小さいとする．

3.4 問図 3.1 の回路において，$V_{DD} = 3.0$ V，$I_D = 0.5$ mA，$R_L = 2$ kΩ，$R_S = 2.2$ kΩ，$V_T = 0.5$ V，オーバードライブ電圧 $V_{\mathrm{ov}} = V_{GS} - V_T = 0.2$ V，$R_1 = 30$ kΩ，$R_2 = 20$ kΩ とし，バックゲートはソースに接続されているとする．また，信号周波数の帯域では，各キャパシタのインピーダンスは十分に小さく，短絡と扱ってよいとする．このとき，以下を求めよ．

(1) MOSFET の各端子の電位（V_G，V_S，V_D）

(2) 小信号等価回路

(3) 入力インピーダンス $Z_{\mathrm{in}} = v_1/i_1$

(4) 電圧利得 $A_V = v_2/v_1$

3.5 問図 3.2 に示す n チャネル MOSFET を用いたドレイン接地増幅回路において，電流源によりバイアス電流 I_S を設定し，MOSFET のオーバードライブ電圧 $V_{\mathrm{ov}} = v_{gs} - V_T = 0.2$ V としたとき，次の問いに答えよ．

(1) バックゲートをソースに接続した場合の出力インピーダンスを，ドレイン電流 I_D とオーバードライブ電圧 V_{ov} で表せ．

(2) バックゲートを基板に接続したときの出力インピーダンスを表せ．

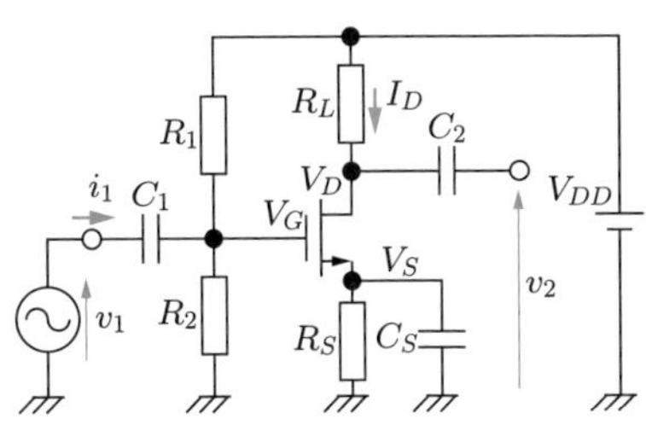

問図 3.1

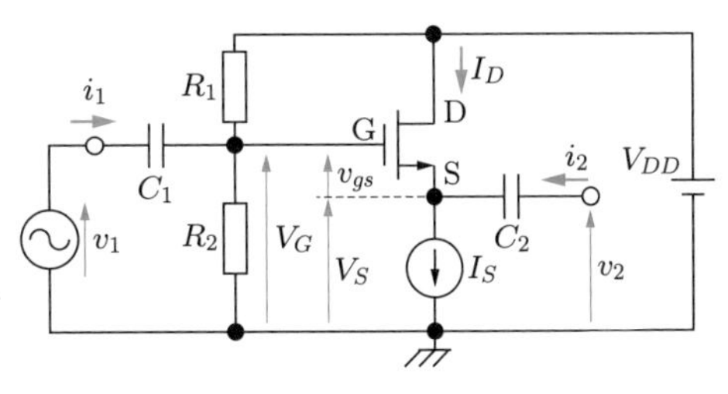

問図 3.2

MOSFET基本増幅回路の周波数特性

3章では，中域の動作周波数を仮定して，MOSFETを電流源のみの等価回路とし，カップリングキャパシタを短絡として扱った増幅器を解析した．このとき得られた利得は，周波数によらず一定である．しかし，一般に増幅回路の利得は，高周波領域（高域）や低周波領域（低域）で低下するような周波数依存性をもつ．本章では，このようなMOSFET基本増幅回路の周波数特性の解析方法について述べる．

4.1 増幅回路の周波数特性

図4.1は，増幅器利得の一般的な周波数特性である．高域で利得が低下する理由は，増幅回路のMOSFETに存在する寄生容量の影響によるもので，低域における利得の低下は，カップリングキャパシタのインピーダンスが無視できなくなるためである．ここで，中間の周波数（中域）における電圧利得の大きさを$|A_0|$とするとき，利得が$|A_0|/\sqrt{2}$となる低域側の周波数を**低域遮断周波数**f_L，高域側を**高域遮断周波数**f_Hという．高域および低域遮断周波数において，電圧と電流がともに$1/\sqrt{2}$になるなら，その信号電力（電圧×電流）は1/2となる．したがって，遮断域とは増幅回路を通過する電力が半分以下になる（遮断される電力が大きい）領域であり，通過域とは増幅回路を通過する電力が半分以上になる（通過する電力が大きい）領域であるといえる．なお，増幅回路の利得は，ある基準に対する比の対数で表すことがある．単位はデシベル[dB]である．中域の利得に対する遮断周波数で

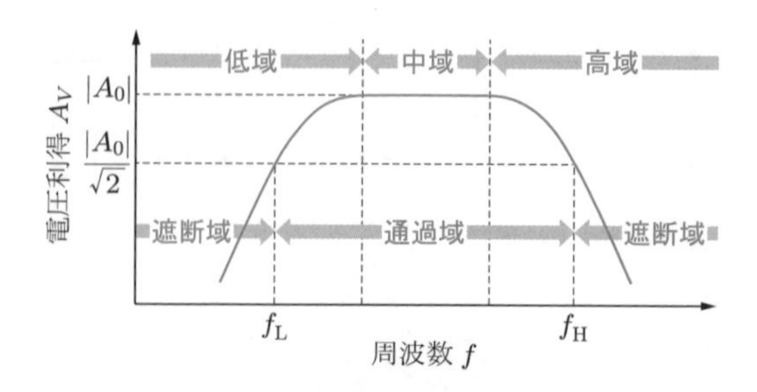

図4.1 増幅回路の周波数特性

の利得をデシベルで表すと，$20\log(|A_V|/|A_0|) = 20\log(1/\sqrt{2}) = -3\,\mathrm{dB}$ となる．

4.2 MOSFET の容量

MOSFET に交流が印加されるときには，ゲート電極の寄生容量が充電されたり放電されたりすることでゲート電位が上昇・下降し，ドレイン電流が変化する．したがって，MOSFET を用いた増幅回路の高周波領域の解析では，ゲート寄生容量の充放電時間によりドレイン電流が高周波信号に追随できなくなる効果を考慮する必要がある．一般には，MOSFET の各端子（電極）間に存在する寄生容量すべてを考慮する必要があるが，実用上，高周波信号を印加する際に考慮すべきおもな寄生容量は，ゲート・ソース間容量 C_{gs}，ゲート・ドレイン間容量 C_{gd}，ドレイン・ソース間容量 C_{ds} の三つである．2 章でゲート酸化膜容量について簡単に述べたが，実際のゲート構造と寄生容量を示すと，図 4.2 (a) のようになる．

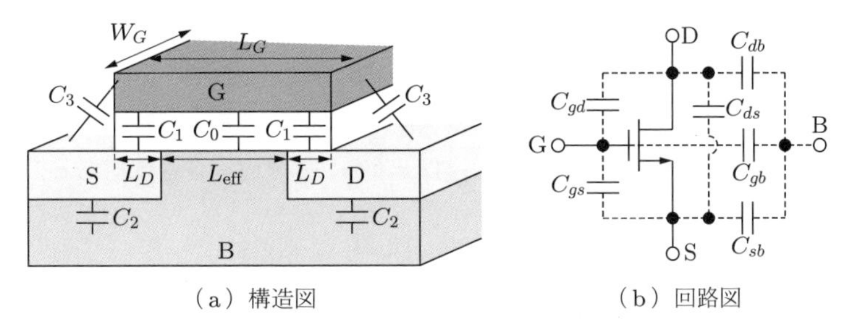

（a）構造図　　（b）回路図

図 4.2 MOSFET の寄生容量

C_{gs} は，ゲートとソース電極が重なり合う部分（オーバーラップ長 L_D）の容量値 C_1 と，ゲートとチャネル間のゲート酸化膜容量値 C_0 の和であり，三つの寄生容量の中で最大の値をもつ．また，C_{gd} はゲートとドレイン電極が重なり合う部分の容量値（ここでは，ソース電極とドレイン電極が等しいオーバーラップ長をもつとして同一容量値 C_1）である．基板（バルクともいう）とドレインまたはソース間には接合容量 C_2 があり，ゲートと基板間の容量は，C_2 とドレインおよびソース電極との間の配線容量 C_3 の和として考える．図 (b) は MOSFET の回路図上に寄生容量を記載したものである．

これら寄生容量の値を算出してみよう．ゲート酸化膜厚を t_{ox} [m]，酸化膜の比誘電率を $\varepsilon_{\mathrm{ox}}$，真空中の誘電率を ε_0 [F/m] とすると，単位面積あたりの容量は平行平板容量として近似できるので，$C_{\mathrm{ox}} = \varepsilon_{\mathrm{ox}}\varepsilon_0/t_{\mathrm{ox}}$ [F/m^2] で与えられる．したがって，ゲート幅を W_G とすれば，実効ゲート長 L_{eff} の容量，およびオーバーラップ長 L_D の容量は，それぞれ

$$C_0 = L_{\mathrm{eff}} W_G C_{\mathrm{ox}}, \quad C_1 = L_D W_G C_{\mathrm{ox}} \tag{4.1}$$

で求められる．

MOSFETの電極間容量は，MOSFETの動作領域によって変化するが，電子回路が線形動作するドレイン電流飽和領域における容量は一定として扱ってよい．図4.3は，すべての寄生容量を記入したMOSFETの高周波等価回路である．ただし，ソース・バックゲート端子間は接続されているので C_{sb} は短絡削除し，C_{ds} は十分小さいとして開放削除している．接合容量 C_2 と配線容量 C_3 は，上記容量に比較して小さいので C_{db}，C_{gb} は無視できるとして，以降の解析では C_{gs} と C_{gd} に着目して行うことにすると，図4.4に示す高周波等価回路が導き出せる．図(a)は，3章で述べた詳細な等価回路に寄生容量を追加した等価回路で，図(b)は制御電流源だけに寄生容量を追加した高周波簡易等価回路である．ここで，典型的なMOSFETのゲート構造における実際の数値を計算すると，ゲート長0.18 μmの場合，ゲート酸化膜厚は3 nmであるので，$W_G = 10$ μmにおける寄生容量 C_0 は20 fF程度となる．また，電極のオーバーラップ長 L_D は，ゲート長の1/10程度であるので，C_{gd}

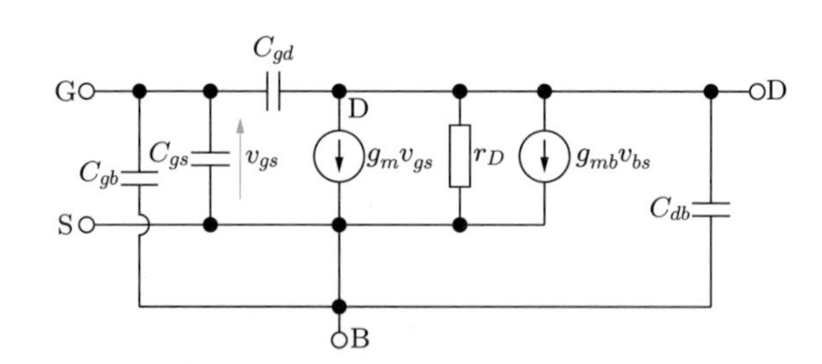

図4.3　すべての寄生容量を記入したMOSFETの高周波等価回路

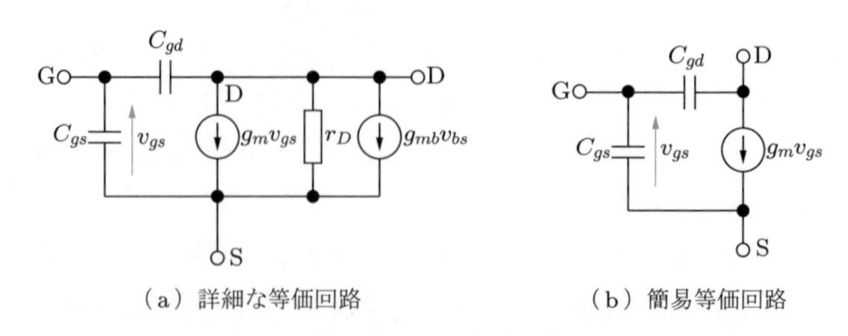

（a）詳細な等価回路　　（b）簡易等価回路

図4.4　MOSFETの高周波等価回路

$(=C_1)$ は C_{gs} に比較して 1/10 程度となるが，後述するミラー効果により C_{gd} の影響は無視できない．

4.3 ミラー効果

図 4.4 の等価回路では，入力端子であるゲート端子と出力側の端子であるドレイン端子間に容量が接続されている．このように入力と出力間に容量が接続されていると，解析が困難となる．**ミラー効果**（Miller effect）は，1920 年に John M. Miller によって発表された現象で，このような回路を簡単に解析するための等価回路が導き出せる．図 4.5 (a) は，増幅度が $-A$（入力と出力電圧の極性が逆になる）の反転増幅回路の入出力間に容量が接続された場合である．ミラー効果によれば，この回路を入力側から見ると，図 (b) のように入力端子と接地間に $(1+A)$ 倍の容量が接続された回路と等価となる．

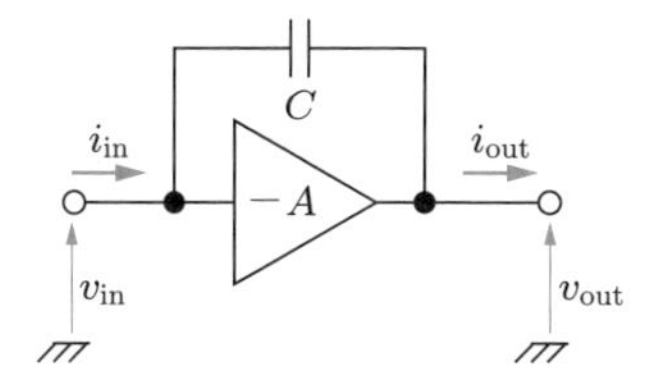

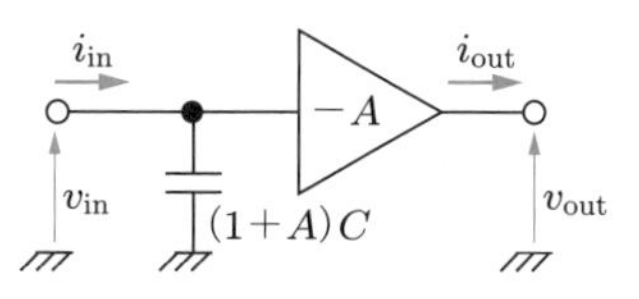

（a）入出力間に容量がある反転増幅回路　（b）ミラー効果を考慮した等価回路

図 4.5 ミラー効果

この理由を，図 4.6 を用いて説明する．図 (a) は，ソース接地回路のゲート電位（入力信号），ドレイン電位（出力信号），ミラー効果の対象となるゲート・ドレイン間容量 C_{gd} を記載している．ここではゲート入力信号振幅を $V_{\rm sw}$ とし，ドレイン端の出力振幅が $AV_{\rm sw}$ で，位相が反転する様子を示している．図 (b) は C_{gd} の両端の電圧および入力（ゲート電位）と出力（ドレイン電位）である．互いに位相が反転しているので，C_{gd} の両端の電圧は入力信号の振幅に対して $(1+A)$ 倍となることがわかる．したがって，C_{gd} で充放電される電荷は，$Q=C_{gd}\times(1+A)V_{\rm sw}$ となる．この電荷量は，$Q=(1+A)C_{gd}\times V_{\rm sw}$ と見立てることができるので，入力容量が $(1+A)$ 倍になることと等価である．

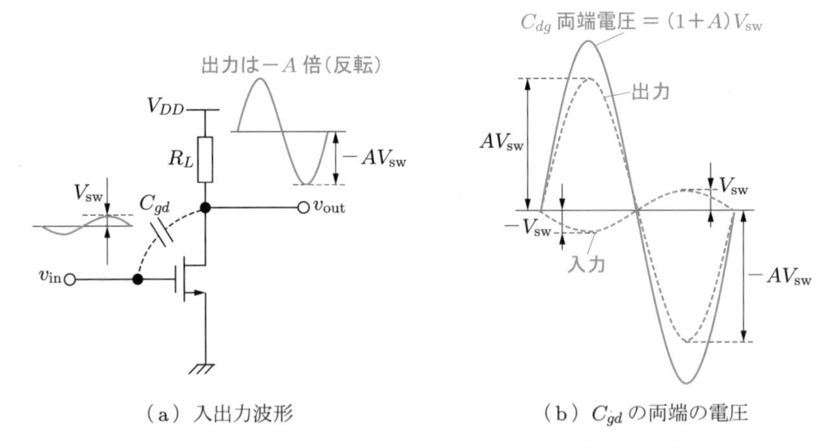

（a）入出力波形　　　　（b）C_{gd} の両端の電圧

図 4.6　入出力間に容量があるソース接地増幅回路の入出力波形

4.4 ソース接地増幅回路の高周波特性

増幅回路の高周波特性は，上述した MOSFET の寄生容量 C_{gs} および C_{gd} の影響を強く受ける．ここでは，図 4.7 に示すバックゲート端子が接地されたソース接地増幅回路の等価回路を用いて，高周波領域（高域）における特性を解析しよう．MOSFET のゲート電位の応答は信号源の出力抵抗にも依存するので，図では信号源抵抗 ρ を考慮している．以下では，入力カップリングキャパシタ C_1 は入力信号周波数において短絡とみなせると仮定する．C_1 が短絡とみなせず，バイアス抵抗とカップリングキャパシタでローパスフィルタが形成される場合の扱いについては，4.6 節の低周波特性の解析で説明する．

図 4.7 の回路における MOSFET を図 4.4 (a) の高周波等価回路に置換し，カップリングキャパシタ C_1，C_2 と直流電源 V_{DD} を短絡する．さらに，バイアス抵抗

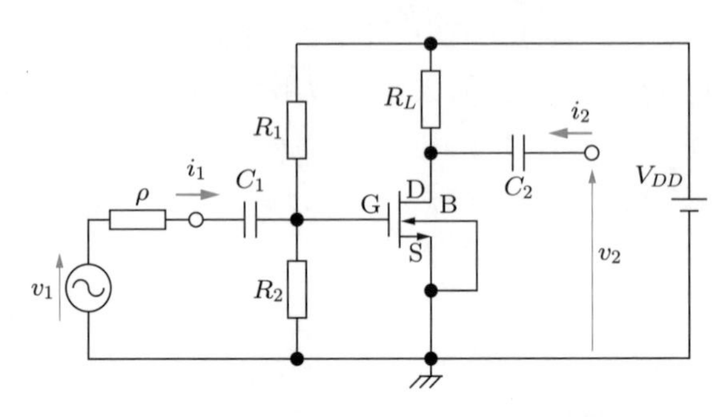

図 4.7　信号源抵抗を考慮したソース接地増幅回路

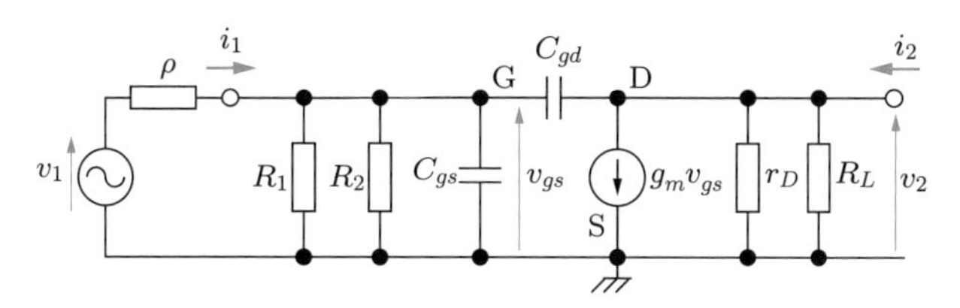

図 4.8 等価回路導出の途中過程

R_1，R_2 と負荷抵抗 R_L を移動すると，図 4.8 のようになる．

図 4.8 における利得は，出力側並列抵抗 $R_{LP} = r_D \mathbin{/\!/} R_L$ とすれば，電圧利得 $A_V = -g_m \times R_{LP}$ である．よって，前節で述べたミラー効果を考慮して C_{gd} を入力側に接地された容量に変換し，ゲート端子と接地間に並列接続された容量 C_m として表せば，

$$C_m = C_{gs} + (1 + g_m R_{LP})C_{gd} \tag{4.2}$$

である．したがって，ソース接地増幅回路の最終的な高周波等価回路として，図 4.9 が求められる．ただし，$R_P = R_1 \mathbin{/\!/} R_2$ である．

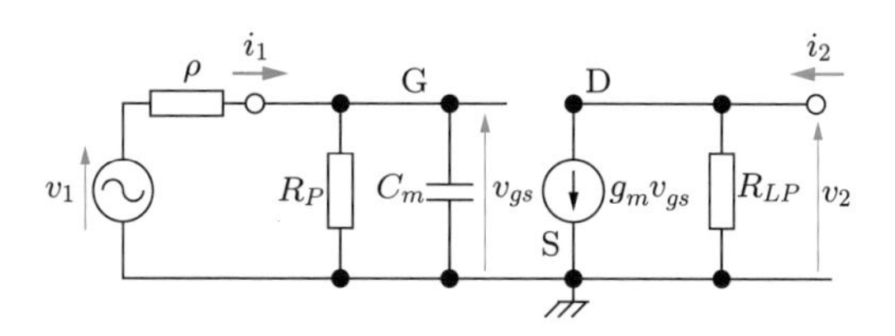

図 4.9 最終的な高周波等価回路（ソース接地増幅回路）

この等価回路から導かれる出力電圧 v_2 は，

$$v_2 = -g_m R_{LP} v_{gs} \tag{4.3}$$

となる．制御電圧 v_{gs} は，信号源抵抗 ρ と，入力側並列抵抗 R_P および容量 C_m のインピーダンス $1/j\omega C_m$ が並列接続された回路の分圧で得られ，

$$v_{gs} = \frac{\dfrac{1}{1/R_P + j\omega C_m}}{\rho + \dfrac{1}{1/R_P + j\omega C_m}} v_1 = \frac{R_P}{\rho + R_P + j\omega C_m \rho R_P} v_1 \tag{4.4}$$

となる．これを式 (4.3) に代入して電圧利得を求めると，

$$A_V = \frac{v_2}{v_1} = -\frac{g_m R_{LP} R_P}{\rho + R_P + j\omega C_m \rho R_P}$$
$$= -\frac{g_m R_{LP} R_P}{\rho + R_P} \times \frac{1}{1 + j\omega C_m \rho R_P/(\rho + R_P)} \tag{4.5}$$

となる．ここで，この回路の中域における増幅率 A_0 を求める．中域では，容量 C_m のインピーダンスが高く，開放として扱えるため，C_m にかかわる項を無視すると，

$$A_0 = -\frac{g_m R_{LP} R_P}{\rho + R_P} \tag{4.6}$$

となる．高域遮断周波数 $f_{\mathrm{H}} = \omega_{\mathrm{H}}/2\pi$ は，増幅率の絶対値 $|A_V| = |A_0|/\sqrt{2}$ になる周波数であるから，式 (4.5)，(4.6) より，

$$\frac{|A_V|}{|A_0|} = \frac{1}{\sqrt{1 + \{\omega_{\mathrm{H}} C_m \rho R_P/(\rho + R_P)\}^2}} = \frac{1}{\sqrt{2}} \tag{4.7}$$

から，

$$f_{\mathrm{H}} = \frac{1}{2\pi C_m \dfrac{\rho R_P}{\rho + R_P}} \tag{4.8}$$

と得られる．

4.5 負荷容量が接続されたソース接地増幅回路の高周波特性

増幅回路を多段接続する際は，次段入力容量や配線容量などが出力端子に負荷容量として接続されることになる．ここでは，そのような場合について考えよう．図 4.10 に，負荷容量 C_L を含めたソース接地増幅回路を示す．

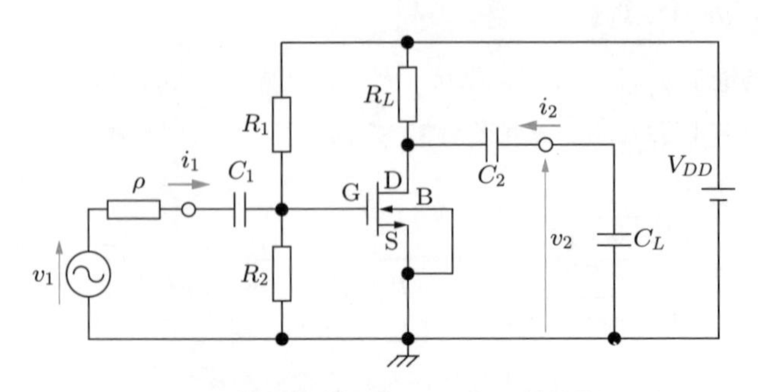

図 4.10　負荷容量が接続されたソース接地増幅回路

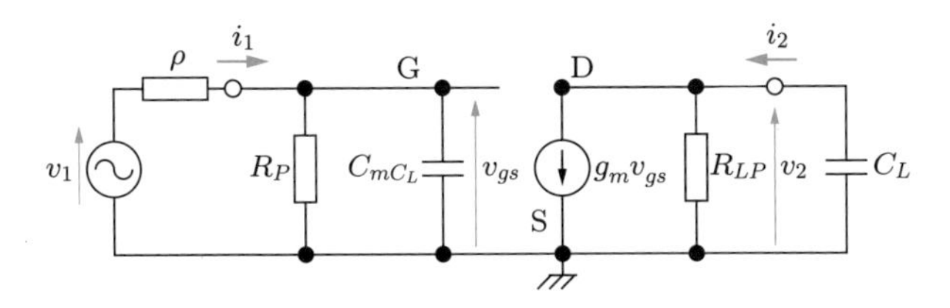

図 4.11　高周波等価回路（負荷容量が接続されたソース接地増幅回路）

図 4.10 の高周波等価回路を，前節と同様に求めると図 4.11 が得られる．ただし，$R_{LP} = r_D \mathbin{/\!/} R_L$，$R_P = R_1 \mathbin{/\!/} R_2$ である．この回路の利得は，

$$v_2 = -g_m \frac{R_{LP}}{1 + j\omega C_L R_{LP}} v_{gs} \tag{4.9}$$

である．ゲート端子と接地間に並列接続された等価容量 C_{mC_L} は，前節で述べたミラー効果を考慮して，C_{gd} をその電荷 $Q_{C_{gd}}$ から入力側に接地された容量に変換することで求められる．すなわち，

$$Q_{C_{gd}} = (v_{gs} - v_2) C_{gd} = \left(1 + g_m \frac{R_{LP}}{1 + j\omega C_L R_{LP}}\right) C_{gd} v_{gs} \tag{4.10}$$

であるので，

$$C_{mC_L} = C_{gs} + \left(1 + g_m \frac{R_{LP}}{1 + j\omega C_L R_{LP}}\right) C_{gd} \tag{4.11}$$

である．式 (4.4) と同様に制御電圧 v_{gs} を求めて，式 (4.9) に代入する．さらに，式 (4.6) で定義した中域の電圧利得 A_0 を用いて，$R_{P\mathrm{in}} = \rho \mathbin{/\!/} R_P$ とおいて電圧利得 A_V を求めると，

$$\begin{aligned} A_V = \frac{v_2}{v_1} &= A_0 \times \frac{1}{1 + j\omega C_{mC_L} R_{P\mathrm{in}}} \times \frac{1}{1 + j\omega C_L R_{LP}} \\ &= A_0 \times \frac{1}{1 + j\omega (C_{gs} + C_{gd}) R_{P\mathrm{in}} + \dfrac{j\omega g_m R_{LP}}{1 + j\omega C_L R_{LP}} C_{gd} R_{P\mathrm{in}}} \\ &\quad \times \frac{1}{1 + j\omega C_L R_{LP}} \end{aligned} \tag{4.12}$$

となる．上式の第 2 項における分母第 3 項は，C_L が大きければ，周波数が高くなるにつれて $C_{gd} R_{P\mathrm{in}}$ に漸近するが，この値は 1 より十分小さいので無視できる．このように出力負荷 C_L の影響で出力振幅が低下すれば，ミラー効果の影響は小さくなる．このとき，図 4.10 のソース接地増幅回路の電圧利得に関する第 2 項および

第3項の絶対値がそれぞれ $1/\sqrt{2}$ になる周波数は，

$$f_{\mathrm{H1}} = \frac{1}{2\pi(C_{gs} + C_{gd})R_{P\mathrm{in}}} \tag{4.13}$$

$$f_{\mathrm{H2}} = \frac{1}{2\pi C_L R_{LP}} \tag{4.14}$$

となる．ここで，$f_{\mathrm{H2}} < f_{\mathrm{H1}}$ の関係を仮に考える．この回路の電圧利得の周波数特性は，図4.12のようになる．$f_{\mathrm{H2}} < f < f_{\mathrm{H1}}$ の範囲では，式(4.12)の第2項は1と近似できる一方で，第3項の絶対値のデシベル表示は，$\omega C_L R_{LP} \gg 1$ のとき $-20\log\omega C_L R_{LP}$ と近似できるので，回路の利得は周波数に伴い -6 dB/oct で低下する†．$f < f_{\mathrm{H1}}$ の範囲では，式(4.12)の第2項の絶対値のデシベル表示も $-20\log\omega(C_{gs} + C_{gd})R_{P\mathrm{in}}$ と近似できるので，第2項も周波数に伴い，-6 dB/oct で低下する．その結果，$f < f_{\mathrm{H1}}$ の範囲での電圧利得の周波数特性は，デシベル表示の和である -12 dB/oct で低下する．

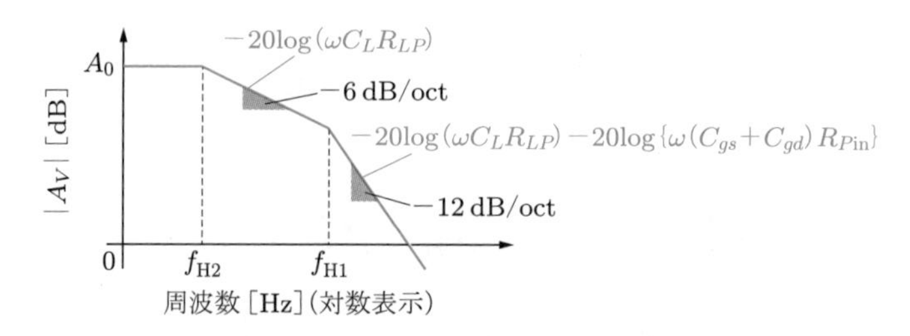

図4.12　負荷容量が接続されたソース接地増幅回路の周波数特性

4.6 ソース接地増幅回路の低周波特性

図4.7のソース接地増幅回路の低周波領域（低域）の特性解析では，中域と同様にMOSFETの寄生容量 C_{gs}，C_{gd} は無視できる．したがって，MOSFETの等価回路は図3.13を用いればよい．この解析でも，バックゲート端子はソース端子とともに接地されているので省略できる．一方で，入力カップリングキャパシタ C_1 は，バイアス抵抗と接続されたローパスフィルタとして扱う必要がある．また，カップリングキャパシタの値は無限大にはできないので，高周波領域でも厳密な解析を行うには，本節と同様にしてバイアス回路の周波数特性を考慮する必要がある．なお，

† dB/oct：1オクターブ（octave）あたりのdB，すなわち周波数が2倍ごとの利得変化を表す．

カップリングキャパシタ C_2 は，出力が開放であれば無視できるので等価回路には含めていない．また，MOSFET のゲート容量を無視しているので，信号源の出力抵抗も考慮しない．以上によりソース接地増幅回路の低周波等価回路を求めると，図 4.13 が得られる．ただし，$R_{LP} = r_D \mathbin{/\!/} R_L$，$R_P = R_1 \mathbin{/\!/} R_2$ である．

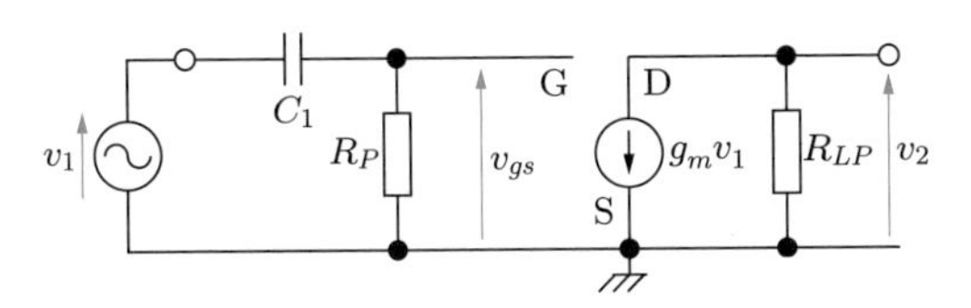

図 4.13　低周波等価回路（ソース接地増幅回路）

この等価回路から導かれる出力電圧 v_2 は，

$$v_2 = -g_m R_{LP} v_{gs} \tag{4.15}$$

となる．制御電圧 v_{gs} は，入力信号がカップリングキャパシタ C_1 と並列抵抗 R_P で分圧されるので，

$$v_{gs} = \frac{R_P}{R_P + 1/j\omega C_1} v_1 \tag{4.16}$$

となる．式 (4.16) を式 (4.15) に代入して，電圧利得を求めると，

$$A_V = \frac{v_2}{v_1} = -\frac{g_m R_{LP} R_P}{R_P + 1/j\omega C_1} = -g_m R_{LP} \frac{1}{1 + 1/j\omega C_1 R_P} \tag{4.17}$$

となる．なお，この回路の中域では容量 C_1 が短絡となるので，中域における増幅率 $A_0 = -g_m R_{LP}$ になる．したがって，低域における増幅率の絶対値 $|A_V| = |A_0|/\sqrt{2}$ になる周波数（低域遮断周波数）$f_{\mathrm{L}} = \omega_{\mathrm{L}}/2\pi$ は，

$$\frac{|A_V|}{|A_0|} = \frac{1}{\sqrt{1 + (1/\omega_{\mathrm{L}} C_1 R_P)^2}} = \frac{1}{\sqrt{2}} \tag{4.18}$$

より，

$$f_{\mathrm{L}} = \frac{1}{2\pi C_1 R_P} \tag{4.19}$$

と求められる．

4.7 ドレイン接地増幅回路の高周波特性

次に，図 4.14 に示すドレイン接地増幅回路の高周波特性を解析しよう．この回路は，図 3.15 と同じ構成であるが，信号源には内部抵抗 ρ が追加されている．この回路における MOSFET を，図 4.4 (b) の簡易等価回路で置換し，カップリングキャパシタ C_1，C_2 を短絡，直流電源 V_{DD} を短絡すると，図 4.15 のようになる．

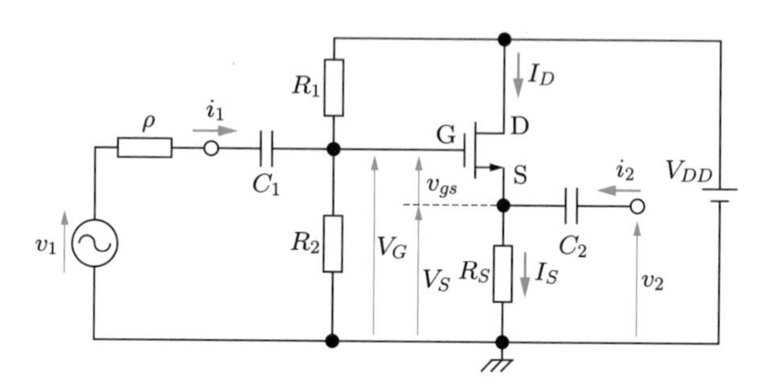

図 4.14　信号源抵抗を考慮したドレイン接地増幅回路

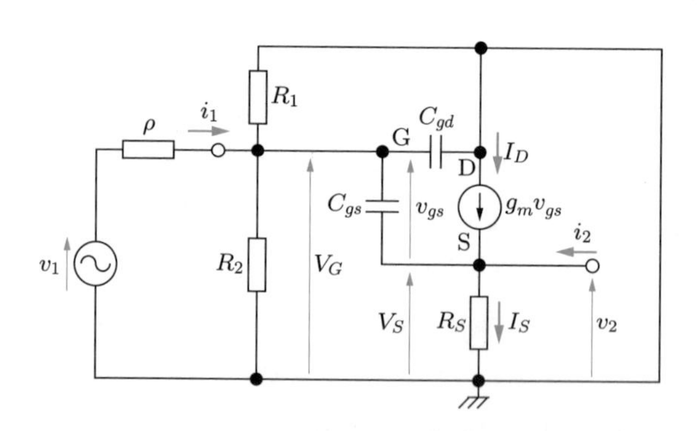

図 4.15　等価回路導出の途中過程

さらに，バイアス抵抗 R_1 と R_2，および制御電流源を見やすいように移動すると，最終的な等価回路が図 4.16 のように求められる．その際，制御電流源は抵抗 R_S に電流が流れ込む向きとなるよう注意し，制御電圧がゲート電圧 v_{gs} であることにも注意する．また，$R_P = R_1 /\!/ R_2$ である．

図 4.16 の回路において，出力抵抗 R_S に流れる電流は，出力端子を開放した状態（$i_2 = 0$）で，

$$j\omega C_{gs} v_{gs} + g_m v_{gs} = \frac{v_2}{R_S} \tag{4.20}$$

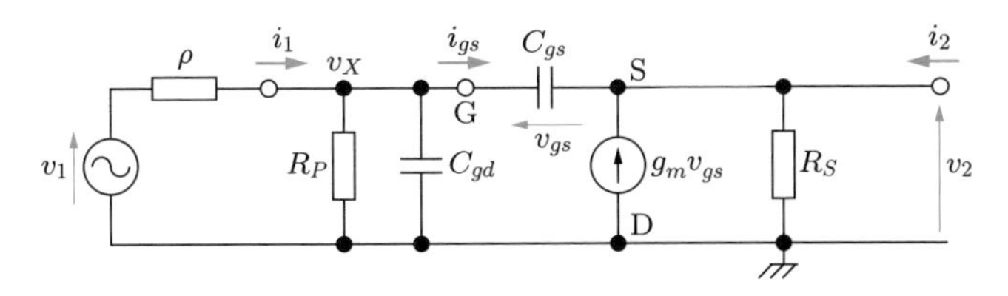

図 4.16　**最終的な高周波等価回路（ドレイン接地増幅回路）**

であることから，

$$v_{gs} = \frac{v_2}{R_S(g_m + j\omega C_{gs})} \tag{4.21}$$

の関係が得られる．また，入力端電位 $v_X = v_2 + v_{gs}$ で与えられるので，入力電流 i_1 は，

$$\begin{aligned} i_1 &= \frac{v_2 + v_{gs}}{R_P/(1 + j\omega C_{gd} R_P)} + j\omega C_{gs} v_{gs} \\ &= \frac{1 + j\omega C_{gd} R_P}{R_P}(v_2 + v_{gs}) + j\omega C_{gs} v_{gs} \end{aligned} \tag{4.22}$$

と求められる．入力電圧は $v_1 = \rho i_1 + v_{gs} + v_2$ であるので，これに式 (4.21)，(4.22) を代入すると，

$$\begin{aligned} v_1 &= \rho i_1 + v_{gs} + v_2 \\ &= \left\{ \frac{1 + j\omega C_{gd} R_P}{R_P}(v_2 + v_{gs}) + j\omega C_{gs} v_{gs} \right\} \rho + \frac{v_2}{R_S(g_m + j\omega C_{gs})} + v_2 \end{aligned} \tag{4.23}$$

となる．この式から，電圧利得 A_V は

$$\begin{aligned} A_V &= \frac{v_2}{v_1} \\ &= (g_m + j\omega C_{gs}) \Bigg/ \Bigg(\Bigg[\frac{1}{R_P}\left(g_m + \frac{1}{R_S} \right) - \omega^2 C_{gd} C_{gs} \\ &\qquad + j\omega \left\{ \left(\frac{1}{R_S} + \frac{1}{R_P} \right) C_{gs} + \frac{1 + g_m R_S}{R_S} C_{gd} \right\} \Bigg] \rho \\ &\qquad + \frac{1}{R_S} + g_m + j\omega C_{gs} \Bigg) \end{aligned} \tag{4.24}$$

と求められる．ここで，バイアス回路が高抵抗（$1/R_P = 0$）で無視できるとすれば，式 (4.24) は簡略化できて，

$$A_V = \frac{v_2}{v_1}$$
$$= (g_m + j\omega C_{gs}) \Bigg/ \left(\left[-\omega^2 C_{gd} C_{gs} + j\omega\{C_{gs} + (1 + g_m R_S) C_{gd}\} \frac{1}{R_S} \right] \rho + \frac{1}{R_S} + g_m + j\omega C_{gs} \right) \tag{4.25}$$

となる．信号源抵抗 ρ の影響が小さい場合には，式 (4.25) の分母第 1 項を無視できて，さらに簡略化でき，

$$A_V = \frac{g_m + j\omega C_{gs}}{1/R_S + g_m + j\omega C_{gs}} \tag{4.26}$$

が得られる．この式は，分母・分子ともに周波数に比例する関数であり，高周波で一定の値に近づくことから，ドレイン接地増幅回路は，周波数が高くなっても利得の減衰が少ないことがわかる．回路動作の観点から考えると，ドレイン接地増幅回路ではソース電位がゲート電位に追随する動作をするので，ゲート・ソース間容量を充放電する必要がないことに加え，ゲート・ドレイン間電圧の変化量は入力振幅と同じでミラー効果が発生しないことがその理由である．

4.8 負荷容量が接続されたドレイン接地増幅回路の高周波特性

図 4.17 に，負荷容量 C_L が接続されたドレイン接地増幅回路を示す．この回路における MOSFET を図 4.4 (a) の詳細な等価回路で置換し，カップリングキャパシタ C_1，C_2 を短絡，直流電源 V_{DD} を短絡すると，図 4.18 のようになる．

さらに，バイアス抵抗 R_1 と R_2，および二つの制御電流源とゲート・ドレイン間容量 C_{gd} を見やすいように移動すると，最終的な等価回路が図 4.19 として求められる．その際，制御電流源は抵抗 R_S に電流が流れ込む向きとなるよう注意し，

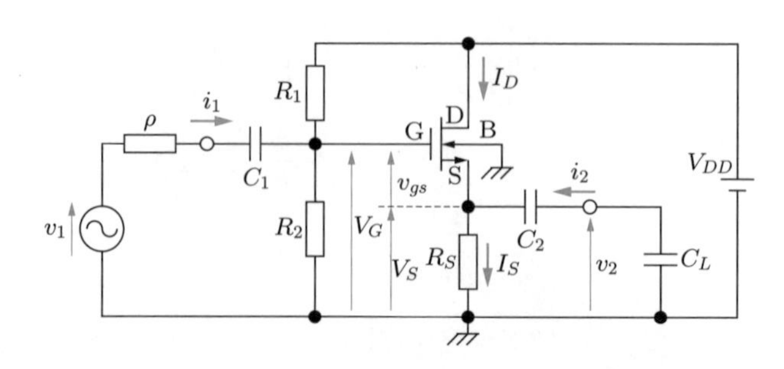

図 4.17　負荷容量が接続されたドレイン接地増幅回路

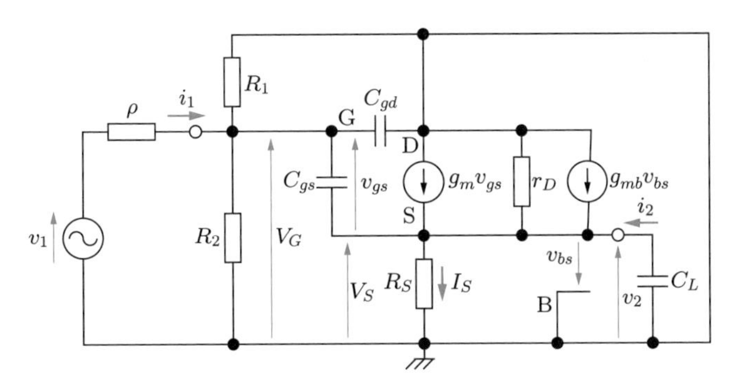

図 4.18　等価回路導出の途中過程

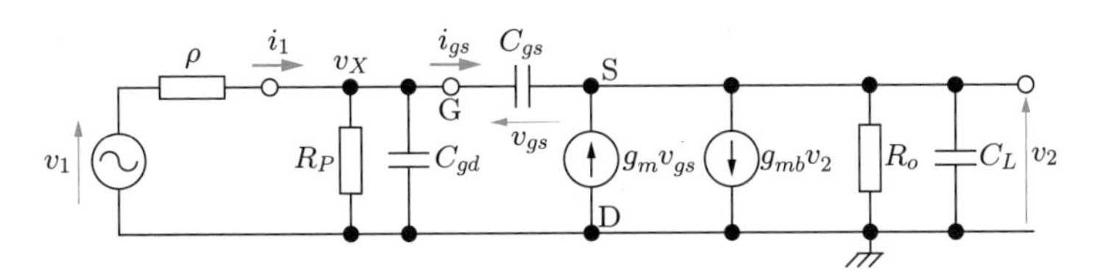

図 4.19　最終的な高周波等価回路（負荷容量が接続されたドレイン接地増幅回路）

制御電圧がゲート電圧 v_{gs} であることにも注意する．また，$R_o = r_D /\!/ R_S$，$R_P = R_1 /\!/ R_2$ である．

出力側並列抵抗 R_o と負荷容量 C_L とが並列接続されたインピーダンスを Z_o とすると，

$$Z_o = \frac{R_o/j\omega C_L}{R_o + 1/j\omega C_L} = \frac{R_o}{1 + j\omega C_L R_o} \tag{4.27}$$

となる．よって，このインピーダンスに流れる電流の関係から，

$$j\omega C_{gs} v_{gs} + g_m v_{gs} - g_{mb} v_2 = \frac{v_2}{Z_o} = \frac{1 + j\omega C_L R_o}{R_o} v_2 \tag{4.28}$$

が得られる．したがって，ゲート電圧 v_{gs} と出力 v_2 の関係は，

$$v_{gs} = \frac{1 + (g_{mb} + j\omega C_L) R_o}{R_o (g_m + j\omega C_{gs})} v_2 \tag{4.29}$$

となる．入力端電位は，$v_X = v_{gs} + v_2$ であるので，入力電流 i_1 は，

$$i_1 = \frac{1 + j\omega C_{gd} R_P}{R_P}(v_2 + v_{gs}) + j\omega C_{gs} v_{gs} \tag{4.30}$$

となり，入力電圧 v_1 と出力 v_2 の関係が

$$
\begin{aligned}
v_1 &= \rho i_1 + v_{gs} + v_2 \\
&= \left\{ \frac{1 + j\omega C_{gd} R_P}{R_P}(v_2 + v_{gs}) + j\omega C_{gs} v_{gs} \right\} \rho \\
&\quad + \frac{1 + (g_{mb} + j\omega C_L) R_o}{R_o (g_m + j\omega C_{gs})} v_2 + v_2
\end{aligned}
\tag{4.31}
$$

と導かれる．電圧利得 A_V は，$C_G = C_{gs} + C_{gd}$，$g_M = g_m + g_{mb}$，$C'_L = C_{gs} + C_L$ とすると，

$$
\begin{aligned}
A_V &= \frac{v_2}{v_1} \\
&= (g_m + j\omega C_{gs}) \Bigg/ \Bigg(\Bigg[\frac{1 + R_o g_M}{R_o R_P} - \omega^2 (C_{gd} C_{gs} + C_G C_L) \\
&\qquad + j\omega \left\{ \frac{C_G}{R_o} + \frac{C'_L}{R_P} + (C_{gd} g_m + C_G g_{mb}) \right\} \Bigg] \rho_S \\
&\qquad + \frac{1}{R_o} + g_M + j\omega C'_L \Bigg)
\end{aligned}
\tag{4.32}
$$

となる．式 (4.32) の分母第 1 項を，信号源抵抗 ρ の影響が大きくないとして無視すると，

$$
A_V = \frac{g_m + j\omega C_{gs}}{1/R_o + g_M + j\omega C'_L} \tag{4.33}
$$

となる．この式を負荷容量 C_L が接続されない場合に導出した式 (4.26) と比較すると，パラメータが異なるだけである．式 (4.33) から，この回路の利得は周波数が高くなると C_{gs}/C'_L に漸近していくので，負荷容量の大きさに応じて利得の低下はあるものの，ソース接地回路に比較して周波数特性は良好であることがわかる．

演習問題

4.1 問図 4.1 の回路の入力側から見た容量と出力側から見た容量を示せ．

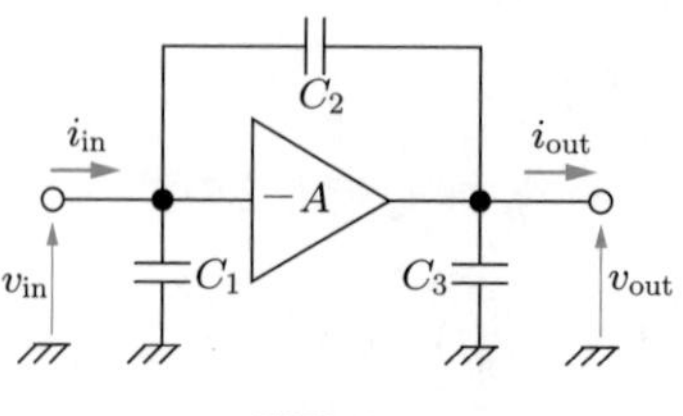

問図 4.1

4.2 図 4.7 のソース接地増幅回路において，$\rho = 200\ \Omega$，$R_1 = 850\ \mathrm{k\Omega}$，$R_2 = 150\ \mathrm{k\Omega}$，$R_L = 2\,\mathrm{k\Omega}$ とする．また，MOSFET の小信号モデルの各パラメータは $C_{gd} = 2.0\,\mathrm{pF}$，$C_{gs} = 10\ \mathrm{pF}$，$g_m = 5\ \mathrm{mS}$ とする．高域遮断周波数を求めよ．なお，MOSFET のドレインコンダクタンスは無視する．

4.3 図 4.7 のソース接地増幅回路において，$R_1 = 850\ \mathrm{k\Omega}$，$R_2 = 150\ \mathrm{k\Omega}$，$C_1 = 2.0\ \mathrm{\mu F}$ であるとき，低域遮断周波数を求めよ．

5章 帰還回路

電子回路における**帰還**（feedback）とは，増幅回路の出力信号を入力側に戻すことを意味しており，入力に対し逆位相で出力信号を戻す場合を**負帰還**（negative feedback）という．負帰還を用いると，回路の増幅度は減少するが，利得変動や雑音および歪みを抑制することができる．そのため，負帰還は電子回路に幅広く利用されている．一方，出力を同位相で入力側に戻す場合は正帰還とよばれ，発振器に利用されている．

5.1 負帰還の原理と効果

5.1.1 負帰還の原理

図 5.1 に示す負帰還回路は，電圧利得 A_V の増幅器の出力を H 倍して，入力信号から差し引く構成である．ここで，H は帰還率とよばれる係数である．入力信号から出力を差し引く動作は，入力信号に対して位相を反転させた出力信号を入力に加算することと等価である．記号 $\oplus$ は，矢印で示された経路信号を加算することを意味する．矢印先端に併記された符号は信号の位相を示しており，負号の場合は位相反転となる．

この回路の出力 v_2 は，増幅器の入力 v_i に電圧利得 A_V を乗算して，

$$v_2 = A_V v_i \tag{5.1}$$

と求められる．一方，増幅器への入力信号 v_i は，回路への入力信号 v_1 から帰還率

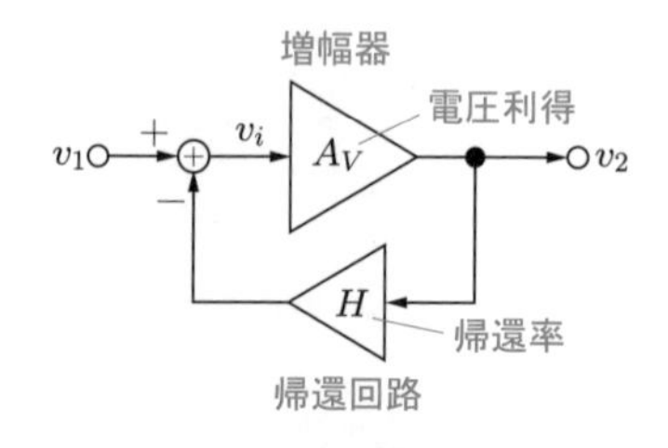

図 5.1　**負帰還回路**

H を乗算した出力信号を差し引いたものであるので，

$$v_i = v_1 - Hv_2 \tag{5.2}$$

となる．したがって，図 5.1 の負帰還回路全体の電圧利得 G は，

$$G = \frac{v_2}{v_1} = \frac{A_V}{1 + A_V H} \tag{5.3}$$

となる．ここで，A_V は開ループ利得，$A_V H$ はループ利得とよばれ，G は閉ループ利得ともよばれる．

5.1.2 負帰還の効果（増幅回路の広帯域化）

式 (4.5) で示した高域のソース接地増幅回路の電圧利得 A_V は，式 (4.6) の中域における増幅率 A_0，式 (4.8) の高域遮断角周波数 ω_{H} を用いて，

$$A_V = \frac{A_0}{1 + j\omega/\omega_{\mathrm{H}}} \tag{5.4}$$

と表せる．これを式 (5.3) に代入すると，図 5.1 の負帰還回路の利得 G は，

$$\begin{aligned} G &= \frac{A_V}{1 + A_V H} = \frac{A_0/(1 + j\omega/\omega_{\mathrm{H}})}{1 + A_0 H/(1 + j\omega/\omega_{\mathrm{H}})} \\ &= \frac{A_0}{1 + A_0 H + j\omega/\omega_{\mathrm{H}}} = \frac{A_0/(1 + A_0 H)}{1 + j\omega/\{(1 + A_0 H)\omega_{\mathrm{H}}\}} \end{aligned} \tag{5.5}$$

となる．上式を増幅回路単独の周波数特性である式 (5.4) と比較すると，負帰還回路の低域利得は $1/(1 + A_0 H)$ 倍と低くなるが，高域遮断周波数は $(1 + A_0 H)$ 倍と高くなることがわかる．この二つの回路の周波数特性を比較するために，おのおのの式の絶対値を対数表示して図 5.2 に示す．式 (5.4) では高域遮断周波数以上（$1 \ll \omega/\omega_{\mathrm{H}}$）であれば，式 (5.5) では $1 \ll \omega/(1 + A_0 H)\omega_{\mathrm{H}}$ であれば，周波数と利

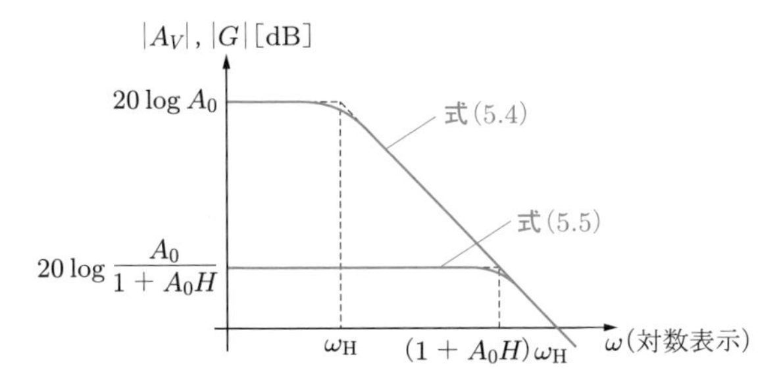

図 5.2　負帰還回路の周波数特性

得の積（利得帯域幅積）は，一定値（$A_0\omega_{\mathrm{H}}$）となる．

5.1.3 負帰還の効果（利得の高精度化）

MOSFET の特性は，温度によって変化し製造時のばらつきもあるので，電圧利得などの回路性能もそれに伴い変動する．表 5.1 は，MOSFET の代表的なパラメータであるしきい値電圧とキャリア移動度の，温度変化や製造ばらつきによる変動量を示したものである．回路設計では，これに加え電源電圧も変動することを考慮する必要がある．その理由は，図 3.4 で示した自己バイアス回路の電圧が電源変動により変化するので，増幅回路の特性も変動してしまうためである．

表 5.1　MOSFET のパラメータの変動

パラメータ	温度変動	製造変動	
		絶対誤差	相対誤差
しきい値電圧	−2.4 mV/°C	±100 mV	±1〜30 mV
移動度	−0.6%/°C	±10〜30%	±0.1〜1%

回路設計では，このような **PVT 変動**，すなわち製造（Process），電圧（Voltage），温度（Temperature）の変動を考慮する必要がある．

負帰還回路の電圧利得を表す式 (5.3) において，ループ利得が十分大きく，$|A_V H| \gg 1$ であれば，

$$G \cong \frac{A_V}{A_V H} = \frac{1}{H} \tag{5.6}$$

となり，MOSFET のパラメータが変動して電圧利得が変化しても，帰還回路の利得 G は帰還率 H のみで決定される．集積回路などでは，帰還部は抵抗分圧で構成されることも多く，抵抗値は，製造ばらつきによる絶対精度は期待できないものの高い相対精度が実現できる．そのため，ループ利得の大きい帰還回路構成にすることで，利得の高精度化が可能になる．

5.1.4 負帰還の効果（雑音と歪みの圧縮）

ここまでの等価回路の解析では，MOSFET が線形動作することを前提にしてきたが，実際の回路では非線形性が存在することにより，出力波形には歪みが発生する．さらに，MOSFET で発生する熱雑音やフリッカ雑音も出力信号に加わる．

負帰還回路を用いれば，このような歪みや雑音の影響を低減することが可能となる．図 5.3 に，出力に現れる歪みや雑音成分 v_n を，負帰還回路の出力に加算する

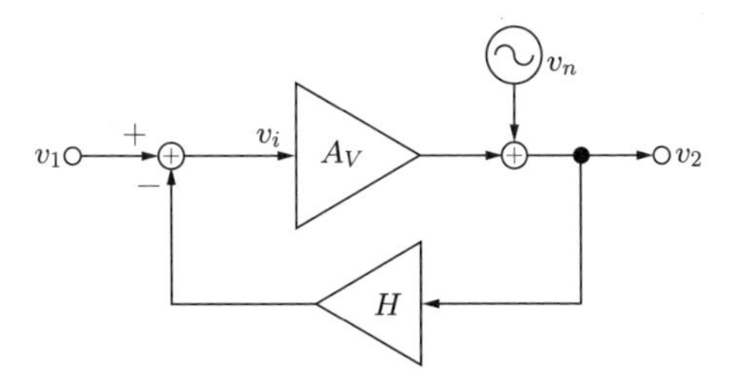

図 5.3 負帰還回路の歪みと雑音モデル

雑音モデルを示す．以降ではこの図を用いて，負帰還により歪みや雑音が低減される状況を説明する．

増幅器の入力 v_i および出力 v_2 は，それぞれ

$$v_i = v_1 - Hv_2 \tag{5.7}$$

$$v_2 = A_V v_i + v_n \tag{5.8}$$

で与えられるので，式 (5.7) を式 (5.8) に代入して整理すると，

$$v_2 = \frac{A_V}{1 + A_V H} v_1 + \frac{1}{1 + A_V H} v_n \tag{5.9}$$

が得られる．上式の右辺第 1 項を，式 (5.3) で与えられる帰還回路の電圧利得 G を用いて表せば，

$$v_2 = G v_1 + \frac{1}{1 + A_V H} v_n \tag{5.10}$$

となる．この式から，ループ利得 $A_V H$ が大きい場合には，出力側で加わった雑音や歪みを低減できることがわかる．一方で，入力側で加わる雑音や歪みは，負帰還を用いても低減することはできない．

5.2 負帰還の種類

5.2.1 負帰還方式の分類

前節では，増幅回路の出力電圧に帰還率を乗じて入力信号電圧から差し引く帰還回路構成について述べたが，信号の種類や増幅目的によっては，ほかの帰還手段を選択することができる．表 5.2 は，帰還対象とする出力信号の取り出し方法と，入力側への信号の注入方法で分類したものである．取り出し方法には，並列帰還（電圧帰還）と直列帰還（電流帰還）が，注入方法には，直列注入（電圧注入）と並列

表 5.2　**負帰還回路の種類**

入力＼出力	並列帰還（電圧帰還）	直列帰還（電流帰還）
直列注入（電圧注入）	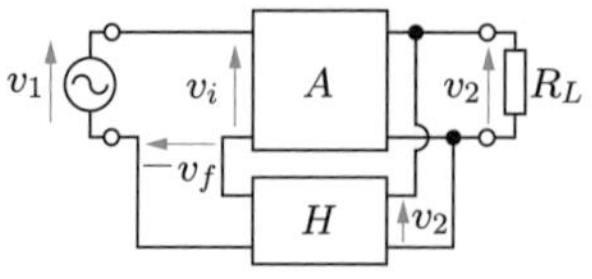 直列－並列帰還	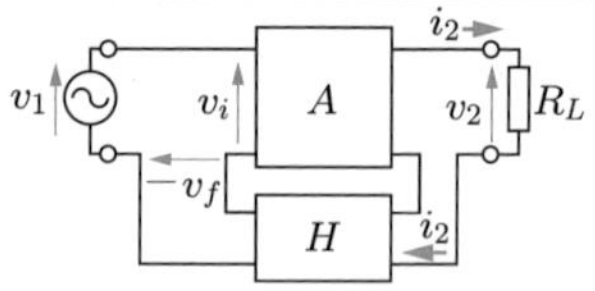 直列－直列帰還
並列注入（電流注入）	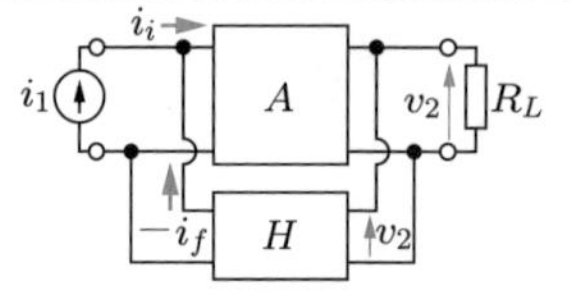 並列－並列帰還	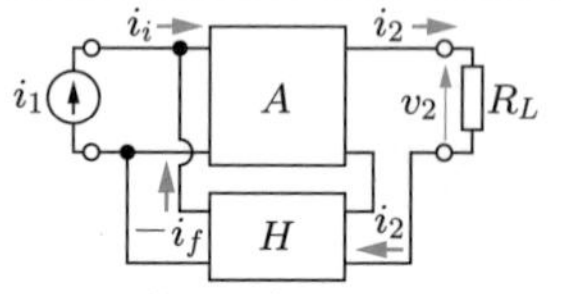 並列－直列帰還

注入（電流注入）があり，組み合わせて4種類の帰還方式がある．帰還の種類を，入力と出力の構成順に（並列か直列か）並べて記述することも多いので，対応する呼称も表に記載した（以降では，この呼称を用いる）．

これらの負帰還回路では，増幅器の利得，帰還率，負帰還回路全体の利得の定義が異なるので，それぞれの定義を表5.3に示す．電圧および電流の添え字の，「1」と「2」は帰還回路全体の入力と出力，「i」は増幅部への入力，「f」は帰還信号を意味している．したがって，**直列－並列帰還方式**（series-shunt feedback）は入出力と帰還信号がすべて電圧であり，**並列－並列帰還方式**（shunt-shunt feedback）は入力が電流，出力が電圧，帰還信号が電流である．一方，**直列－直列帰還方式**（series-series feedback）は入力が電圧，出力が電流，帰還信号が電圧であり，**並列－直列帰還方式**（shunt-series feedback）は入出力信号と帰還信号がすべて電流である．各方式で入出力インピーダンスが異なるので，次項以降でその解析を行うことにする．定義が異なっていても，5.1節で述べた負帰還回路の効果や特徴は同じである．

なお，電圧帰還回路の場合，増幅部の電圧利得 A_V で回路を表現すると解析がしやすい．そこで図5.4のように，これまでに用いてきたMOSFETのゲート電圧 v_i

表 5.3　**帰還方式における利得と帰還率の定義**

帰還方式	直列－並列帰還	並列－並列帰還	直列－直列帰還	並列－直列帰還
増幅器の利得 A	v_2/v_i	v_2/i_i	i_2/v_i	i_2/i_i
帰還率 H	v_f/v_2	i_f/v_2	v_f/i_2	i_f/i_2
帰還回路の利得 G	v_2/v_1	v_2/i_1	i_2/v_1	i_2/i_1

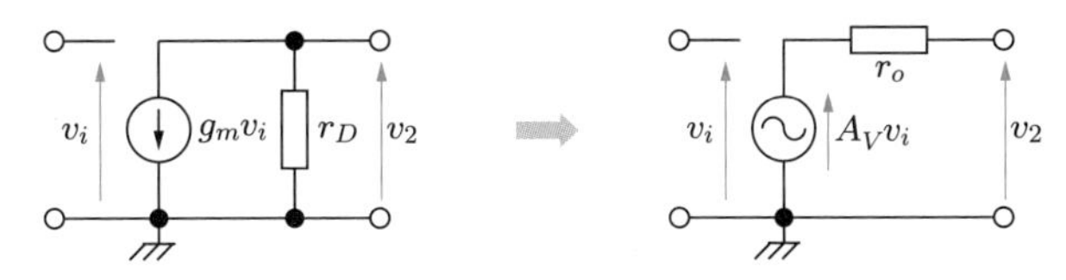

（a）制御電流源による等価回路　（b）制御電圧源による等価回路

図 5.4　**増幅回路の表現方法の変更**

を制御電圧とした制御電流源による等価回路の代わりに，制御電圧源による等価回路を用いて増幅回路を表す．このとき，電圧利得は $A_V = -g_m r_o$ で，出力抵抗は $r_o = r_D$ である．

5.2.2 直列－並列帰還

図 5.5 は，直列－並列帰還方式の例である．増幅部は電圧を増幅するようにはたらき，その電圧利得は $v_2/v_i = A_V$，入出力抵抗は，それぞれ R_i，r_o である．帰還部は，出力電圧 v_2 を R_1 と R_2 で分圧した負帰還電圧 $-v_f$ を入力側に直列帰還する構成である．

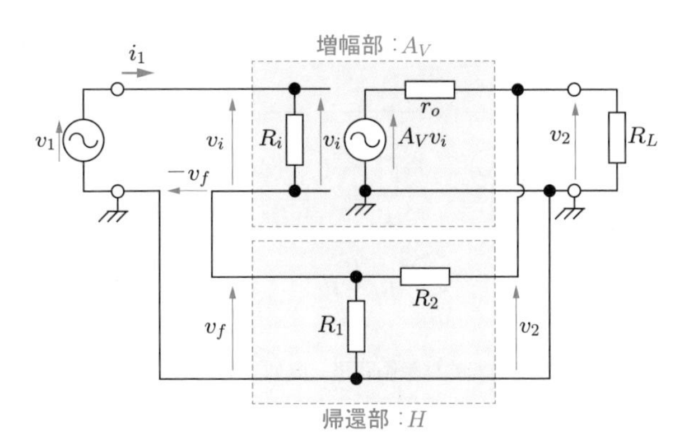

図 5.5　**直列－並列帰還回路**

解析にあたって，この回路の帰還部を，テブナンの定理を用いて入出力間を分離するように単純化する．まず，入力側から見た帰還部のインピーダンスは，出力 v_2 を短絡して $R_1 /\!/ R_2$ と求められる．また，入力側から見た開放電圧は，

$$v_f = \frac{R_1}{R_1 + R_2} v_2 \tag{5.11}$$

と表せる．次に，帰還回路の出力側から見たインピーダンスは，入力電源を短絡して $(R_1 /\!/ R_i) + R_2$ と求められる．一方，出力側から見た開放電圧は，R_1 の電圧に

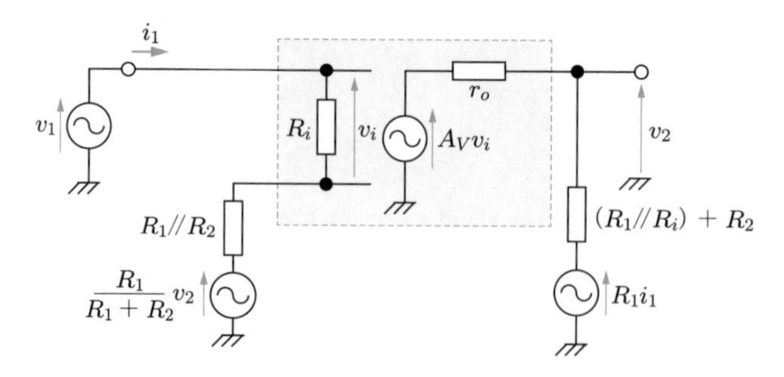

図 5.6　等価回路導出の途中過程

なるので，入力電流を i_1 とすれば，$R_1 i_1$ と求められる．以上より，図 5.5 の回路は，図 5.6 のように，入力側と出力側の帰還部を分離して表せる．

ここで，$R_i \gg R_1$，$R_i \gg R_2$，$r_o \ll (R_1 /\!/ R_i) + R_2$ とすると，図 5.6 の回路はさらに簡略化できる．すなわち，入力側帰還部では，並列抵抗 $R_1 /\!/ R_2$ は R_i に比較して小さいので無視する．一方，出力側では，r_o に比較して直列抵抗 $(R_1 /\!/ R_i) + R_2$ が十分大きく，この経路からの電流の流出入がないとして，帰還部を取り除くことができる．その結果，最終的な等価回路として図 5.7 が求められる．

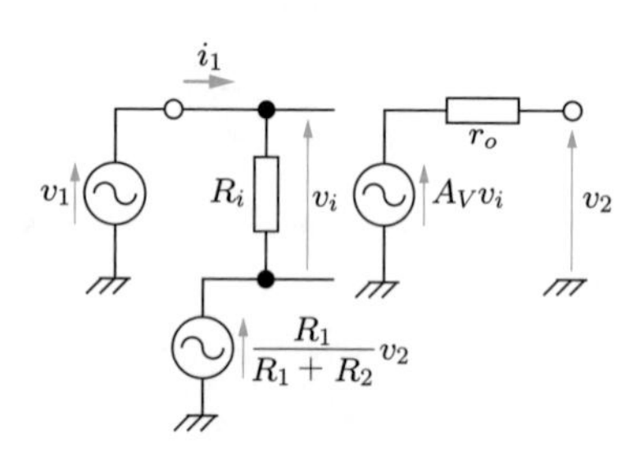

図 5.7　最終的な等価回路（直列－並列帰還回路）

この等価回路から，制御電圧 v_i は，

$$v_i = v_1 - \frac{R_1}{R_1 + R_2} v_2 \tag{5.12}$$

であり，これに $v_2 = A_V v_i$，および帰還率 $H = R_1/(R_1 + R_2)$ を代入すると，

$$v_2 = \frac{A_V}{1 + A_V H} v_1 \tag{5.13}$$

で，帰還回路の利得 G は，

$$G = \frac{v_2}{v_1} = \frac{A_V}{1 + A_V H} \tag{5.14}$$

と求められる．次に，入力インピーダンスを求めるために，入力電流 i_1 を導出する．$i_1 = v_i/R_i$ であるので，

$$i_1 = \frac{v_1 - Hv_2}{R_i} = \left(v_1 - \frac{A_V H}{1 + A_V H} v_1\right)\frac{1}{R_i} = \frac{v_1}{(1 + A_V H)R_i} \tag{5.15}$$

となる．したがって，入力インピーダンス Z_{in} は，

$$Z_{\mathrm{in}} = \frac{v_1}{i_1} = (1 + A_V H)R_i \tag{5.16}$$

と求められる．負帰還をかける前の入力インピーダンスは $Z_{\mathrm{in}} = R_i$ であるので，帰還回路では $(1 + A_V H)$ 倍に高くなることが上式からわかる．

続いて，出力インピーダンスを求める．図 5.8 のように出力端から負荷抵抗 R_L を切り離し，代わりに電圧源 v_2 を接続する．入力側の電圧源は $v_1 = 0$ として解析する．

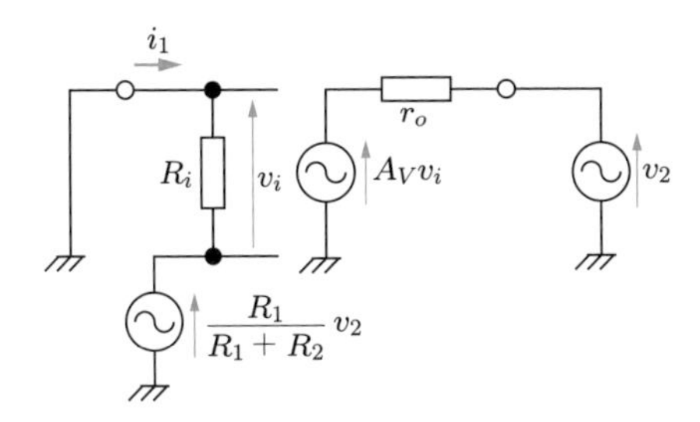

図 5.8　直列 - 並列帰還回路の出力インピーダンスを求めるための回路

図において $v_i = -Hv_2$ となるので，これを出力電流

$$i_2 = \frac{v_2 - A_V v_i}{r_o} \tag{5.17}$$

に代入して整理すると，出力インピーダンス Z_{out} は，

$$Z_{\mathrm{out}} = \frac{v_2}{i_2} = \frac{r_o}{1 + A_V H} \tag{5.18}$$

と求められる．負帰還をかける前の出力インピーダンスは $Z_{\mathrm{out}} = r_o$ であるので，$1/(1 + A_V H)$ 倍に低くなることが上式からわかる．最後に，この回路に負荷抵抗 R_L が並列に接続された場合のインピーダンスを求める．これは式 (5.18) の出力インピーダンスと R_L の並列接続で求められるので，

$$Z_{\mathrm{out}} = \frac{r_o R_L/(1 + A_V H)}{r_o/(1 + A_V H) + R_L} = \frac{r_o R_L}{r_o + R_L(1 + A_V H)}$$

$$= \frac{r_o R_L/(r_o + R_L)}{1 + A_V H R_L/(r_o + R_L)} = \frac{R_{LP}}{1 + A'_V H} \tag{5.19}$$

となり，負荷抵抗 R_L を接続しても負帰還の効果は同じであることがわかる．ここで，$R_{LP} = r_o /\!/ R_L$ である．A'_V は R_{LP} を負荷とした電圧利得で，次のようになる．

$$A'_V = -g_m R_{LP} = -g_m \frac{r_o R_L}{r_o + R_L} \tag{5.20}$$

図 5.9 に，直列－並列帰還回路の具体的な回路例を示す．この回路は，ソース接地増幅回路の 2 段構成であり，出力 v_{out} は抵抗 R_1，R_2 で分圧され，初段 MOSFET のソース電位に v_f として帰還されている．この回路では，

(1) 入力電圧 v_{in} が高くなると，ゲート電圧が増加する

(2) その結果，初段ソース接地増幅回路の出力電圧は低下する

(3) 2 段目増幅回路の出力電圧が高くなり，分圧された抵抗 R_1 の電圧 v_f が増加する

(4) 最終的に，MOSFET のゲート電圧が低下する

という負帰還動作する（入出力インピーダンスの解析は演習問題 5.1 参照）．

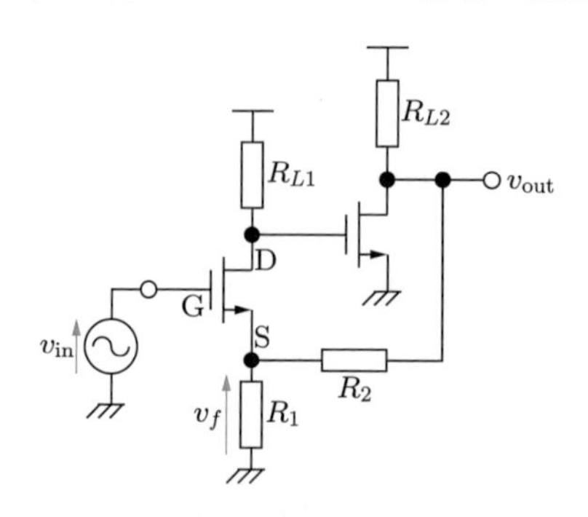

図 5.9　**直列－並列帰還回路の具体例**

5.2.3 並列－並列帰還

図 5.10 は，並列－並列帰還方式の例である．増幅部は，入力電流を出力電圧に変換するはたらきをする．入出力抵抗をそれぞれ R_i，r_o であるとすれば，入力電圧は $v_i = R_i i_i$ であるので，出力電圧 v_2 は，

$$v_2 = -g_m r_o v_i = -g_m r_o (R_i i_i) = A_R i_i \tag{5.21}$$

となる．ここで，電流から電圧への変換利得を $A_R = -g_m r_o R_i$ と定義した．また，帰還部は出力 v_2 から帰還抵抗 R_F を介して入力に電流帰還する回路構成である．

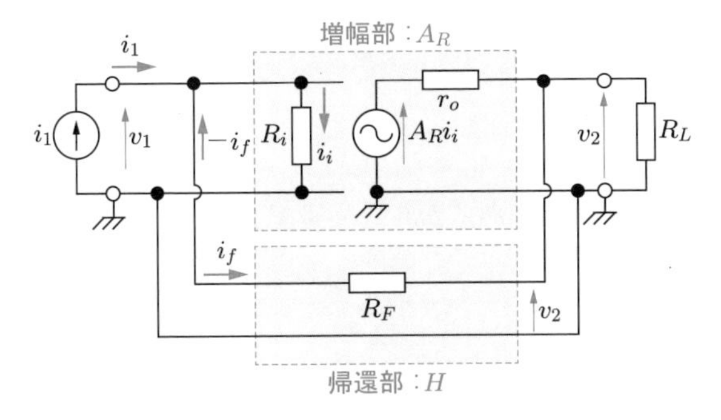

図 5.10 並列－並列帰還回路

この回路も，テブナンの定理を用いて，入出力間を分離するように帰還部を単純化する．まず，入力側から見た帰還部のインピーダンスは，出力 v_2 を短絡して R_F と求められる．また，開放電圧は v_2 であるので，帰還部の等価回路は，これらが直列に接続された回路として扱える．しかし，図 5.10 は電流帰還回路なので，この回路を電流源 v_2/R_F と並列抵抗 R_F で置き換える．一方，出力側から見た帰還部のインピーダンスは R_F であり，等価電圧は v_1 となる．以上から，図 5.11 のようになる．

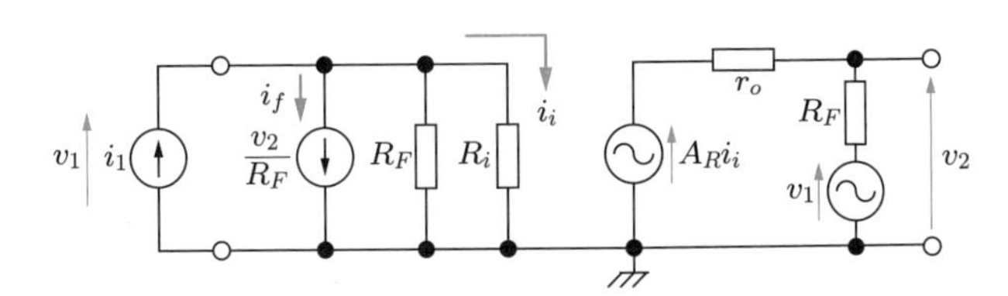

図 5.11 等価回路導出の途中過程

ここで，$R_F \gg R_i$，$R_F \gg r_o$ とすると，並列接続された帰還抵抗が無視できるので，最終的な等価回路が図 5.12 のように求められる．

この回路の増幅部への入力電流は，

$$i_i = i_1 - \frac{v_2}{R_F} \tag{5.22}$$

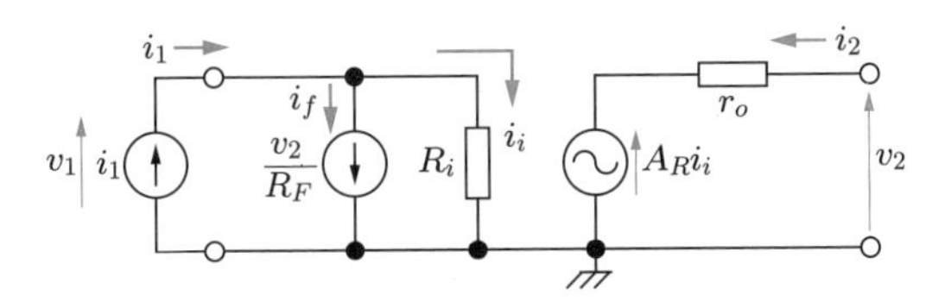

図 5.12 最終的な等価回路（並列－並列帰還回路）

となる．これを $v_2 = A_R i_i$ に代入して，

$$v_2 = A_R\left(i_1 - \frac{v_2}{R_F}\right) \tag{5.23}$$

である．また，$i_f = v_2/R_F$ であるから，帰還率 H は

$$H = \frac{i_f}{v_2} = \frac{1}{R_F} \tag{5.24}$$

となる．よって，帰還回路の利得 G は，

$$G = \frac{v_2}{i_1} = \frac{A_R}{1 + A_R/R_F} = \frac{A_R}{1 + A_R H} \tag{5.25}$$

と求められる．この利得の単位は [Ω] で，この回路はトランスインピーダンスアンプとよばれる．

入力インピーダンス $Z_{\rm in}$ は，出力開放状態における v_1/i_1 で求められる．式 (5.22) の増幅部への入力電流 i_i に $v_2 = A_R i_i$ を代入し，$v_1 = R_i i_i$ の関係を踏まえると，

$$i_i = i_1 - \frac{v_2}{R_F} \tag{5.26}$$

$$Z_{\rm in} = \frac{v_1}{i_1} = \frac{R_i i_i}{(1 + A_R/R_F)i_i} = \frac{R_i}{1 + A_R/R_F} = \frac{R_i}{1 + A_R H} \tag{5.27}$$

となる．一方，出力インピーダンスを求めるには，入力電流源を開放（$i_1 = 0$）して，出力端子から負荷抵抗 R_L を取り除き，電圧源 v_2 を接続する．このとき，$i_i = -i_f = -v_2/R_F$ であるので，出力電流 i_2 は，

$$i_2 = \frac{v_2 - A_R i_i}{r_o} = \frac{v_2 + A_R v_2/R_F}{r_o} = \frac{1 + A_R H}{r_o} v_2 \tag{5.28}$$

となる．したがって，出力インピーダンス $Z_{\rm out}$ は

$$Z_{\rm out} = \frac{v_2}{i_2} = \frac{r_o}{1 + A_R H} \tag{5.29}$$

と求められる．負帰還をかける前は $Z_{\rm in} = R_i$，$Z_{\rm out} = r_o$ であるから，入出力ともに $1/(1 + A_R H)$ 倍と低くなる．負荷抵抗 R_L を接続した場合の出力インピーダンスは，式 (5.20) を求めたときと同様に考えてよく，式 (5.29) において，出力抵抗 r_o を $R_{LP} = r_o \mathbin{/\!/} R_L$ に，A_R を $A'_R = -g_m R_{LP} R_i$ に置き換えればよい．

図 5.13 に，並列－並列帰還回路の具体例を示す．この回路は，センサなどからの電流出力を電圧に変換する増幅回路で，具体的には，光ファイバ通信におけるフォ

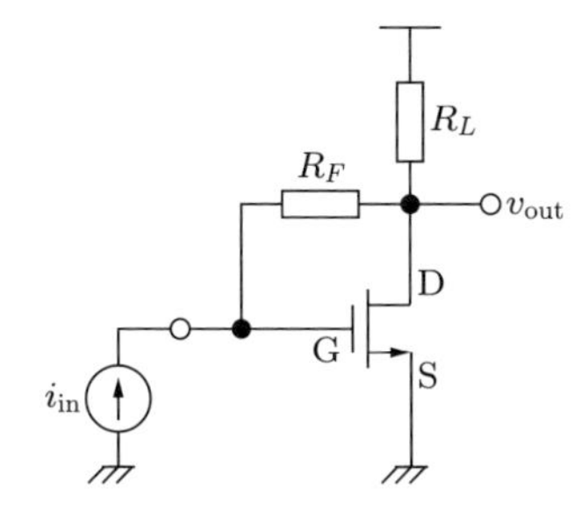

図 5.13 並列－並列帰還回路の具体例

トダイオードの出力電流を電圧信号に変換増幅するときに用いられる．この回路の出力電圧は，帰還抵抗 R_F を介して電流として入力に帰還されている（入出力インピーダンスの解析は演習問題 5.2 参照）．

5.2.4 直列－直列帰還

図 5.14 は，直列－直列帰還方式の例である．増幅部は入力電圧を出力電流に変換するはたらきをする．また，帰還部は，帰還率の定義 $H = v_f/i_2$ より電流制御電圧源として表している．

入力インピーダンスは，出力 v_2 を短絡し，入力側回路においてキルヒホッフの電圧則を用いて，入力電圧 v_1，ゲート電圧 v_i，帰還電圧 v_f の関係から求められる．入力側の電圧の関係は，$v_1 - v_i - v_f = 0$ であり，この関係式に入力電流 i_1，帰還電圧 $v_f = Hi_2$ を代入すると，

$$v_1 = R_i i_1 + H i_2 \tag{5.30}$$

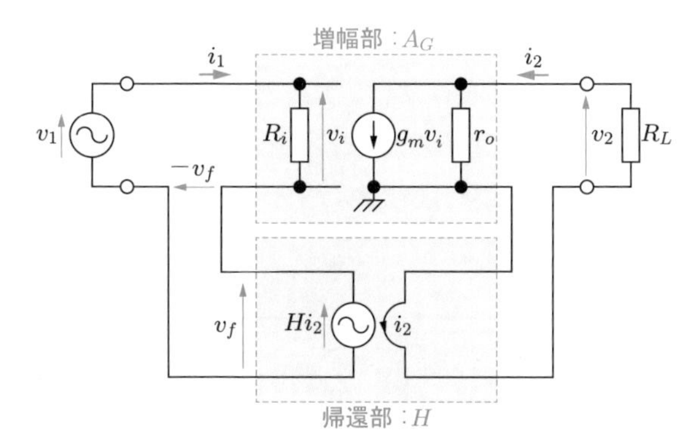

図 5.14 直列－直列帰還回路

と変形できる．また，出力電流 i_2 は，v_2 が短絡されているので

$$i_2 = g_m v_i = g_m R_i i_1 = A_G R_i i_1 \tag{5.31}$$

となる．ここで，$A_G = g_m$ である．上式を式 (5.30) に代入すると，

$$v_1 = R_i i_1 + H i_2 = i_1 R_i + A_G H R_i i_1 = (1 + A_G H) R_i i_1 \tag{5.32}$$

となるので，入力インピーダンス Z_{in} は，

$$Z_{\mathrm{in}} = \frac{v_1}{i_1} = (1 + A_G H) R_i \tag{5.33}$$

と求められる．

一方，出力インピーダンスは，入力信号源 $v_1 = 0$ とし，出力端子に電圧源 v_2 を接続して，流れる電流 i_2 との比で求められる．このときの等価回路を図 5.15 に示す．まず，R_L が接続されていない場合の出力電流 i_2 は，

$$i_2 = \frac{v_2}{r_o} + g_m v_i \tag{5.34}$$

と表せる．ここで，帰還電圧 v_f とゲート電圧 v_i の関係は，

$$v_i = -v_f = -H i_2 \tag{5.35}$$

であるので，式 (5.34) に代入して，

$$i_2 = \frac{v_2}{r_o} - g_m H i_2 \tag{5.36}$$

から，出力インピーダンス Z_{out} は，

$$Z_{\mathrm{out}} = \frac{v_2}{i_2} = (1 + g_m H) r_o = (1 + A_G H) r_o \tag{5.37}$$

と求められる．負帰還をかける前は $Z_{\mathrm{in}} = R_i$，$Z_{\mathrm{out}} = r_o$ であるから，入出力ともに $(1 + A_G H)$ 倍と高くなる．負荷抵抗 R_L が接続された場合の出力インピーダンスは，r_o を $R_{LP} = r_o /\!/ R_L$ と置き換えれば求められる．

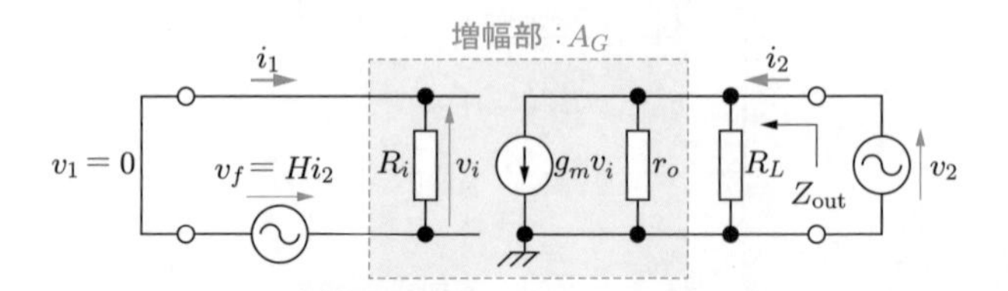

図 5.15　**直列－直列帰還回路の出力インピーダンスを求めるための等価回路**

図 5.16 に，直列－直列帰還回路の具体例を示す．MOSFET ソース端子に帰還抵抗 R_F が直列接続された構成である．この回路では，

(1) 入力電圧が高くなり出力電流が増加する

(2) その結果，ソース電位が上昇するので，ゲート電圧が低下する

という帰還がかかる（入出力インピーダンスの解析は演習問題 5.3 参照）．

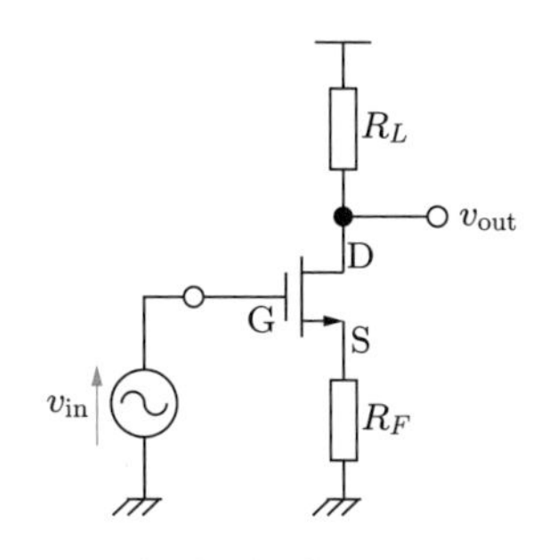

図 5.16 直列－直列帰還回路の具体例

5.2.5 並列－直列帰還

図 5.17 は，並列－直列帰還方式の例である．増幅部は入力電流を出力電流に変換するはたらきをする．また，帰還部は電流制御電流源として表される．

入力インピーダンスは，出力 v_2 を短絡し，入力側回路においてキルヒホッフの電流則を用いて，入力電流 i_1，ゲート電圧 v_i，帰還電流 i_f の関係から求められる．帰還電流は $i_f = Hi_2$ となる．

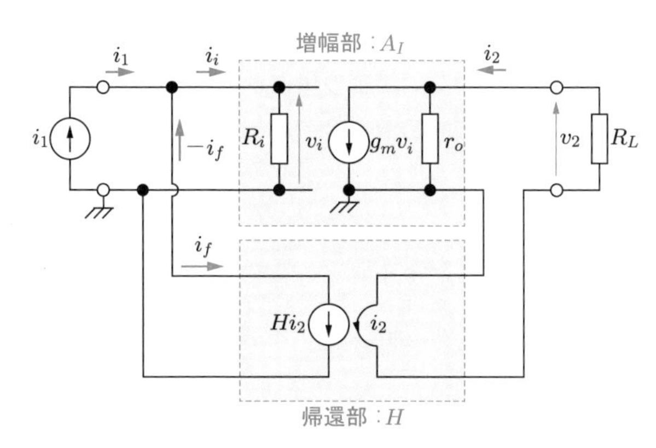

図 5.17 並列－直列帰還回路

したがって，入力側の電流の関係式は，

$$i_1 = i_i + i_f = i_i + Hi_2 \tag{5.38}$$

になる．一方，出力電流 i_2 は，v_2 が短絡されているので

$$i_2 = g_m v_i = g_m R_i i_i = A_I i_i \tag{5.39}$$

となる．ここで，$A_I = g_m R_i$ である．これを式 (5.38) に代入すると

$$i_1 = i_i + A_I H i_i = (1 + A_I H) i_i \tag{5.40}$$

となるので，入力インピーダンス Z_{in} は，

$$Z_{\mathrm{in}} = \frac{v_i}{i_1} = \frac{R_i i_i}{(1 + A_I H) i_i} = \frac{R_i}{1 + A_I H} \tag{5.41}$$

と求められる．

出力インピーダンスは，入力側の電流源を切り離して（$i_1 = 0$），出力端子に電圧源 v_2 を接続したときに流れる出力電流 i_2 から求める．このときの等価回路を図 5.18 に示す．

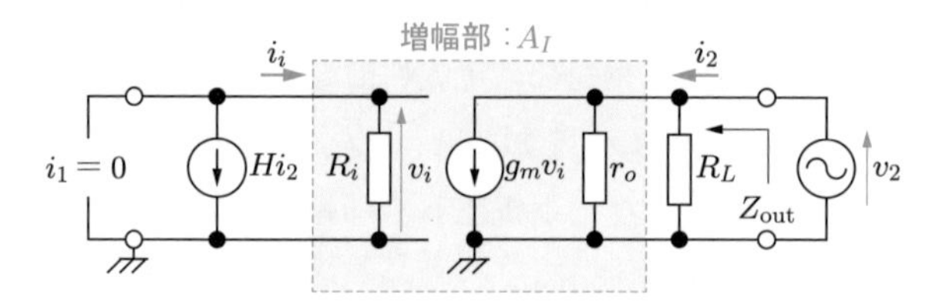

図 5.18　並列－直列帰還回路の出力インピーダンスを求めるための等価回路

負荷抵抗 R_L が接続されていない場合の出力電流 i_2 は，出力抵抗 r_o に印加された電圧源により流れる電流から MOSFET で増幅された電流分が加算されるので，

$$i_2 = \frac{v_2}{r_o} + g_m v_i \tag{5.42}$$

で与えられる．ここで，v_i はゲート電圧であるから，

$$i_2 = \frac{v_2}{r_o} + g_m v_i = \frac{v_2}{r_o} + g_m R_i i_i = \frac{v_2}{r_o} + A_I i_i \tag{5.43}$$

となる．帰還電流 i_f は，入力側抵抗に流れる電流 i_i と逆向きであるので，

$$i_i = -i_f = -Hi_2 \tag{5.44}$$

となり，これを式 (5.43) に代入して，出力インピーダンス Z_{out} は

$$Z_{\rm out} = \frac{v_2}{i_2} = (1 + A_I H) r_o \tag{5.45}$$

と求められる．負帰還をかける前は $Z_{\rm in} = R_i$，$Z_{\rm out} = r_o$ であるから，入力インピーダンスは $1/(1 + A_I H)$ 倍に低くなり，出力インピーダンスは $(1 + A_I H)$ 倍に高くなる．負荷抵抗 R_L が接続された場合の出力インピーダンスは，r_o を $R_{LP} = r_o \,/\!/\, R_L$ と置き換えれば求められる．

図 5.19 に，並列－直列帰還回路の具体例を示す．この回路は，増幅回路の 2 段構成で，2 段目回路に流れる出力電流 $i_{\rm out}$ を，帰還抵抗 R_F により入力側に帰還しており

(1) 帰還出力電流が増加すると，抵抗 R_S の電位が上昇する

(2) 帰還抵抗を介した電流が増えることにより，初段 MOSFET の入力電流が等価的に低下する

という帰還がかかる（入出力インピーダンスの解析は演習問題 5.4 参照）．

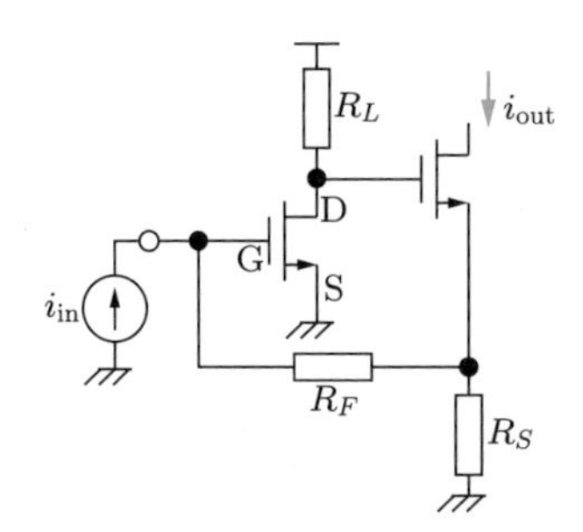

図 5.19 並列－直列帰還回路の具体例

5.2.6 負帰還回路の入出力インピーダンスの変化

ここまでに解析した帰還方式による入出力インピーダンスの変化を，まとめて表 5.4 に示す．一般に，入力側あるいは出力側を問わず，直列接続の負帰還ではインピーダンスは $(1 + AH)$ 倍に増加し，並列接続の負帰還では $1/(1 + AH)$ 倍に減少する．

表 5.4 帰還方式による入出力インピーダンスの変化

帰還方式	直列－並列帰還	並列－並列帰還	直列－直列帰還	並列－直列帰還
入力	$1 + A_V H$	$1/(1 + A_R H)$	$1 + A_G H$	$1/(1 + A_I H)$
出力	$1/(1 + A_V H)$	$1/(1 + A_R H)$	$1 + A_G H$	$1 + A_I H$

5.3 負帰還回路の安定性

負帰還回路の電圧利得を表す式 (5.3) において，ループ利得 $A_V H$ の符号が反転すると**正帰還**（positive feedback）になる．$A_V H = |A_V H|e^{j\theta}$ と複素数表示しよう．帰還ループを1周した信号が受ける振幅増幅率は $|A_V H|$ で，位相変化は θ である．$A_V H$ は周波数特性をもつが，$\omega = 0$ では直流増幅であるから $\theta = 0$ である．また，$|A_V H|e^{j\pi} = -|A_V H|e^{j0}$ であるから，周波数の増加に伴って $A_V H$ の位相が0から π まで変化すると，正帰還で $\theta = 0$ になる．このとき $|A_V H| \geqq 1$ であると，入力された信号は同位相のまま1倍以上に増幅されて戻ってくることになる．すなわち，帰還ループの信号だけで増幅が持続し，回路は発振状態となる．次節で説明する発振回路は，意図的に発振状態を作り出しているが，負帰還回路の帰還信号の位相が正帰還になることは避けなければならない．帰還回路の利得の周波数特性は式 (5.5) で求められる．

$$G = \frac{A_V}{1 + A_V H} = \frac{A_0/(1 + A_0 H)}{1 + j\omega/\{(1 + A_0 H)\omega_{\mathrm{H}}\}} \tag{5.5 再掲}$$

利得 G は一般に複素数であり，その位相は，

$$\theta = -\tan^{-1}\frac{\omega}{(1 + A_0 H)\omega_{\mathrm{H}}} \tag{5.46}$$

となる．図5.20は，電圧利得と位相の周波数特性を並べた図で，**ボード線図**（Bode plot）とよばれている．この図において，上段の電圧利得の縦軸は，式 (5.5) の電圧利得の絶対値を対数表示しており，下段の縦軸は，式 (5.46) の位相である．この

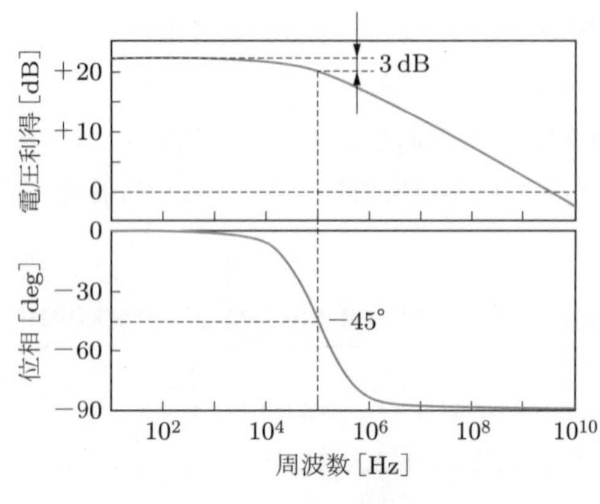

図5.20　**ボード線図**

例は，高域遮断周波数が 100 kHz である．高域遮断周波数では $\omega = (1 + A_0 H)\omega_{\mathrm{H}}$ となるので，利得は -3 dB 低下し，位相は $-\pi/4$（$= -45°$）となる．ボード線図を用いることで，帰還回路等の増幅回路が，安定動作するための条件などが一目でわかる．

図からわかるように，式 (5.5) のような $j\omega$ の 1 次の項を分母にのみもつ系（1 次遅れ系）では，位相は最大でも $-\pi/2$（$= -90°$）しか変化しない．したがって，このような回路は発振を起こすことはない．

次に，図 5.21 に示すように帰還回路を縦列に多段接続した場合を考える．各回路段は 1 次遅れ系であるが，低域利得や遮断周波数は異なっているものとする．

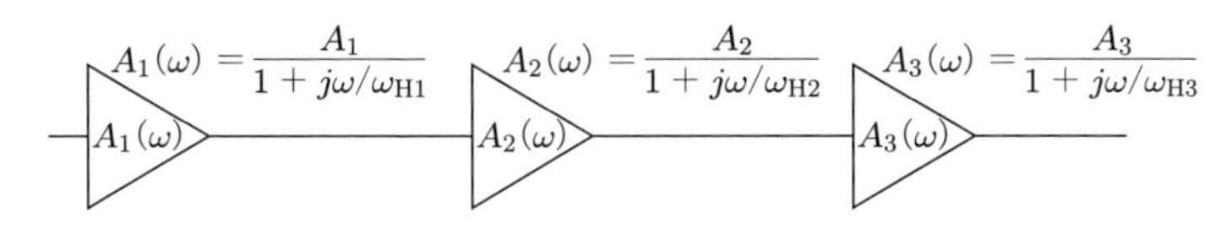

図 5.21 **増幅回路の多段接続**

3.5 節でも述べたように，各段の出力インピーダンスが次段入力インピーダンスに対して十分低ければ，多段接続した帰還回路の利得は各段の利得の積で求められる．したがって，図 5.21 の場合は，

$$A(\omega) = \prod_{i=3} \frac{A_i}{1 + j\omega/\omega_{\mathrm{H}i}} = \frac{A_1}{1 + j\omega/\omega_{\mathrm{H1}}} \times \frac{A_2}{1 + j\omega/\omega_{\mathrm{H2}}} \times \frac{A_3}{1 + j\omega/\omega_{\mathrm{H3}}} \tag{5.47}$$

と表せる．ここで，上式を利得の絶対値 $|A_i(\omega)|$，および位相 $\theta_i(\omega)$ の複素数表示で表すと，

$$\begin{aligned} A(\omega) &= \prod_{i=3} |A_i(\omega)| e^{j\theta_i(\omega)} \\ &= |A_1(\omega)| e^{j\theta_1(\omega)} \times |A_2(\omega)| e^{j\theta_2(\omega)} \times |A_3(\omega)| e^{j\theta_3(\omega)} \end{aligned} \tag{5.48}$$

となるので，これを変形して，

$$A(\omega) = |A_1(\omega)||A_2(\omega)||A_3(\omega)| e^{j\{\theta_1(\omega) + \theta_2(\omega) + \theta_3(\omega)\}} \tag{5.49}$$

が得られる．この結果から，対数表示した利得および位相は，

$$20 \log|A(\omega)| = 20 \log|A_1(\omega)| + 20 \log|A_2(\omega)| + 20 \log|A_3(\omega)| \tag{5.50a}$$

$$\theta = \theta_1(\omega) + \theta_2(\omega) + \theta_3(\omega) \tag{5.50b}$$

により求められる．

図 5.22 は式 (5.50) で表された 3 段負帰還回路のボード線図で，利得線図はループ利得を示している．式 (5.50) より，$\omega_{H1} \ll \omega_{H2} \ll \omega_{H3}$ とすれば，$0 < \omega < \omega_{H1}$ では利得は平坦で，$\omega_{H1} < \omega < \omega_{H2}$ では式 (5.50) の右辺第 1 項のみが変化するので，利得減衰の傾きは −6 dB/oct となる．$\omega_{H2} < \omega < \omega_{H3}$ では式 (5.50) の右辺第 1 項と第 2 項が変化するので，その傾きは 2 項の和の −12 dB/oct となる．$\omega_{H3} < \omega$ では，式 (5.50) のすべての項が変化するので，−18 dB/oct で利得が減衰する．一方，位相は 1 段あたり最大で $\pi/2$ 遅れ（$= -90°$ 変化），各区間で位相変化が加算されていくので，最大で $3\pi/2$ の遅れ（$= -270°$ 変化）が発生する．ここで，ループ利得が 1（= 0 dB）になるときの位相から正帰還になるまでの位相差を**位相余裕**という．また，ループ利得 0 dB から正帰還になるまでの利得差を**利得余裕**という．これらの差が大きいほど，回路は安定であるといえる．

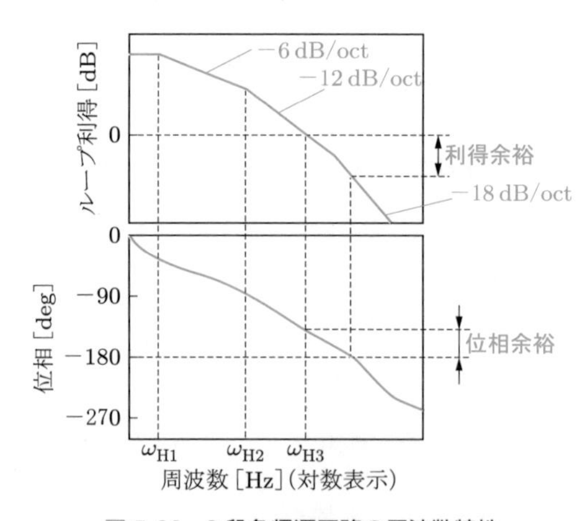

図 5.22　3 段負帰還回路の周波数特性

5.4 発振回路

5.4.1 正帰還と発振条件

前節で述べたように，負帰還回路でも，そのループ利得 $A_V H$ の位相が π になると，回路は**正帰還**となり，そのとき $|A_V H| \geqq 1$ であれば発振状態となる．この条件を満たすように設計された回路を，**発振回路**（oscillator）という．図 5.23 に，電圧利得 A_V の増幅器の出力を，帰還率 H で入力信号に加算する構成の正帰還回路を示す．

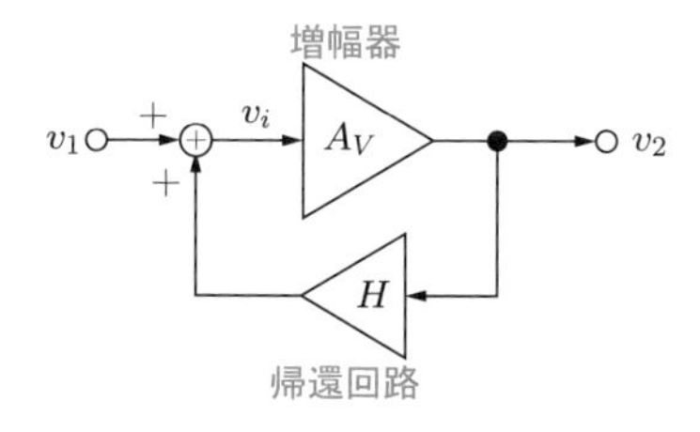

図 5.23 **正帰還回路**

この回路の発振条件は,

$$\mathrm{Im}\{A_V H\} = 0, \quad \mathrm{Re}\{A_V H\} \geqq 1 \tag{5.51}$$

となる．第 1 式は，複素数であるループ利得 $A_V H$ の虚部がゼロであれば帰還信号の位相がゼロ，すなわち同位相で正帰還されることを意味している．第 2 式は，そのときのループ利得の絶対値が 1 より大きいことを意味し，これらの条件を同時に満たす場合に発振が維持される．

5.4.2 RC 発振回路（ウィーンブリッジ発振回路）

低周波数の発振信号を生成する場合に用いられる RC 発振回路の代表例である，**ウィーンブリッジ発振回路**（Wien-bridge oscillator）を図 5.24 に示す．図 (a) のように，抵抗とキャパシタの直列・並列回路を用いて，増幅器の出力位相を調整して入力側に帰還する構成である．図 (b) はその等価回路で，増幅器は電圧増幅率 A_V をもつ電圧制御電圧源として記述している．なお，増幅器の出力インピーダンスは簡単化のためにゼロとしている．

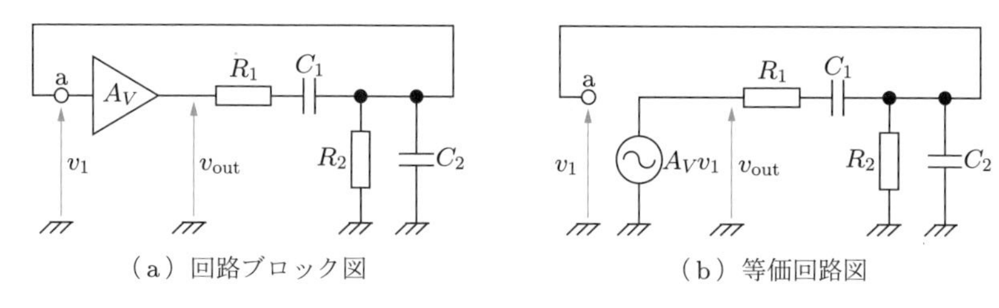

図 5.24 **ウィーンブリッジ発振回路**

この回路のループ利得 $A_V H$ は，図 (b) の節点 a で回路を切断して電圧源 v_1 を接続した，図 5.25 の等価回路における入出力比で求められる．

したがって，ループ利得は制御電圧源の出力 RC 直列回路（R_1, C_1）と RC 並列回路（R_2, C_2）のインピーダンス分圧で求められ，

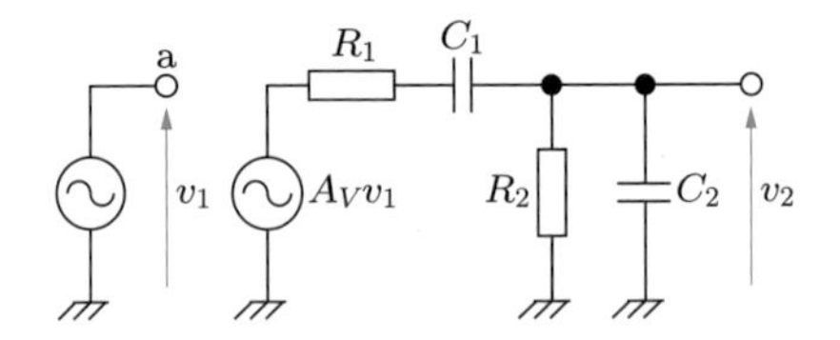

図 5.25　**ループ利得解析のための等価回路**

$$A_V H = \frac{v_2}{v_1} = A_V \frac{R_2/(1+j\omega C_2 R_2)}{R_1 + 1/j\omega C_1 + R_2/(1+j\omega C_2 R_2)}$$
$$= \frac{A_V}{1 + C_2/C_1 + R_1/R_2 + j(\omega C_2 R_1 - 1/\omega C_1 R_2)} \tag{5.52}$$

となる．式 (5.51) の第 1 式で示した虚部がゼロになる条件は，発振角周波数を ω_{osc} とすると，

$$\omega_{\mathrm{osc}} = \frac{1}{\sqrt{C_1 C_2 R_1 R_2}} \tag{5.53}$$

と導かれる．また，虚部がゼロであれば，

$$A_V \geqq 1 + \frac{C_2}{C_1} + \frac{R_1}{R_2} \tag{5.54}$$

が，式 (5.51) の第 2 式の発振条件である．この発振器の設計では，目標とする発振周波数が与えられたとき，式 (5.53)，(5.54) を同時に満足するように回路パラメータの組み合わせを決定すればよいが，抵抗値とキャパシタンス値を同一（$R = R_1 = R_2$，$C = C_1 = C_2$）にできるなら，設計する素子の種類が減り，式 (5.53) は $\omega_{\mathrm{osc}} = 1/RC$ と簡略化できる．

5.4.3　LC 発振回路（コルピッツ発振回路）

LC 発振回路の代表例である，**コルピッツ発振器**（Colpitts oscillator）を図 5.26 に示す．図 (a) のように，インダクタとキャパシタの π 型回路を用いて，増幅器の出力位相を調整して入力側に帰還する構成である．図 (b) は，この回路の等価回路で，増幅器は増幅率 g_m の電圧制御電流源と並列接続された出力インピーダンス R_L で表されている．

この回路のループ利得 AH は，図 (b) の節点 a で回路を切断して電圧源 v_1 を接続した，図 5.27 から求められる．ループ利得 $AH = v_2/v_1$ は前項と同様にインピーダンス分圧で得られ，

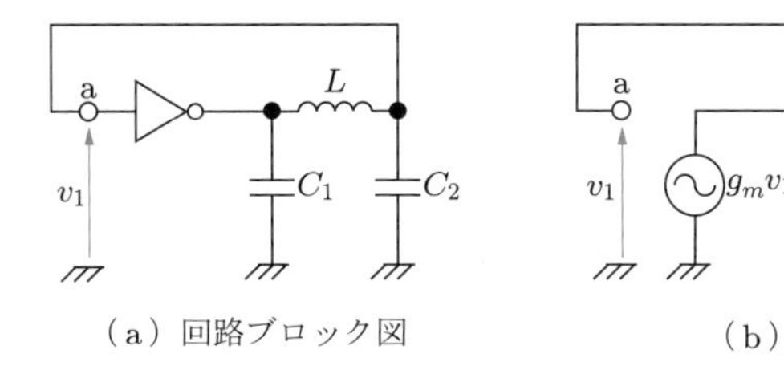

（a）回路ブロック図　　（b）等価回路図

図 5.26　**コルピッツ発振回路**

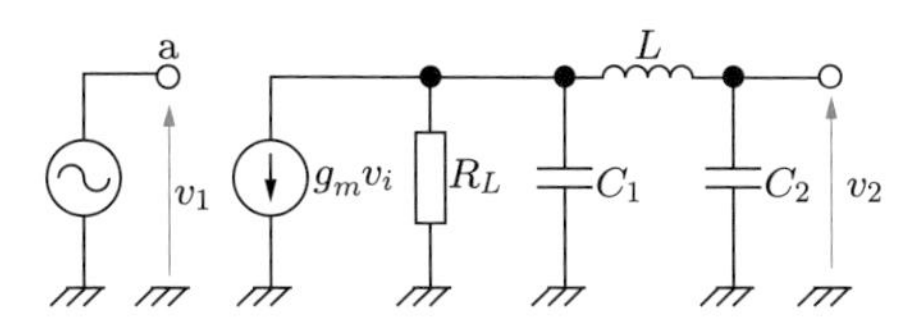

図 5.27　**ループ利得解析のための等価回路**

$$
\begin{aligned}
AH &= \frac{v_2}{v_1} \\
&= -g_m \times R_L\left(j\omega L + \frac{1}{j\omega C_2}\right)\frac{1}{j\omega C_1}\bigg/\left\{R_L\left(j\omega L + \frac{1}{j\omega C_2} + \frac{1}{j\omega C_1}\right)\right. \\
&\qquad\qquad\qquad\qquad\qquad\qquad\left. + \left(j\omega L + \frac{1}{j\omega C_2}\right)\frac{1}{j\omega C_1}\right\} \\
&\qquad \times \frac{1/j\omega C_2}{j\omega L + 1/j\omega C_2} \\
&= \frac{-g_m R_L}{1 - \omega^2 LC_2 + j\omega R_L(C_1 + C_2 - \omega^2 LC_1 C_2)}
\end{aligned}
\tag{5.55}
$$

となる．上式より，位相の発振条件は，

$$
\omega = \sqrt{\frac{1}{L}\left(\frac{1}{C_1} + \frac{1}{C_2}\right)}
\tag{5.56}
$$

で，振幅の発振条件は，

$$
-g_m R_L > 1 - \omega^2 LC_2
\tag{5.57}
$$

と導かれる．式 (5.56)，(5.57) より，LC 発振回路を低周波で動作させたい場合には大きなインダクタンス値が必要であるが，数 MHz 以上の比較的高い周波数であればインダクタンス値を小さくできるので，市販素子が入手しやすい．そのため，高周波の発振器は LC 発振器が選択されることが多い．

5.4.4 水晶発振回路

水晶発振回路は，LC 発振回路の一種である．LC 発振回路の発振周波数は，インダクタンスやキャパシタンスの値の温度変動などで変化してしまう．そこで，高精度な周波数制御を行うために，**水晶振動子**を用いた**水晶発振回路**（crystal oscillator）が提案されている．

図 5.28 (a) は水晶振動子の回路図記号で，図 (b) は等価回路である．発振周波数が MHz 程度の水晶振動子の回路パラメータの値は，$L_S = 0.1$〜数 H，$C_S = 0.1$〜数 pF 程度である．水晶振動子の抵抗成分は小さく，図 (b) には等価直列抵抗や等価並列抵抗は記載していない．共振のピークの鋭さを表す値である **Q 値**（quality factor）は，直列共振回路では $Q = 1/R \times \sqrt{L/C}$ で求められるが，水晶振動子の Q 値は 10 万以上あり，温度特性もインダクタやキャパシタに比較して優れている．

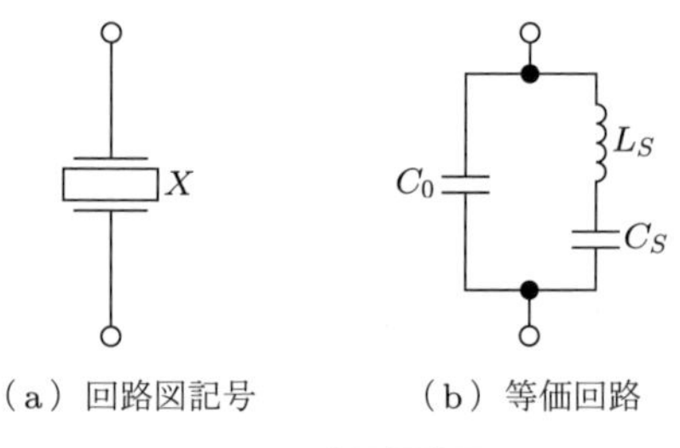

（a）回路図記号　　（b）等価回路

図 5.28　水晶振動子

共振周波数を得るために，図 (b) のインピーダンス（リアクタンス成分）を求めると，

$$Z = \frac{(j\omega L + 1/j\omega C_S)/j\omega C_0}{j\omega L + 1/j\omega C_S + 1/j\omega C_0} = -j\frac{1 - \omega^2 LC_S}{\omega(C_0 + C_S - \omega^2 LC_0C_S)} \tag{5.58}$$

となる．この式から得られるリアクタンス成分を図 5.29 に示す．ω_0，ω_∞ は

$$\omega_0 = \frac{1}{\sqrt{LC_S}}, \quad \omega_\infty = \sqrt{\frac{C_0 + C_S}{LC_0C_S}} \tag{5.59}$$

で求められる水晶振動子の直列共振角周波数 ω_0 と並列共振（反共振）角周波数 ω_∞ である．水晶振動子のキャパシタンスパラメータは一般に $C_0 \gg C_S$ であることから，これらはきわめて接近していて，この近傍では，リアクタンス曲線が非常に急峻になっている．このため，インダクタンスやキャパシタンスの変化に対する周波数の変動は非常に小さくなる．

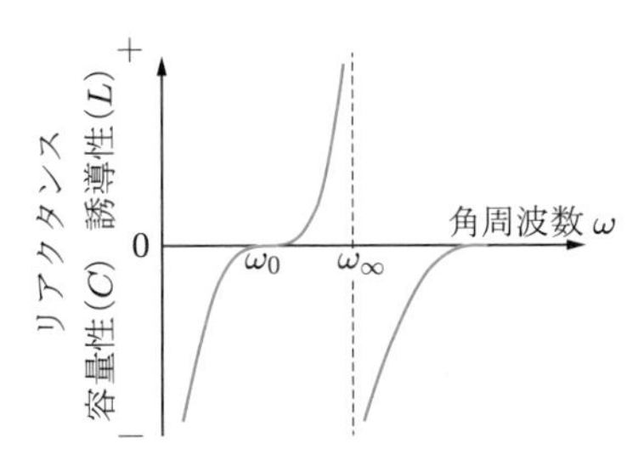

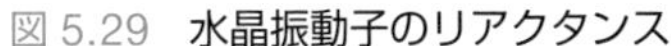

図 5.29　**水晶振動子のリアクタンス**

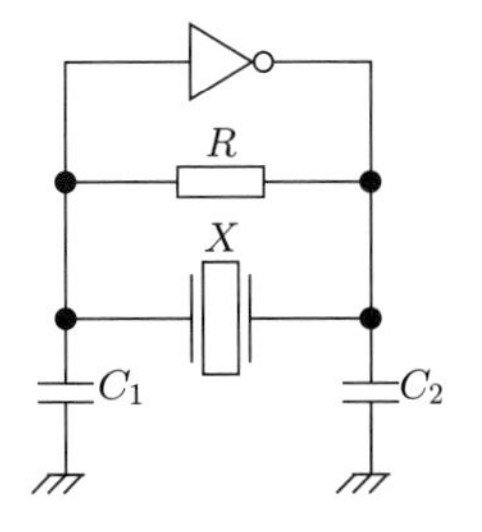

図 5.30　**水晶発振回路**

したがって，リアクタンスの符号が正である周波数帯において，水晶振動子をコルピッツ発振器などの LC 発振器のインダクタとして用いれば，安定な周波数を得ることができる．図 5.30 に，水晶振動子を増幅器の入出力間に接続して，キャパシタと抵抗で位相を反転させて正帰還にする構成例を示す．

演習問題

5.1 図 5.9 の回路において，MOSFET の伝達コンダクタンスを g_m，入出力抵抗をそれぞれ r_i，r_o としたときの，負帰還回路の入出力インピーダンスを求めよ．

5.2 図 5.13 の回路において，MOSFET の伝達コンダクタンスを g_m，入出力抵抗をそれぞれ r_i，r_o としたときの，負帰還回路の入出力インピーダンスを求めよ．

5.3 図 5.16 の回路において，MOSFET の伝達コンダクタンスを g_m，入出力抵抗をそれぞれ r_i，r_o としたときの，負帰還回路の入出力インピーダンスを求めよ．

5.4 図 5.19 の回路において，MOSFET の伝達コンダクタンスを g_m，入出力抵抗をそれぞれ r_i，r_o としたときの，負帰還回路の入出力インピーダンスを求めよ．

5.5 図 5.24 のウィーンブリッジ発振回路を，$R_1 = R_2 = R_0 = 10\,\mathrm{k\Omega}$，および $C_1 = C_2 = C_0$ として設計するとき，発振周波数を 1.0 kHz とするのに必要なキャパシタ C_0 の値を求めよ．

5.6 問図 5.1 のように，負帰還回路に雑音が混入しているときの出力を求めよ．

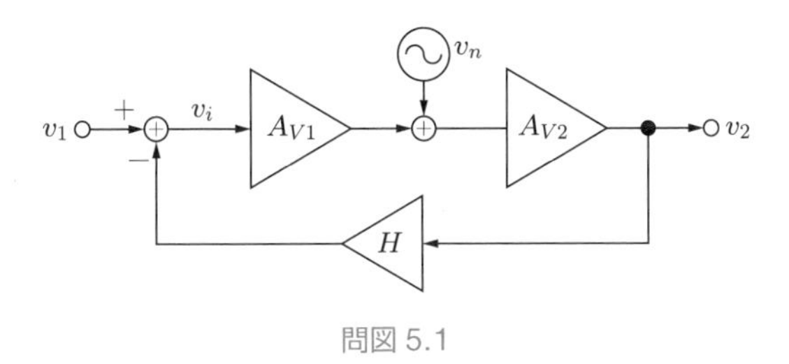

問図 5.1

6章 差動回路

電子回路は，動作周波数が低ければプリント基板上に個別部品を実装しても，所望の特性を実現できるが，高周波では部品や配線の寄生容量，部品間の特性ばらつきに加え，外部雑音の影響などで目標とする性能が実現できないことが多い．これに対し，半導体チップ上に多数の MOSFET を微細な配線で接続できる集積回路は，寄生容量が小さく，ランダムな素子特性変動も小さいので，高周波のアナログ信号を扱う回路に適している．このような集積回路には，差動構成の回路が用いられる．また，小振幅のアナログ信号を扱う場合にも，外部雑音の影響が低減可能な差動構成の回路を集積化する場合が多い．本章では，様々なアナログ集積回路で用いられる差動回路に加え，差動回路の負荷や電流源として利用されるカスコード接続回路やカレントミラー回路などに関して述べる．

6.1 差動増幅回路

差動回路（differential circuit）は，特性のそろった MOSFET のソース端子を接続した**差動対**とよばれる回路に入力される，二つの入力信号の差電圧を増幅する機能をもつ．この回路を正負の電源で駆動すれば，入力電位と出力電位をそろえることができるので，カップリングキャパシタを用いなくても，直流電位を一定に設計できる利点もある．図 6.1 は，正電源のみで駆動される差動増幅回路で，差動対 MOSFET のソース端子を結合し，理想電流源が接続されている．

ここで，差動対の MOSFET M_1，M_2 がともに飽和領域で動作しており，ソース電位を v_S，入力信号をそれぞれ v_{in1}，v_{in2} とする．ドレインコンダクタンスを $g_D=0$ とし，伝達コンダクタンス係数 K およびしきい値 V_T を同一とすれば，M_1，M_2 を流れる電流 i_1，i_2 は，式 (2.9) より，

$$i_1=K(v_{\mathrm{in1}}-v_S-V_T)^2,\quad i_2=K(v_{\mathrm{in2}}-v_S-V_T)^2 \tag{6.1}$$

である．キルヒホッフの電流則より，

$$i_1+i_2=K(v_{\mathrm{in1}}-v_S-V_T)^2+K(v_{\mathrm{in2}}-v_S-V_T)^2=i_0 \tag{6.2}$$

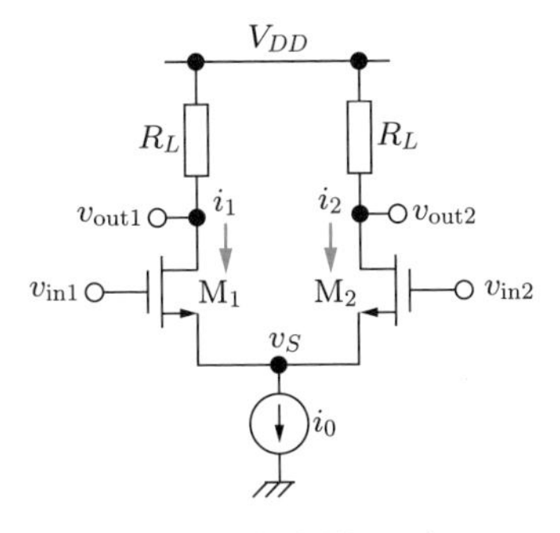

図 6.1 **差動増幅回路**

であるので，上式からソース電位 v_S を求めると，

$$v_S = \frac{1}{2}\left\{(v_{\text{in1}} + v_{\text{in2}} - 2V_T) - \sqrt{\frac{2i_0}{K} - (v_{\text{in1}} - v_{\text{in2}})^2}\right\} \tag{6.3}$$

が得られる．これを式 (6.1) に代入して，M_1，M_2 を流れる電流を求めると，

$$\begin{aligned} i_1 &= K(v_{\text{in1}} - v_S - V_T)^2 = \frac{K}{4}\left(\Delta v_{\text{in}} + \sqrt{\frac{2i_0}{K} - \Delta v_{\text{in}}^2}\right)^2 \\ &= \frac{1}{2}\left(i_0 + K\Delta v_{\text{in}}\sqrt{\frac{2i_0}{K} - \Delta v_{\text{in}}^2}\right) \end{aligned} \tag{6.4}$$

$$\begin{aligned} i_2 &= K(v_{\text{in2}} - v_S - V_T)^2 = \frac{K}{4}\left(-\Delta v_{\text{in}} + \sqrt{\frac{2i_0}{K} - \Delta v_{\text{in}}^2}\right)^2 \\ &= \frac{1}{2}\left(i_0 - K\Delta v_{\text{in}}\sqrt{\frac{2i_0}{K} - \Delta v_{\text{in}}^2}\right) \end{aligned} \tag{6.5}$$

となる．ここで，差動入力電圧 $\Delta v_{\text{in}} = v_{\text{in1}} - v_{\text{in2}}$ と定義した．したがって，差動回路の出力 v_{out1}，v_{out2} および差動出力 $\Delta v_{\text{out}} = v_{\text{out1}} - v_{\text{out2}}$ は，

$$v_{\text{out1}} = V_{DD} - i_1 R_L = V_{DD} - \frac{1}{2}\left(i_0 + K\Delta v_{\text{in}}\sqrt{\frac{2i_0}{K} - \Delta v_{\text{in}}^2}\right)R_L \tag{6.6}$$

$$v_{\text{out2}} = V_{DD} - i_2 R_L = V_{DD} - \frac{1}{2}\left(i_0 - K\Delta v_{\text{in}}\sqrt{\frac{2i_0}{K} - \Delta v_{\text{in}}^2}\right)R_L \tag{6.7}$$

$$\Delta v_{\text{out}} = v_{\text{out1}} - v_{\text{out2}} = -KR_L\Delta v_{\text{in}}\sqrt{\frac{2i_0}{K} - \Delta v_{\text{in}}^2} \tag{6.8}$$

となる．式 (6.8) より，$|\Delta v_{\text{in}}| \ll \sqrt{2i_0/K}$ であれば，平方根の中が定数に近似できるので，Δv_{out} は Δv_{in} に比例することがわかる．図 6.2 に，差動入力信号に対す

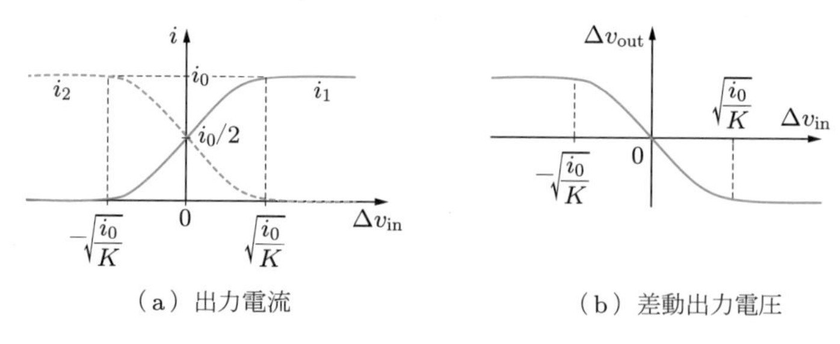

（a）出力電流　　（b）差動出力電圧

図 6.2　**差動増幅回路の大信号特性**

る差動回路の出力電流・電圧の特性を示す．出力が非線形動作するまでの信号を扱う大信号特性を示している．図 (a) は，$\Delta v_{\rm in}$ に対する出力電流の関係を，式 (6.4), (6.5) を用いてプロットした図である．横軸がゼロ付近（$|\Delta v_{\rm in}| \ll \sqrt{2i_0/K}$）のとき，出力電流は $\Delta v_{\rm in}$ に比例することがわかる．一方で，$|\Delta v_{\rm in}| > \sqrt{i_0/K}$ では，どちらか一方の MOSFET が遮断状態となるので，出力電流はそれ以上変化しない．つまり，差動回路はソース電流 i_0 を切り換える動作をしていると考えてもよい．また，図 (b) から，差動入力電圧が小さい場合には，差動出力電圧も線形であることがわかる．

6.2 差動増幅回路の差動利得と同相利得

MOSFET や電流源が理想特性をもつなら，差動回路は入力信号の差電圧のみを増幅するが，実際の素子は理想的ではないために，入力信号に含まれる同相成分の一部も増幅する．ここでは，入出力信号の差動成分と同相成分，およびこれらの信号比である**差動利得**（differential gain），**同相利得**（common-mode gain）について考えよう．

入力信号 $v_{\rm in1}$ と $v_{\rm in2}$ に関して，差動入力電圧は，すでに定義したように $\Delta v_{\rm in} = v_{\rm in1} - v_{\rm in2}$ で与えられる．一方，同相入力電圧は，入力信号 $v_{\rm in1}$ と $v_{\rm in2}$ の平均 $v_{\rm inc}$ として定義され，

$$v_{\rm inc} = \frac{v_{\rm in1} + v_{\rm in2}}{2} \tag{6.9}$$

となる．入力信号 $v_{\rm in1}$，$v_{\rm in2}$ を，差動入力電圧と同相入力電圧で表すと，

$$v_{\rm in1} = v_{\rm inc} + \frac{\Delta v_{\rm in}}{2}, \quad v_{\rm in2} = v_{\rm inc} - \frac{\Delta v_{\rm in}}{2} \tag{6.10}$$

が導かれる．この式は，任意の入力信号 v_{in1} と v_{in2} が，二つの電圧に共通な同相電圧 v_{inc} と，符号が異なる差動電圧 Δv_{in} に分けて考えられることを示している．

また，差動出力 Δv_{out} は，$v_{\text{out1}} - v_{\text{out2}}$ であるので，差動入出力間の電圧比である差動利得 A_d は，

$$A_d = \frac{\Delta v_{\text{out}}}{\Delta v_{\text{in}}} \tag{6.11}$$

となる．一方，同相出力電圧 v_{outc} は，

$$v_{\text{outc}} = \frac{v_{\text{out1}} + v_{\text{out2}}}{2} \tag{6.12}$$

なので，同相信号の入出力間の電圧比である同相利得 A_c は，

$$A_c = \frac{v_{\text{outc}}}{v_{\text{inc}}} \tag{6.13}$$

となる．

出力電圧 v_{out1}，v_{out2} は，同相電圧と差動電圧に分けて表すと，

$$v_{\text{out1}} = v_{\text{outc}} + \frac{\Delta v_{\text{out}}}{2}, \quad v_{\text{out2}} = v_{\text{outc}} - \frac{\Delta v_{\text{out}}}{2} \tag{6.14}$$

となる．入力および出力電圧に現れる同相信号成分は，たとえば集積回路の温度上昇による特性変化や，外部から混入した雑音などで発生する．いずれも，差動回路で近接して配置されたMOSFETの電流や電圧特性に，同一方向のパラメータ変化を引き起こすからである．

6.3　差動増幅回路の小信号解析

差動回路の入出力関係が線形近似できる範囲（$\Delta v_{\text{in}} \ll \sqrt{2i_0/K}$）の動作を仮定すれば，重ね合わせの理を用いた回路解析ができる．ここでは，図6.3に示す差動増幅回路の差動利得 A_d と同相利得 A_c を求めよう．重ね合わせの理を用いると，差動入力信号 Δv_{in} のみが接続されたときの差動出力電圧 Δv_{out} と，同相入力信号 v_{inc} のみが接続されたときの同相出力電圧 v_{outc} をそれぞれ求め，足し合わせた電圧が最終的な出力電圧となる．なお，図6.3では，大信号解析では省略していた電流源の出力抵抗 r_0 を考慮している．電流源の出力抵抗 r_0 は，大信号動作では出力電圧に大きな影響を及ぼさないが，小信号動作では影響を与えるためである．

図6.4 (a) は，差動利得 A_d を求めるために，図6.3における同相入力信号 $v_{\text{inc}} = 0$ とし，M_1，M_2 を小信号等価回路である電圧制御電流源に置き換えた回路である．

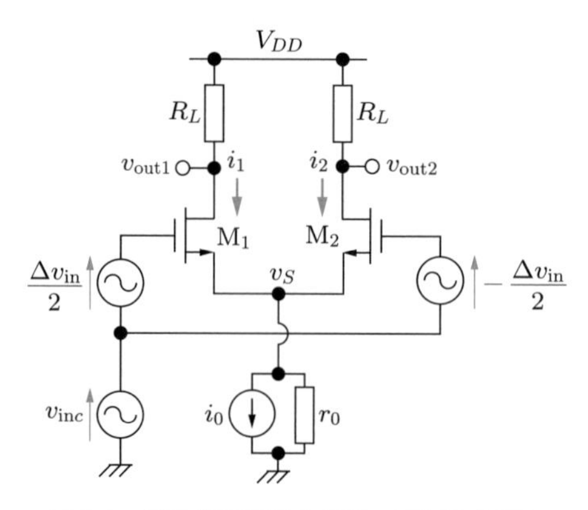

図 6.3　差動増幅回路と差動・同相入力信号

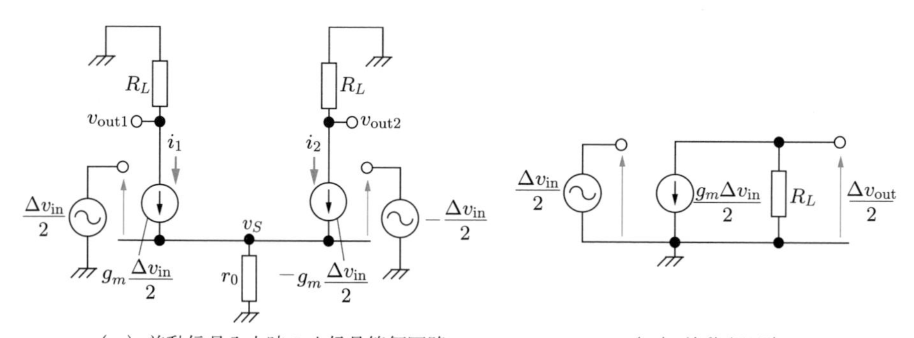

（a）差動信号入力時の小信号等価回路　　（b）差動半回路

図 6.4　差動信号に対する等価回路

この回路は左右対称の構造で，左右の差動入力電圧は，大きさが同じで符号が反転しているので，ソース電位 v_S はまったく変化しない．小信号等価回路では，信号に対して変化しない節点は接地として考えてよいので，節点 v_S を接地することができる．節点 v_S を接地すると，図 6.4 (a) の左右の回路の違いは，入力信号の符号が反転しているだけなので，半分の回路だけを解析すればよい．この考えに基づき等価回路を書き換えた図 6.4 (b) を**差動半回路**という．この出力電圧 $\Delta v_{\text{out}}/2$ は，

$$\frac{\Delta v_{\text{out}}}{2} = -g_m R_L \times \frac{\Delta v_{\text{in}}}{2} \tag{6.15}$$

であるので，差動利得 A_d は，

$$A_d = \left.\frac{\Delta v_{\text{out}}}{\Delta v_{\text{in}}}\right|_{v_{\text{inc}}=0} = -g_m R_L \tag{6.16}$$

と求められる．

図 6.5 は，同相利得 A_c を求めるために，図 6.3 における差動入力 $\Delta v_{\mathrm{in}} = 0$ とした回路である．同相入力信号が入力された場合は，ソース電位 v_S は変化するので，抵抗 r_0 を含む等価回路を考える必要がある．このとき，左右の MOSFET に流れる電流 i_1 と i_2 は同一であるから，図 6.6 に示すように，電流源抵抗 r_0 を 2 個の抵抗 $2r_0$ に分割してもよい．この回路は，節点 v_S を通る破線に対して対称な構造になっているので，左右の回路からの電流の流入はない．したがって，この回路は図 6.7 のように分離することができ，差動信号のときと同様に，半分の回路だけを解析すればよい．これは**同相半回路**とよばれ，図 6.8 のようになる．この出力電圧 v_{outc} を求めると，

$$v_{\mathrm{outc}} = -\frac{g_m R_L}{1 + 2g_m r_0} v_{\mathrm{inc}} \tag{6.17}$$

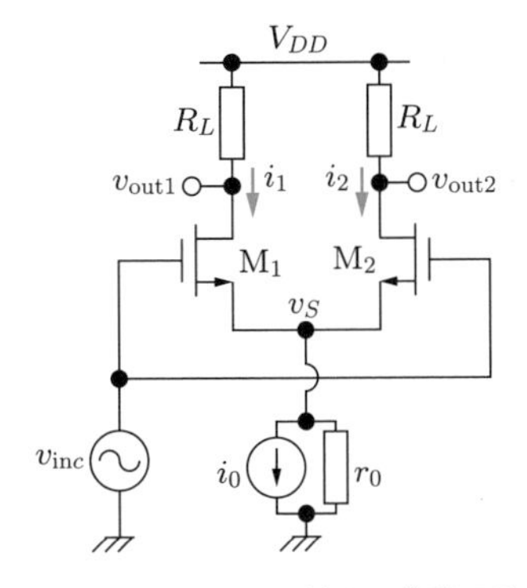

図 6.5　同相信号に対する差動回路

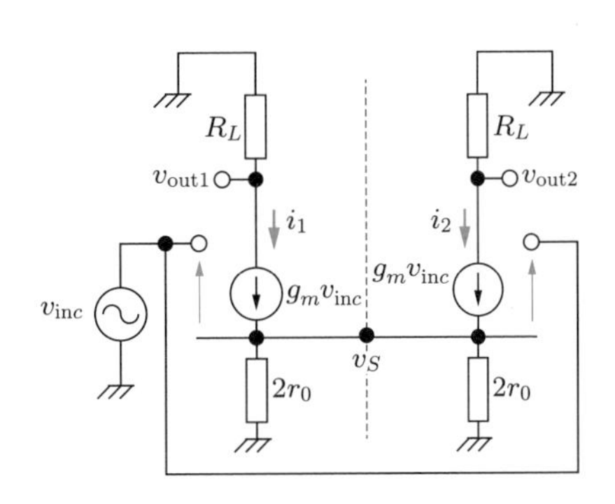

図 6.6　等価回路導出の途中過程

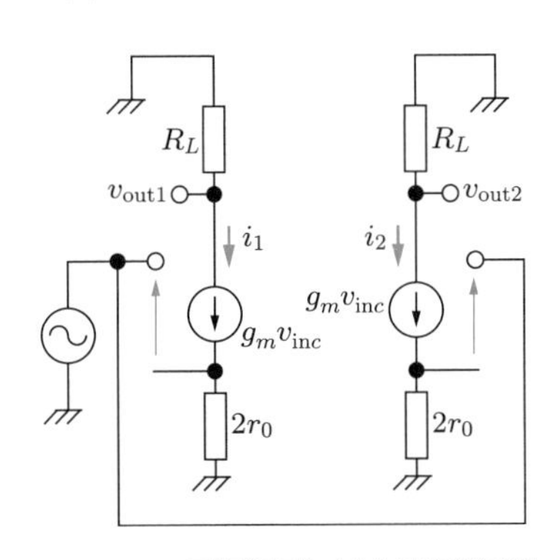

図 6.7　同相信号に対する等価回路

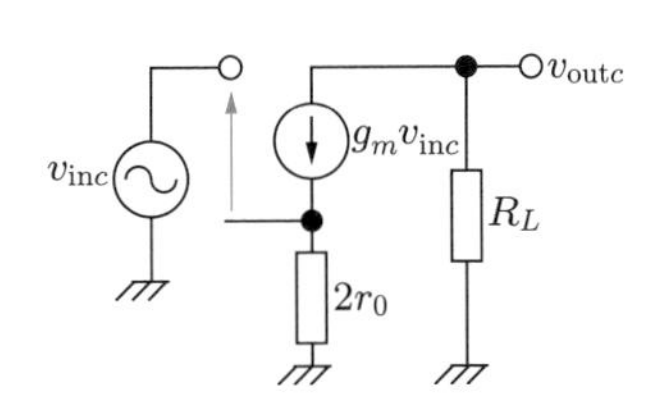

図 6.8　同相半回路

となる．したがって，同相利得 A_c は，

$$A_c = \left.\frac{v_{\mathrm{outc}}}{v_{\mathrm{inc}}}\right|_{\Delta v_{\mathrm{in}}=0} = -\frac{g_m R_L}{1+2g_m r_0} \tag{6.18}$$

となる．式 (6.16) と式 (6.18) から，$|A_d| > |A_c|$ であることがわかる．これは，抵抗 $2r_0$ によって，同相利得だけが減少しているからである．

このような差動回路の利点は，以下である．

(1) 雑音の影響を受けにくい．差動回路に混入する雑音は同相成分として振る舞うためである．

(2) 差動出力信号は，ソース接地回路に比較して 2 倍の振幅が得られる．

(3) MOSFET の入出力特性の非線形性を原因とする出力波形の（高次高調波の）歪み成分のうち，偶数次の項が打ち消されるため歪みが少ない．

なお，差動利得 A_d および同相利得 A_c は，図 6.9 のように，入力信号に同相および差動成分がともに含まれている場合の等価回路でも求めることができる．この回路における差動対のソース電位 v_S を求めると，左右の MOSFET を流れる電流の和 $i_1 + i_2$ が電流源の出力抵抗に流れるので，

$$v_S = r_0\{g_m(v_{\mathrm{in1}} - v_S) + g_m(v_{\mathrm{in2}} - v_S)\} \tag{6.19}$$

となる．よって，ソース電位を入力信号の関数で表すと，

$$v_S = \frac{r_0 g_m(v_{\mathrm{in1}} + v_{\mathrm{in2}})}{1+2r_0 g_m} \tag{6.20}$$

が得られる．これより M_1，M_2 を流れる電流 i_1，i_2 が求められるので，出力電圧 v_{out1}，v_{out2} は，

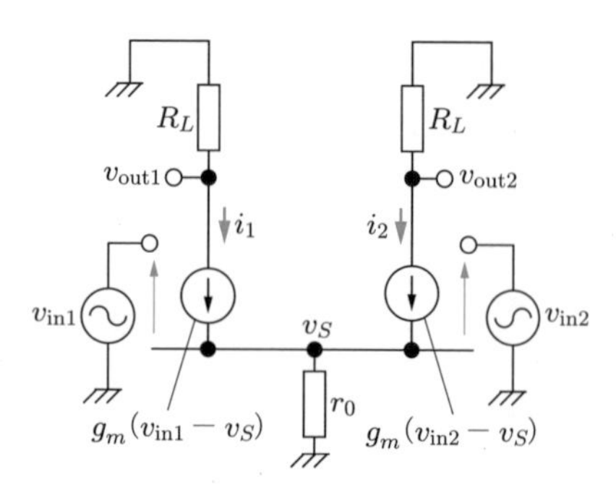

図 6.9　同相および差動成分をともに含む入力信号に対する等価回路

$$v_{\text{out1}} = -g_m(v_{\text{in1}} - v_S)R_L = -\frac{g_m R_L}{1+2r_0 g_m}\{v_{\text{in1}}(1+r_0 g_m) - r_0 g_m v_{\text{in2}}\} \tag{6.21a}$$

$$v_{\text{out2}} = -g_m(v_{\text{in2}} - v_S)R_L = -\frac{g_m R_L}{1+2r_0 g_m}\{v_{\text{in2}}(1+r_0 g_m) - r_0 g_m v_{\text{in1}}\} \tag{6.21b}$$

となる．したがって，差動出力 Δv_{out} は，

$$\begin{aligned}\Delta v_{\text{out}} = v_{\text{out1}} - v_{\text{out2}} &= -\frac{g_m R_L}{1+2r_0 g_m}(v_{\text{in1}} - v_{\text{in2}})(1+2r_0 g_m)\\ &= -g_m R_L(v_{\text{in1}} - v_{\text{in2}})\end{aligned} \tag{6.22}$$

と導かれるので，次のように式 (6.16) と同じ差動利得 A_d が導出できる．

$$A_d = \frac{v_{\text{out1}} - v_{\text{out2}}}{v_{\text{in1}} - v_{\text{in2}}} = -g_m R_L \tag{6.23}$$

また，出力電圧の和 $v_{\text{out1}} + v_{\text{out2}}$ は，式 (6.21) より，

$$v_{\text{out1}} + v_{\text{out2}} = -\frac{g_m R_L}{1+2r_0 g_m}(v_{\text{in1}} + v_{\text{in2}}) \tag{6.24}$$

であるので，式 (6.18) と同じ同相利得

$$A_c = \frac{v_{\text{out1}} + v_{\text{out2}}}{v_{\text{in1}} + v_{\text{in2}}} = -\frac{g_m R_L}{1+2r_0 g_m} \tag{6.25}$$

が導出できる．

差動回路の性能は，**同相除去比**（Common-Mode Rejection Ratio：CMRR）という指標で示される．CMRR は，差動利得と同相利得の比で定義されており，差動利得に対して同相利得が小さい（CMRR が大きい）ことが要求される．図 6.3 の差動回路の CMRR は，式 (6.16) および式 (6.18) から，

$$\text{CMRR} = \frac{A_d}{A_c} = 1 + 2r_0 g_m \approx 2r_0 g_m \tag{6.26}$$

と導かれる．上式から，CMRR を改善するには g_m または r_0 を大きくすればよいことがわかる．しかし，式 (2.9) から，g_m は $\sqrt{Ki_{ds}}$ に比例するので，これを大きくするにはバイアス電流か K 値を大きくしなければならない．バイアス電流を大きくすると消費電力が増大し，K 値を大きくするために MOSFET のゲート幅を大きくするとチップ面積が増加するという問題がある．このため，一般的には電流源抵抗 r_0 を大きくする．そのような回路に関して，次節以降で述べる．

6.4 直流電流回路（カレントミラー回路）

差動回路の電流源は，図 6.10 (a) に示すように MOSFET を用いて構成される．この MOSFET がドレイン電流飽和領域（$v_{\text{out}} > v_{\text{bias}} - V_T$）で動作するようにバイアス設計すれば，$v_{\text{bias}}$ が一定なら，式 (2.9) よりドレイン電流 i_{out} も一定となり，直流電流源として用いることができる．図 (b) はバイアス回路が接続された電流源回路の例で，M_1 はゲート端子とドレイン端子が短絡された，ダイオード接続とよばれる回路構成となっている．

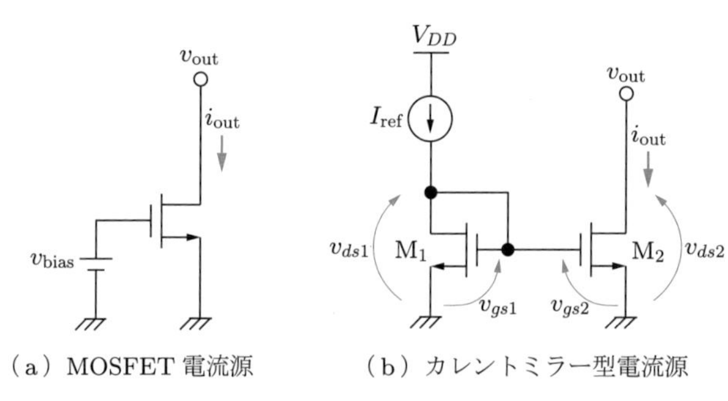

（a）MOSFET 電流源　　（b）カレントミラー型電流源

図 6.10　直流電流源回路

図 (b) の回路で，すべての MOSFET がドレイン電流飽和領域で動作しているとすれば，M_1 の伝達コンダクタンス係数が K_1，しきい値が V_{T1} のとき，ゲート電圧 v_{gs1} は，式 (2.9) より，

$$v_{gs1} = \sqrt{\frac{I_{\text{ref}}}{K_1}} + V_{T1} \tag{6.27}$$

である．ここで，I_{ref} はバイアス電流である．M_2 のゲート電圧 v_{gs2} も，飽和領域動作であれば，

$$v_{gs2} = \sqrt{\frac{i_{\text{out}}}{K_2}} + V_{T2} \tag{6.28}$$

で与えられる．ここで，K_2 は M_2 の伝達コンダクタンス係数で，V_{T2} はしきい値である．図 6.10 (b) の回路では，$v_{gs1} = v_{gs2}$ であることは明らかなので，式 (6.27)，(6.28) から，出力電流 i_{out} は，$V_{T1} = V_{T2}$ であれば

$$i_{\text{out}} = \frac{K_2}{K_1} I_{\text{ref}} \tag{6.29}$$

となり，この回路は入力電流 I_{ref} を定数倍した電流を出力する．とくに $K_1 = K_2$ の場合は $i_{\text{out}} = I_{\text{ref}}$ となり，入力電流を複製（ミラーリング）することから，**カレントミラー回路**（current mirror circuit）とよばれる．

次に，カレントミラー回路の MOSFET が飽和領域で動作する条件を考えよう．ダイオード接続されている M_1 は $v_{ds1} = v_{gs1}$ であるので，$v_{gs1} > V_{T1}$（ドレイン電流が流れる条件）であれば，飽和領域動作の条件 $v_{ds1} > v_{gs1} - V_{T1}$ がつねに成立することがわかる．一方，M_2 が飽和領域で動作する条件は，

$$v_{ds2} = v_{\text{out}} > v_{gs2} - V_{T2} = \sqrt{\frac{i_{\text{out}}}{K_2}} \tag{6.30}$$

で与えられる．

図 6.11 は，p チャネル MOSFET を用いたカレントミラー回路である．出力電流が定数倍される原理は，n チャネル MOSFET を用いた回路と同じである．

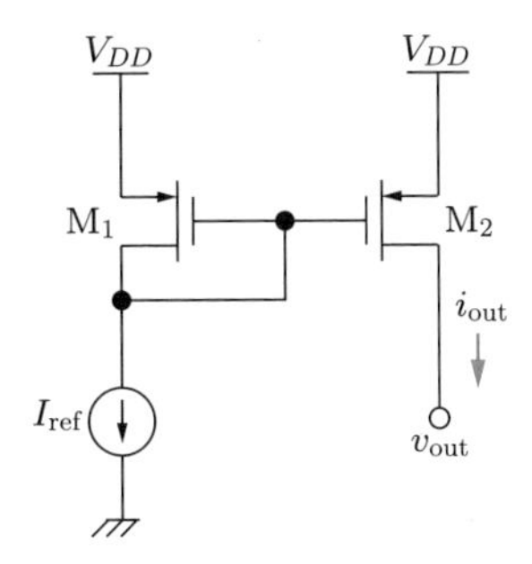

図 6.11　p チャネル MOSFET を用いたカレントミラー回路

6.5 カスコード回路

前節の電流源回路の解析では，動作をわかりやすく説明するために，チャネル長変調効果（ドレイン抵抗 r_0）を考慮しないで解析を進めたが，実際の回路設計では考慮する必要がある．式 (2.10) のチャネル長変調効果を考慮すると，式 (6.29) は，

$$i_{\text{out}} = \frac{K_2}{K_1}\frac{1 + \lambda_2 v_{ds2}}{1 + \lambda_1 v_{ds1}} I_{\text{ref}} \tag{6.31}$$

となる．ここで，λ_1，λ_2 はそれぞれ M_1，M_2 のドレインコンダクタンスパラメータである．ドレイン電圧 v_{ds1}，v_{ds2} は，M_1，M_2 が接続される回路によって異なる値となるので，電流比は一定にはならない．

また，チャネル長変調効果は飽和領域におけるドレイン抵抗として振る舞い，図6.10 (b) の回路では M_2 のドレイン抵抗が電流源抵抗 r_0 となる．CMRR 改善のために，さらに大きな電流源抵抗を必要とする場合には，図 6.12 に示す**カスコード回路**（cascode circuit）が用いられる．カスコード回路は，ゲート接地 MOSFET とソース接地 MOSFET を組み合わせた構造である．

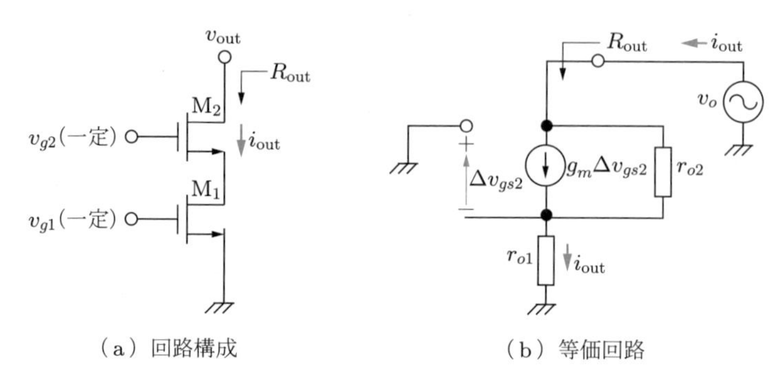

図 6.12　**カスコード回路**

図 (a) における各 MOSFET のゲート電位が固定されていると仮定する．このとき，回路は以下のように動作する．

(1) 出力端子の電位 $v_{\rm out}$ が上昇すると，M_2 および M_1 のドレイン電圧が増加する．

(2) M_2 のゲート電圧が低下する．

(3) 出力端子の変化による回路電流 $i_{\rm out}$ の変化は少なく，ほぼ一定の電流が流れる．

これにより，高い出力抵抗が実現できる．

出力抵抗を解析的に求めてみよう．この回路の M_1，M_2 のゲート端子には直流電位が与えられているとすると，M_1 は交流的にはドレイン抵抗 r_{o1} として扱え，M_2 のゲート端子は接地とみなせるので，等価回路は図 (b) のように表せる．この回路の出力端に電源 v_o を接続したときの出力インピーダンスを求める．M_2 のゲート電圧 v_{gs} は，

$$v_{gs} = -i_{\rm out} r_{o1} \tag{6.32}$$

で表されるので，M_2 のドレイン抵抗 r_{o2} を流れる電流は，$i_{\rm out} - g_m v_{gs} = i_{\rm out} + g_m i_{\rm out} r_{o1}$ である．よって，出力電圧と出力電流 $i_{\rm out}$ の関係は

$$r_{o2}(i_{\rm out} + g_m i_{\rm out} r_{o1}) + i_{\rm out} r_{o1} = v_o \tag{6.33}$$

となる．したがって，出力インピーダンス Z_{out} が，

$$Z_{\mathrm{out}} = \frac{v_o}{i_{\mathrm{out}}} = r_{o2}(1 + g_m r_{o1}) + r_{o1} = r_{o1}(1 + g_m r_{o2}) + r_{o2} \tag{6.34}$$

と導かれる．式 (6.34) は，$g_m r_{o2} \gg 1$，$g_m r_{o1} \gg 1$ であれば，$(g_m r_{o2}) r_{o1}$ と近似できるので，カスコード回路を利用すれば，M_1 単体の出力抵抗 r_{o1} を $g_m r_{o2}$ 倍にできることがわかる．

6.6 カスコードカレントミラー回路

図 6.13 は**カスコードカレントミラー回路**の例である．この回路を差動回路の電流源として用いれば，電流源抵抗が高くなるので CMRR を改善できる．

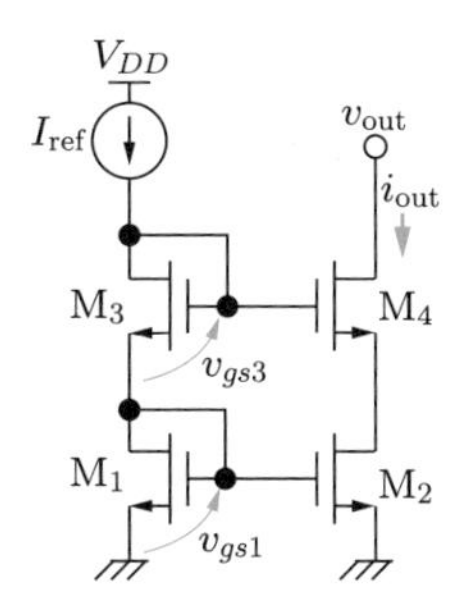

図 6.13　カスコードカレントミラー回路

この回路において，すべての MOSFET を飽和領域で動作させるための条件を考えてみよう．M_1，M_3 で構成されたバイアス回路が，ともに飽和領域で動作しているときのゲート電圧は，各 MOSFET の伝達コンダクタンス係数，およびしきい値を K_i，V_{Ti} として，式 (2.9) より，

$$v_{gsi} = \sqrt{\frac{I_{\mathrm{ref}}}{K_i}} + V_{Ti} \quad (i = 1, 3) \tag{6.35}$$

となる必要がある．ここで，MOSFET 特性がそろっているとして，$K_i = K$，$V_{Ti} = V_T$ として，図 6.13 の回路における M_4 のゲート電位 v_{G4} を考える．M_4 のゲート電位は，M_3 のゲート電位 v_{G3} に等しいので，

$$v_{G4} = v_{G3} = v_{gs1} + v_{gs3} = 2\sqrt{\frac{I_{\mathrm{ref}}}{K}} + 2V_T \tag{6.36}$$

が導かれる．M_4 が飽和領域で動作するための条件は，M_4 のドレイン電圧を v_{out} として，

$$v_{\text{out}} > v_{G4} - V_T = 2\sqrt{\frac{I_{\text{ref}}}{K}} + V_T \tag{6.37}$$

となる．このように，カスコードカレントミラー回路は，図 6.10 (b) に示したカレントミラー回路に比べて出力インピーダンスを高くでき，CMRR 改善が可能である．しかし，式 (6.37) と式 (6.30) の比較からわかるように，回路が飽和領域で動作するために必要な出力端子の最小電位が $\sqrt{I_{\text{ref}}/K} + V_T$ だけ高くなり，高い電源電圧を必要とする問題がある．

これを解決できる，低電圧カスコードカレントミラー回路を図 6.14 に示す．この回路の $\mathrm{M_1}$ が飽和領域で動作する条件は，$v_{\text{x}} > v_{\text{b}} - V_{T1}$ から，

$$v_{\text{x}} > \sqrt{\frac{I_{\text{ref}}}{K_1}} + V_{T1} - V_{T1} = \sqrt{\frac{I_{\text{ref}}}{K_1}} \tag{6.38}$$

と導かれる．一方，$v_{\text{x}} = v_{\text{a}} - v_{gs3}$ であるので，

$$v_{\text{x}} = v_{\text{a}} - v_{gs3} = v_{\text{a}} - \sqrt{\frac{I_{\text{ref}}}{K_3}} - V_{T3} \tag{6.39}$$

となり，これを式 (6.38) に代入して，

$$v_{\text{a}} > \sqrt{\frac{I_{\text{ref}}}{K_1}} + \sqrt{\frac{I_{\text{ref}}}{K_3}} + V_{T3} \tag{6.40}$$

が得られる．また，$\mathrm{M_3}$ が飽和領域で動作する条件，$v_{ds3} > v_{gs3} - V_{T3}$ から，

$$v_{\text{b}} - v_{\text{x}} > v_{\text{a}} - v_{\text{x}} - V_{T3} \tag{6.41}$$

である．これにダイオード接続 MOSFET の条件を代入して，

$$\sqrt{\frac{I_{\text{ref}}}{K_1}} + V_{T1} > v_{\text{a}} - V_{T3} \tag{6.42}$$

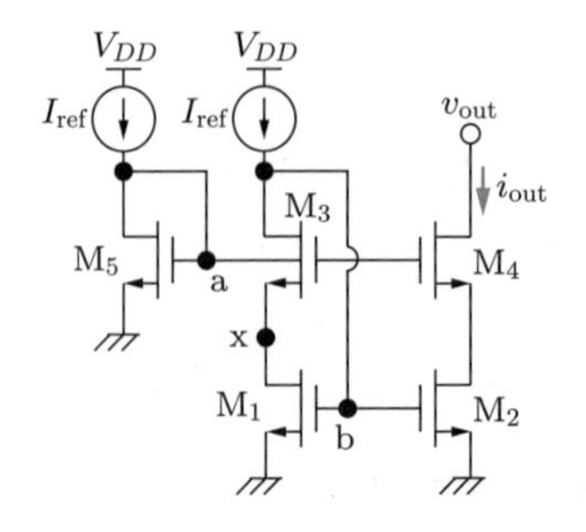

図 6.14　低電圧カスコードカレントミラー回路

から，v_a に関するもう一つの条件

$$v_\mathrm{a} < \sqrt{\frac{I_\mathrm{ref}}{K_1}} + V_{T1} + V_{T3} \tag{6.43}$$

が導かれる．したがって，二つの条件をまとめると，

$$\sqrt{\frac{I_\mathrm{ref}}{K_1}} + \sqrt{\frac{I_\mathrm{ref}}{K_3}} + V_{T3} < v_\mathrm{a} < \sqrt{\frac{I_\mathrm{ref}}{K_1}} + V_{T1} + V_{T3} \tag{6.44}$$

を満たすように v_a を設計する必要がある．MOSFET の特性がそろっているとして，$K_1 = K_3 = K$，$V_{T1} = V_{T3} = V_T$ と仮定すれば，v_a の最小電圧条件は，

$$2\sqrt{\frac{I_\mathrm{ref}}{K}} + V_T < v_\mathrm{a} \tag{6.45}$$

となる．したがって，M_4 が飽和領域で動作するための条件，

$$v_\mathrm{out} > 2\sqrt{\frac{I_\mathrm{ref}}{K}} + V_T - V_T = 2\sqrt{\frac{I_\mathrm{ref}}{K}} \tag{6.46}$$

が得られる．上式を式 (6.37) と比較すると，しきい値電圧 V_T ぶんだけ低電圧で動作できることがわかる．一般に，しきい値電圧は 0.4〜0.7 V 程度と高いので，これは効果的である．一方，式 (6.45) における v_a は，M_5 が飽和領域で動作する条件から導かれるので，

$$2\sqrt{\frac{I_\mathrm{ref}}{K}} + V_T < v_\mathrm{a} = \sqrt{\frac{I_\mathrm{ref}}{K_5}} + V_T \tag{6.47}$$

と変形できる．したがって，M_5 の伝達コンダクタンス係数 $K_5 < K/4$ と設計すれば，上式の条件を満たすことができる．この回路により低電圧化が可能になるが，バイアス電流が追加で必要となり，それだけ消費電流が増加することになる．

図 6.15，6.16 には，その他の低電圧カスコード回路の例を示す．図 6.15 は折り返しカスコード回路である．この回路は，縦続型のカスコード回路に比べて最小動作電圧が低いが，約 2 倍の消費電流が必要である．一方，図 6.16 はスーパーカスコード回路である．この回路は，増幅回路により M_1 のドレイン電圧の変化を抑制して，電流変化を低減する．この結果，カスコードの縦続段数を増やさなくても，等価的なドレイン抵抗を高くすることができる（出力抵抗の解析は演習問題 6.3 参照）．

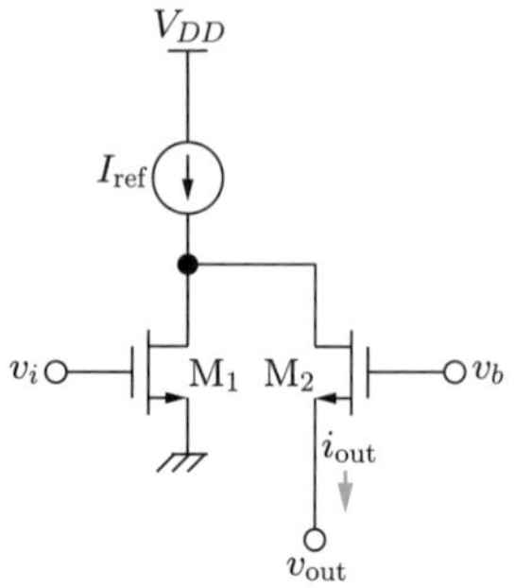

図 6.15　折り返しカスコード回路

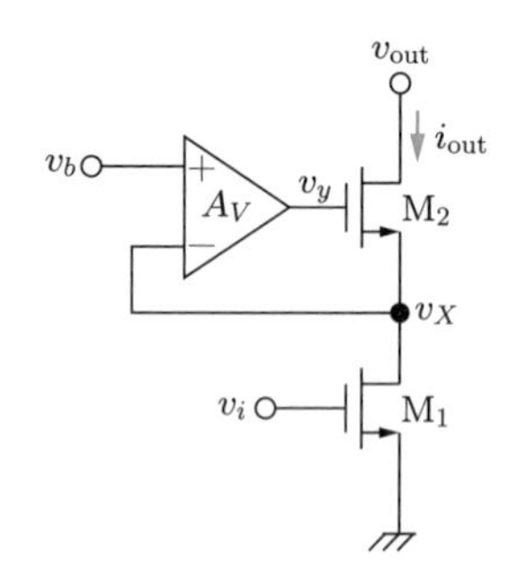

図 6.16　スーパーカスコード回路

6.7 能動負荷

図 6.1 の差動回路の利得を大きくするには，負荷抵抗 R_L の値を大きく設計すればよい．しかし，抵抗値 R_L を大きくすると，直流バイアスによる電圧降下が大きくなるので，3.1.2 項で述べた出力信号を最大にする条件を満たすために，電源電圧を高くする必要がある．

そこで，抵抗負荷の代わりに MOSFET のドレイン抵抗を利用した，**能動負荷**を用いた差動回路が考えられた．MOSFET による能動負荷を利用すれば，ほぼ一定の負荷電流を得ることができるので，高い電源電圧を必要としない．図 6.17 (a) は，このような能動負荷を用いた差動回路の例である．この回路は，n チャネル M_1，M_2 のソース端子を結合した差動構成で，負荷は p チャネル M_3，M_4 によるカレントミラー回路で構成されている．この回路の動作を，図 (b) を用いて説明する．ここでは，正転出力のみを利用するとして，$\Delta v_{\mathrm{out}} = v_{\mathrm{out2}}$ とおく．差動入力信号 $\Delta v_{\mathrm{in}} = 0$ のときは，電流源電流 I_0 が等分されて，$i_1 = I_0/2$ が M_1 と M_3 に，残りの電流が M_2 と M_4 を流れる．このとき，カレントミラーを構成する M_3，M_4 のドレイン電圧は同じである．差動入力信号が $\Delta v_{\mathrm{in}} \neq 0$ であるが十分小さい場合は，M_1，M_2 のソース電位は変化しないので，ソース接地回路とみなした解析が行える．いま，M_1 のゲート電圧が $\Delta v_{\mathrm{in}}/2$ だけ上昇し，M_2 のゲート電圧が $\Delta v_{\mathrm{in}}/2$ だけ減少したと仮定する．このとき M_1 のドレイン電流の変化量 Δi_{D1} は，出力電圧の変化量を Δv_{out}，M_1 の伝達コンダクタンスおよびドレインコンダクタンスをそれぞれ g_{mn}，g_{Dn} とすれば，

$$\Delta i_{D1} = g_{mn}\frac{\Delta v_{\mathrm{in}}}{2} + g_{Dn}\Delta v_{\mathrm{out}} \tag{6.48}$$

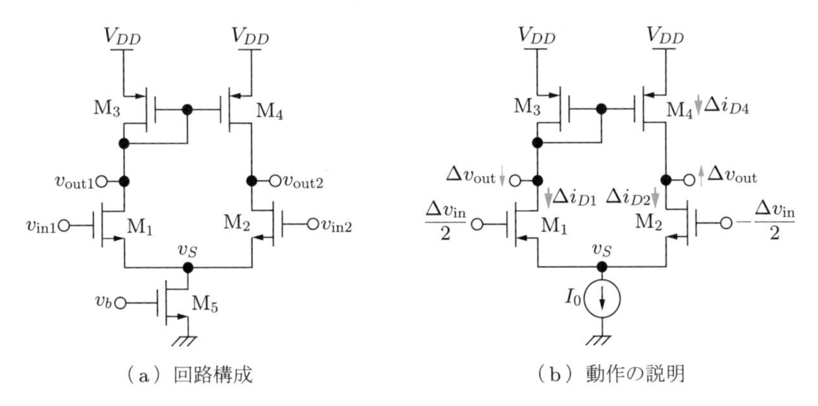

（a）回路構成　（b）動作の説明

図 6.17　**能動負荷を用いた差動増幅回路**

と表されるが，M_3 がダイオード特性を示すので，M_1 のドレイン電圧はほとんど変化しない．したがって，M_1 のドレイン電流の変化量は $\Delta i_{D1} = g_{mn}\Delta v_{\text{in}}/2$ と近似できる．

この電流の変化は，カレントミラー回路で M_4 のドレイン電流 Δi_{D4} に現れるが，ドレイン電圧が変化するので，M_4 のドレインコンダクタンスを g_{Dp} とすれば，

$$\Delta i_{D4} = g_{mn}\frac{\Delta v_{\text{in}}}{2} - g_{Dp}\Delta v_{\text{out}} \tag{6.49}$$

となる．一方，M_2 の電流は，

$$\Delta i_{D2} = -g_{mn}\frac{\Delta v_{\text{in}}}{2} + g_{Dn}\Delta v_{\text{out}} \tag{6.50}$$

と表される．キルヒホッフの電流則より $\Delta i_{D4} = \Delta i_{D2}$ であるから，

$$g_{mn}\frac{\Delta v_{\text{in}}}{2} - g_{Dp}\Delta v_{\text{out}} = -g_{mn}\frac{\Delta v_{\text{in}}}{2} + g_{Dn}\Delta v_{\text{out}} \tag{6.51}$$

となり，整理して，正転出力（v_{out2}）の増幅度 A_V が

$$A_V = \frac{\Delta v_{\text{out}}}{\Delta v_{\text{in}}} = \frac{g_{mn}}{g_{Dn} + g_{Dp}} \tag{6.52}$$

と導かれる．上式から，図 6.17 の回路は，差動回路の負荷抵抗を，M_4，M_2（または M_1，M_3）のドレイン抵抗の並列合成抵抗で置き換えたものと等価であることがわかる．$g_{mn} \gg g_{Dm}, g_{Dp}$ であるので，このようにカレントミラー型能動負荷を用いることで，差動回路の利得を著しく大きくできる．

図 6.18 は p チャネル MOSFET で構成した回路で，利得向上のために n チャネル MOSFET のカレントミラー型能動負荷を用いている．一方，p チャネル MOSFET

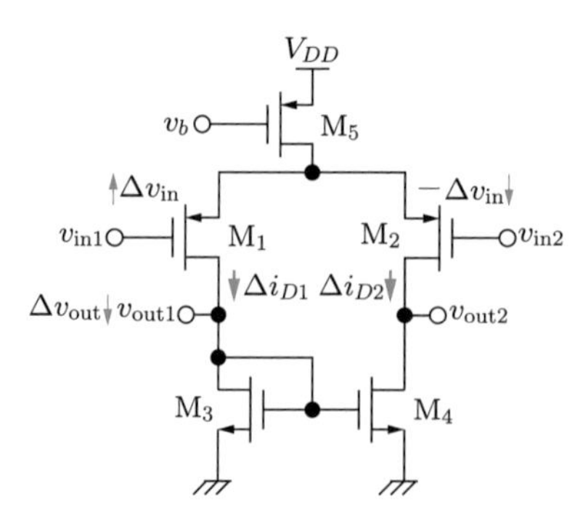

図 6.18　**能動負荷を用いた p チャネル MOSFET 差動増幅回路**

の伝達コンダクタンス g_{mp} は，n チャネル MOSFET に比較して 1/3 程度であるので，十分な利得を確保するために，MOSFET のゲート幅を大きく設計する必要がある．その結果，差動部を構成している p チャネル MOSFET の入力容量が増加するので，高周波特性が必要な場合には適さない．

演習問題

6.1 問図 6.1 に示す差動増幅回路の差動対 MOSFET が，飽和領域で動作しているとする．差動利得 A_d，同相利得 A_c，同相除去比 CMRR を，MOSFET の伝達コンダクタンス g_m，ドレイン抵抗 r_D，電流源 i_S の出力抵抗 r_S，負荷抵抗 R_L を用いて表せ．

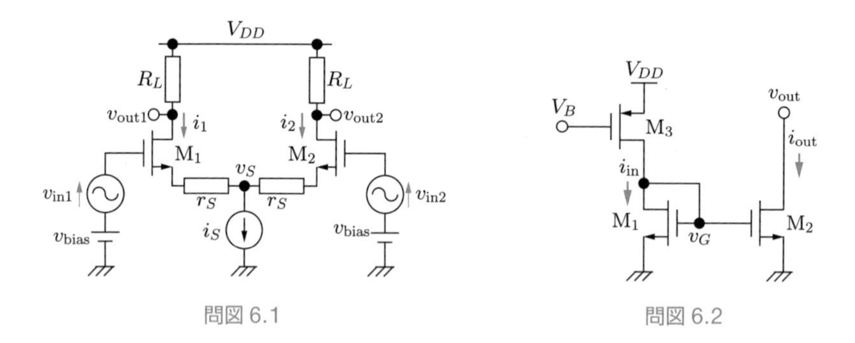

問図 6.1　　　　問図 6.2

6.2 問図 6.2 に示すカレントミラー回路の MOSFET すべてが，飽和領域で動作しているとする．また，n チャネル MOSFET と p チャネル MOSFET はそれぞれチャネル幅とチャネル長の比 $W/L = 1.0$ のとき，伝達コンダクタンス係数が $K_n = 100$ µS/V，$K_p = 30$ µS/V で，しきい値電圧が $V_{Tn} = 0.5$ V，$V_{Tp} = -0.5$ V である．ここで，電源電圧 $V_{DD} = 3.0$ V，制御電圧 $V_B = 1.5$ V で，M_1 のチャネル幅とチャネル長の比 $W_1/L_1 = 7.5$，M_2 と M_3 のチャネル長 $L_2 = 1.0$ µm，$L_3 = 5.0$ µm であるとする．このとき以下を求めよ．

(1) $i_{\mathrm{in}} = 30\ \mu\mathrm{A}$ となる M_3 のチャネル幅 W_3

(2) ゲート電位 v_G

(3) $i_{\mathrm{out}} = i_{\mathrm{in}}$ となる M_2 のチャネル幅 W_2

6.3 図 6.15 の折り返しカスコード回路および図 6.16 のスーパーカスコード回路の出力抵抗を求めよ．

6.4 図 6.18 の p チャネル MOSFET による差動回路の差動利得を求めよ．

7章 演算増幅器（オペアンプ）

アナログコンピュータの主要素子として開発された**演算増幅器**（operational amplifier，オペアンプ）は，増幅度が数千から数十万倍ときわめて大きい電圧増幅回路で，様々な小信号のアナログ演算処理を行うシステムに，必ずといってよいほど使われている基本的な機能ブロックである．センサ等からの正確なアナログ値を得るには，素子の製造ばらつきや温度特性によってアンプの増幅度が変化しないように回路を構成する必要がある．したがって，増幅度がほぼ無限大とみなせる演算増幅器を利用して帰還回路を構成すれば，5 章で述べたように安定な増幅度が得られる．

演算増幅器は，目的に応じて非常に多くの回路が提案されており，抵抗やキャパシタを接続することによって，反転増幅器や非反転増幅器，加算器，減算器，積分器，微分器，フィルタ等を容易に構成することができる．

本章では，演算増幅器の動作原理に加え，様々な演算増幅器を用いた回路を解析する．

7.1 理想的な演算増幅器

図 7.1 は，演算増幅器の回路記号である．演算増幅器は，前章で述べた能動負荷型の差動回路により構成される．演算増幅器における二つの入力端子は，非反転（正相）入力端子（+ 記号で記載）と，反転（逆相）入力端子（− 記号で記載）とよばれる．この例では，演算増幅器を動作させるために，正電源と負電源の二つの電源が使われている．このような回路記号を用いた解析では，演算増幅器は理想特性をもつと仮定して，回路図の簡単化のために電源端子は省略されることが多い．本書でも，電源端子は省略する．

図 7.1 に示した演算増幅器の 2 個の入力端子の電位が v_{i+} および v_{i-} であるとき，出力電圧 v_{out} を，6.2 節で定義した差動利得 A_d と同相利得 A_c を用いて表すと，

$$v_{\mathrm{out}} = A_d(v_{i+} - v_{i-}) + A_c\frac{v_{i+} + v_{i-}}{2} \tag{7.1}$$

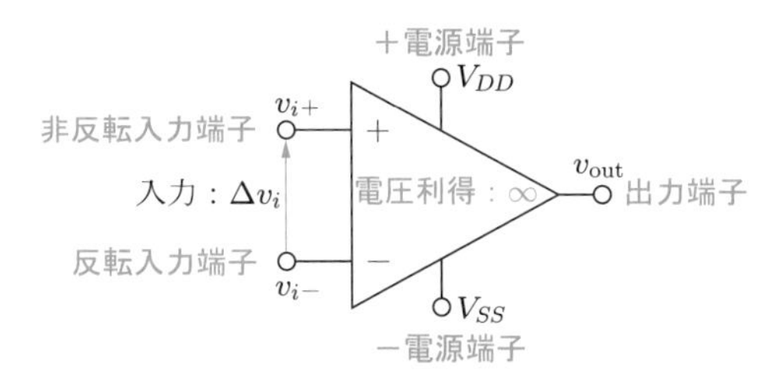

図 7.1　**演算増幅器の回路記号**

となる．演算増幅器の差動利得 A_d は非常に大きく，理想的には無限大である．一方，同相利得 A_c は小さく，理想的にはゼロである．したがって，同相除去比 CMRR（$= A_d/A_c$）は，理想演算増幅器では無限大となる．理想演算増幅器の特徴をまとめると，以下のようになる．

(1) 歪みなく信号を増幅する（電源電圧や電流に関する制限がない）
(2) 増幅率は無限大（差動利得 = 無限大，同相利得 = ゼロ）
(3) 入力インピーダンスが無限大（入力端子には電流が流れない）
(4) 出力インピーダンスがゼロ（駆動能力が無限大）
(5) 周波数特性がない（低域から高域まで同じ特性を維持する）

また，図 7.1 に示した理想演算増幅器の増幅度 A_V が無限大で，出力 v_{out} が有限なら，$v_{\text{out}} = A_V(v_{i+} - v_{i-})$ から，入力の電位差 $v_{i+} - v_{i-}$ はゼロになるべきである．すなわち，入力端子間は短絡されているのと同じことになる．これを**仮想短絡**（imaginary short）という．とくに，入力端子の片方が接地されていれば，他方の端子も接地されているのと同じことになり，これを**仮想接地**（virtual ground）という．仮想短絡あるいは仮想接地の考え方を用いると，後述するように回路解析が容易になる．

7.2 反転増幅回路

演算増幅器は，無限大の増幅度をもつため，入力電位差が微小であっても，出力は正負どちらかの電源電圧付近になる現象（出力飽和）が発生する．そのため，演算増幅器は通常，負帰還をかけて用いられる．図 7.2 は，負帰還をかけた演算増幅器において，最も基本的な回路である**反転増幅回路**である．

この回路は，非反転入力端子を接地し，反転端子に v_{in} を入力しているので，出力信号が入力信号と逆極性になる反転増幅となる．また，出力 v_{out} を，帰還抵抗

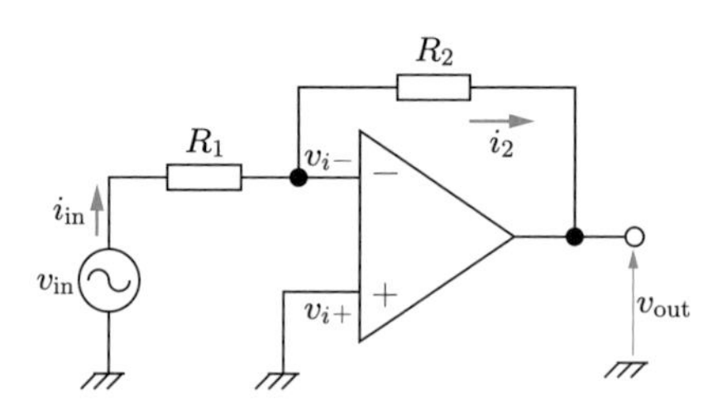

図 7.2　**反転増幅回路**

R_2 を通して入力側に帰還する構成である．この帰還回路による増幅率を求めよう．抵抗 R_1，R_2 を流れる電流 i_1，i_2 は，それぞれ次のようになる．

$$i_1 = i_{\mathrm{in}} = \frac{v_{\mathrm{in}} - v_{i-}}{R_1}, \quad i_2 = \frac{v_{i-} - v_{\mathrm{out}}}{R_2} \tag{7.2}$$

ここで，演算増幅器の入力端子には電流が流れないので，キルヒホッフの電流則より $i_1 = i_2$ である．また，仮想接地を考えると $v_{i-} = v_{i+} = 0$ である．したがって，

$$\frac{v_{\mathrm{in}}}{R_1} = -\frac{v_{\mathrm{out}}}{R_2} \tag{7.3}$$

となるから，電圧増幅率 A_V は，

$$A_V = \frac{v_{\mathrm{out}}}{v_{\mathrm{in}}} = -\frac{R_2}{R_1} \tag{7.4}$$

である．なお，反転入力端子への出力信号の帰還率を β とすると，

$$v_{i-} = v_{\mathrm{in}} - \beta v_{\mathrm{out}} = 0 \tag{7.5}$$

であるから，次のように求められる．

$$\beta = \frac{v_{\mathrm{in}}}{v_{\mathrm{out}}} = -\frac{R_1}{R_2} \tag{7.6}$$

7.3 非反転増幅回路

図 7.2 に示した回路の信号入力を逆にすると，非反転の増幅回路を実現できる．図 7.3 はその回路例である．抵抗 R_1，R_2 を流れる電流 i_1，i_2 は，

$$i_1 = \frac{v_{i-}}{R_1}, \quad i_2 = \frac{v_{\mathrm{out}} - v_{i-}}{R_2} \tag{7.7}$$

である．前節と同様に，演算増幅器の入力端子に電流は流れないので $i_1 = i_2$ である．また，仮想短絡を考えると $v_{i-} = v_{i+} = v_{\mathrm{in}}$ である．したがって，

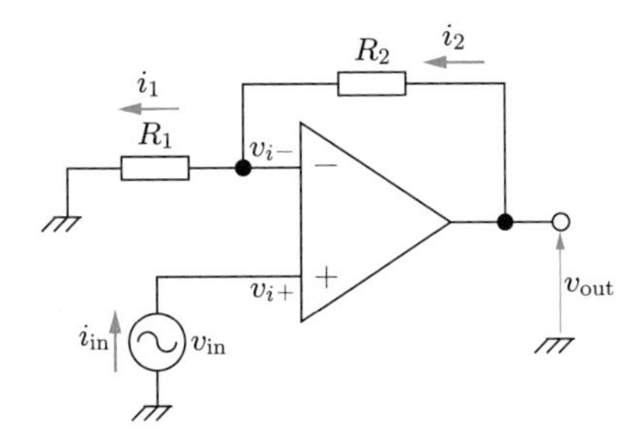

図 7.3 **非反転増幅回路**

$$\frac{v_{\mathrm{in}}}{R_1} = \frac{v_{\mathrm{out}} - v_{\mathrm{in}}}{R_2} \tag{7.8}$$

となる．両辺に R_2/v_{in} を掛けて整理し，電圧増幅率 A_V は次のようになる．

$$A_V = \frac{v_{\mathrm{out}}}{v_{\mathrm{in}}} = 1 + \frac{R_2}{R_1} \geqq 1 \tag{7.9}$$

7.4 加算回路

図 7.4 は，演算増幅器を用いた**加算回路**の例である．この回路も，仮想接地を考えると $v_{i-} = v_{i+} = 0$ であり，抵抗 R_1，R_2，$\cdots$，R_n を流れる電流はそれぞれ，$i_1 = v_1/R_1$，$i_2 = v_2/R_2$，$\cdots$，$i_n = v_n/R_n$ で与えられる．一方，帰還抵抗の電流 i_f は，電流の向きに注意して，$i_f = -v_{\mathrm{out}}/R_f$ となる．演算増幅器の入力端子に電流は流れないので $i_1 + i_2 + \cdots + i_n = i_f$ であり，

$$\frac{v_1}{R_1} + \frac{v_2}{R_2} + \cdots + \frac{v_n}{R_n} = -\frac{v_{\mathrm{out}}}{R_f} \tag{7.10}$$

となる．これを整理すると，出力 v_{out} が，

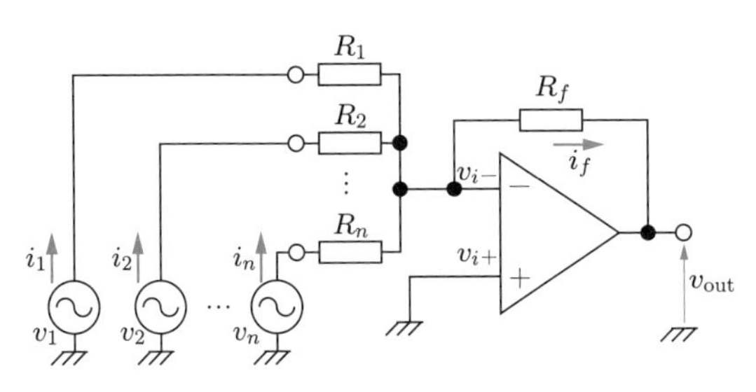

図 7.4 **加算回路**

$$v_{\text{out}} = -\left(\frac{R_f}{R_1}v_1 + \frac{R_f}{R_2}v_2 + \cdots + \frac{R_f}{R_n}v_n\right) \tag{7.11}$$

と導かれる．すべての抵抗値を同一にすれば，

$$v_{\text{out}} = -(v_1 + v_2 + \cdots + v_n) \tag{7.12}$$

と，入力電圧の加算値が反転して出力されることがわかる．

7.5 減算回路

図 7.5 は，演算増幅器を用いた**減算回路**の例である．演算増幅器の入力端子に電流は流れないので，反転側，非反転側でそれぞれ，

$$\frac{v_1 - v_{i-}}{R_1} = \frac{v_{i-} - v_{\text{out}}}{R_f}, \quad \frac{v_2 - v_{i+}}{R_2} = \frac{v_{i+}}{R_3} \tag{7.13}$$

が成り立つ．整理すると，

$$v_{\text{out}} = -\frac{R_f}{R_1}v_1 + \frac{R_1 + R_f}{R_1}v_{i-}, \quad v_{i+} = \frac{R_3}{R_2 + R_3}v_2 \tag{7.14}$$

となる．仮想短絡を考えると $v_{i-} = v_{i+}$ であるので，

$$v_{\text{out}} = -\frac{R_f}{R_1}v_1 + \frac{R_1 + R_f}{R_1}\frac{R_3}{R_2 + R_3}v_2 \tag{7.15}$$

が得られる．ここで，すべての抵抗値を同一に設計すれば，

$$v_{\text{out}} = -v_1 + v_2 \tag{7.16}$$

と，入力電圧の減算値が出力されることがわかる．

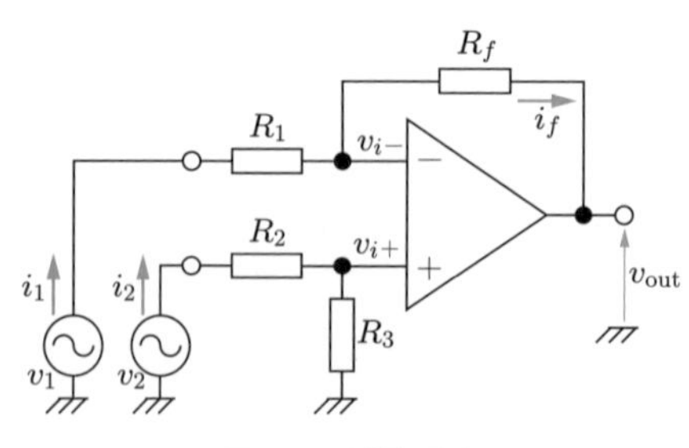

図 7.5　減算回路

7.6 積分回路

反転増幅回路の抵抗 R_2 をキャパシタに変えると，**積分回路**になる．図 7.6 は演算増幅器を用いた積分回路の例である．抵抗を流れる電流 i_R とキャパシタを流れる電流 i_C は，それぞれ次のようになる．

$$i_R = i_{\mathrm{in}} = \frac{v_{\mathrm{in}} - v_{i-}}{R}, \quad i_C = C\frac{\mathrm{d}(v_{i-} - v_{\mathrm{out}})}{\mathrm{d}t} \tag{7.17}$$

演算増幅器の入力端子に電流は流れないので $i_R = i_C$ である．また，仮想接地を考えると $v_{i-} = v_{i+} = 0$ である．したがって，

$$\frac{v_{\mathrm{in}}}{R} = -C\frac{\mathrm{d}v_{\mathrm{out}}}{\mathrm{d}t} \tag{7.18}$$

となる．両辺を積分して整理すると，

$$v_{\mathrm{out}} = -\frac{1}{RC}\int v_{\mathrm{in}}\,\mathrm{d}t \tag{7.19}$$

と，入力電圧の積分値が反転して出力されることがわかる．なお，この積分回路は，後述するように（演算増幅器が理想的でない場合に存在する）入力オフセット電流も積分して出力飽和を起こすことから，通常は単体で用いられず，フィルタ回路に内蔵する形で用いられる．

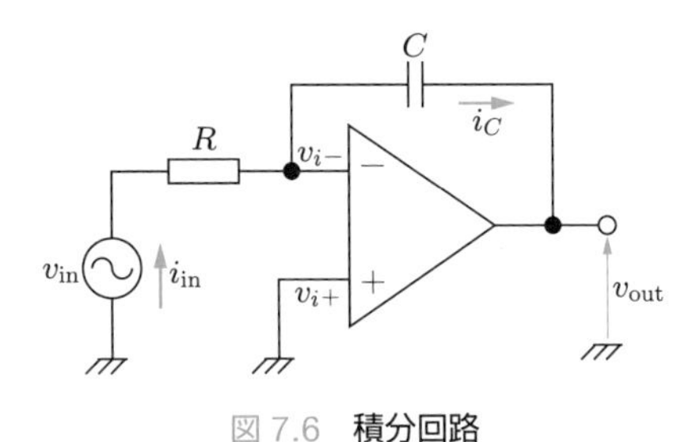

図 7.6 積分回路

7.7 微分回路

積分回路のキャパシタと抵抗の位置を逆にすると，**微分回路**にすることができる．図 7.7 は演算増幅器を用いた微分回路の例である．キャパシタを流れる電流 i_C と抵抗を流れる電流 i_R は，それぞれ次のようになる．

$$i_C = i_{\mathrm{in}} = C\frac{\mathrm{d}(v_{\mathrm{in}} - v_{i-})}{\mathrm{d}t}, \quad i_R = \frac{v_{i-} - v_{\mathrm{out}}}{R} \tag{7.20}$$

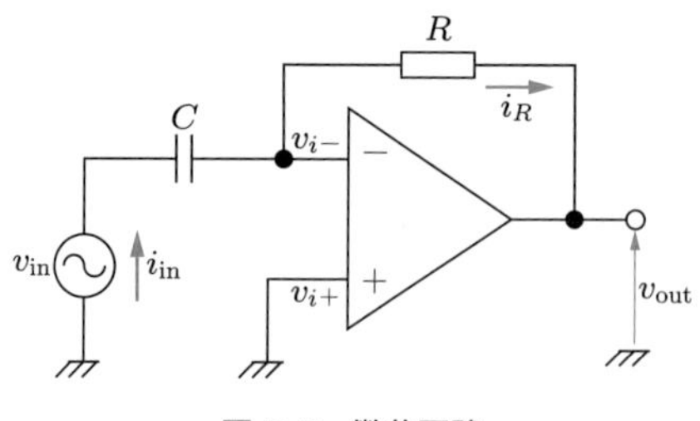

図 7.7　**微分回路**

演算増幅器の入力端子に電流は流れないので $i_C = i_R$ である．また，仮想接地を考えると $v_{i-} = v_{i+} = 0$ である．したがって，

$$v_{\rm out} = -RC\frac{{\rm d}v_{\rm in}}{{\rm d}t} \tag{7.21}$$

と，入力電圧の微分値が反転して出力されることがわかる．

7.8 演算増幅器を用いたその他の回路

(1)　負性抵抗回路

図 7.8 は，演算増幅器を用いて負性抵抗を実現する回路である．演算増幅器の入力端子に電流は流れないので，反転側，非反転側でそれぞれ，

$$\frac{v_{\rm out} - v_{i-}}{R_2} = \frac{v_{i-}}{R_3}, \quad i_{\rm in} = \frac{v_{i+} - v_{\rm out}}{R_1} \tag{7.22}$$

が成り立つ．第 1 式を整理すると，

$$v_{\rm out} = \left(1 + \frac{R_2}{R_3}\right)v_{i-} \tag{7.23}$$

となる．仮想短絡を考えると $v_{i-} = v_{i+} = v_{\rm in}$ であるから，次のようになる．

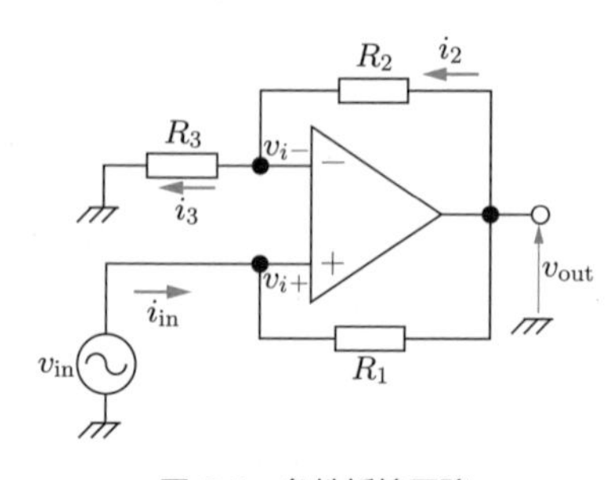

図 7.8　**負性抵抗回路**

$$i_{\text{in}} = \frac{v_{\text{in}} - v_{\text{out}}}{R_1} = \frac{v_{\text{in}} - (1 + R_2/R_3)v_{\text{in}}}{R_1} = -\frac{R_2}{R_1 R_3} v_{\text{in}} \tag{7.24}$$

したがって，入力インピーダンスは

$$Z_{\text{in}} = \frac{v_{\text{in}}}{i_{\text{in}}} = -\frac{R_1 R_3}{R_2} \tag{7.25}$$

と，負性抵抗となることがわかる．

(2)　アクティブインダクタ

図 7.9 は，インダクタと同じ誘導性の入力インピーダンスをもつ回路を演算増幅器で構成した例である．演算増幅器の入力端子に電流は流れない．また，仮想短絡を考えると $v_{i2-} = v_{i2+} = v_{i1-} = v_{i1+} = v_{\text{in}}$ である．したがって，以下が成り立つ．なおここでは，複素数表示を用いて微分を $j\omega$ で表している．

$$i_{\text{in}} = \frac{v_{\text{in}} - v_{\text{out1}}}{R_1} \tag{7.26}$$

$$i_2 = \frac{v_{\text{out1}} - v_{\text{in}}}{R_2} = i_3 = \frac{v_{\text{in}} - v_{\text{out2}}}{R_3} \tag{7.27}$$

$$i_C = j\omega C(v_{\text{out2}} - v_{\text{in}}) = i_4 = \frac{v_{\text{in}}}{R_4} \tag{7.28}$$

式 (7.28) より，v_{in} と v_{out2} の関係が，$v_{\text{out2}} = (1 + 1/j\omega C R_4)v_{\text{in}}$ と導かれる．これを式 (7.27) に代入して，v_{in} と v_{out1} の関係

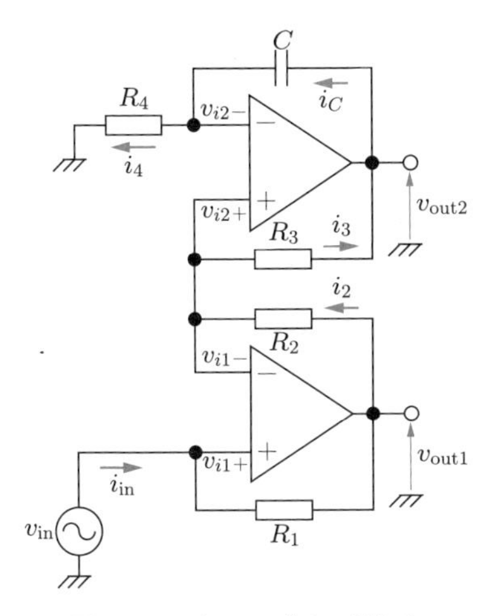

図 7.9　アクティブインダクタ

$$v_{\mathrm{out1}} = \left(1 + \frac{R_2}{R_3}\right)v_{\mathrm{in}} - \frac{R_2}{R_3}\left(1 + \frac{1}{j\omega C R_4}\right)v_{\mathrm{in}} = \left(1 - \frac{R_2}{R_3 R_4}\frac{1}{j\omega C}\right)v_{\mathrm{in}} \tag{7.29}$$

が得られる．これを式 (7.26) に代入すると，i_{in} と v_{in} の関係が

$$i_{\mathrm{in}} = \frac{1}{R_1}\left(1 - 1 + \frac{R_2}{R_3 R_4}\frac{1}{j\omega C}\right)v_{\mathrm{in}} = \frac{1}{R_1}\frac{R_2}{R_3 R_4}\frac{1}{j\omega C}v_{\mathrm{in}} \tag{7.30}$$

と導かれる．したがって，入力インピーダンスは

$$Z_{\mathrm{in}} = \frac{v_{\mathrm{in}}}{i_{\mathrm{in}}} = j\omega C\frac{R_1 R_3 R_4}{R_2} \tag{7.31}$$

となり，インダクタと同じ誘導性になることがわかる．

(3)　全域通過フィルタ

図 7.10 は，全域通過フィルタを演算増幅器で構成した回路である．演算増幅器の入力端子に電流は流れないので，反転側，非反転側でそれぞれ，

$$i_1 = \frac{v_{\mathrm{in}} - v_{i-}}{R_1} = \frac{v_{i-} - v_{\mathrm{out}}}{R_1},\quad i_2 = \frac{v_{\mathrm{in}} - v_{i+}}{R_2} = i_C = j\omega C v_{i+} \tag{7.32}$$

が成り立つ．ここでも複素数表示により微分を $j\omega$ で表している．整理すると，

$$v_{\mathrm{out}} = 2v_{i-} - v_{\mathrm{in}},\quad v_{i+} = \frac{v_{\mathrm{in}}}{1 + j\omega R_2 C} \tag{7.33}$$

となる．仮想短絡を考えると $v_{i-} = v_{i+}$ であるから，

$$v_{\mathrm{out}} = \frac{2v_{\mathrm{in}}}{1 + j\omega R_2 C} - v_{\mathrm{in}} = \frac{1 - j\omega R_2 C}{1 + j\omega R_2 C}v_{\mathrm{in}} \tag{7.34}$$

となり，電圧増幅率 A_V が次のように導かれる．

$$A_V = \frac{v_{\mathrm{out}}}{v_{\mathrm{in}}} = \frac{1 - j\omega R_2 C}{1 + j\omega R_2 C} \tag{7.35}$$

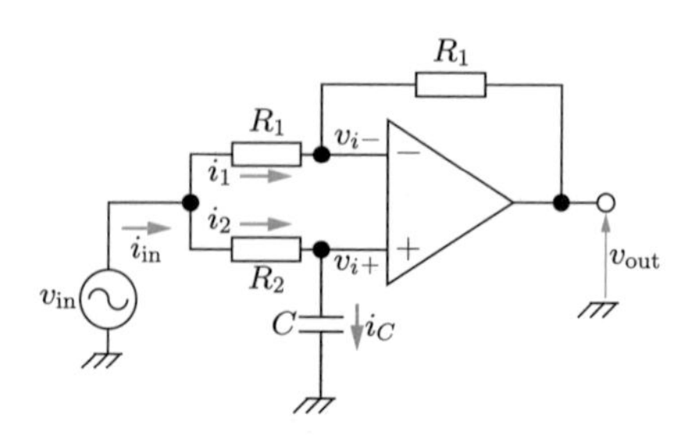

図 7.10　全域通過フィルタ

上式の分母と分子は複素共役の関係にあるから，複素平面上で実軸について互いに対称な位置にある．すなわち，分母を $1+j\omega R_2C=re^{\theta}$ と複素指数関数で表現すると，分子は $1-j\omega R_2C=re^{-\theta}$ となる（$\theta=\tan^{-1}\omega R_2C$）．よって，$A_V=e^{-2\theta}$ となり，絶対値 1，位相 -2θ となる．つまり，この回路の出力電圧は，あらゆる周波数で入力電圧と振幅が等しく，位相のみが 2θ 遅れる．すなわち全域通過フィルタの特性を示すことがわかる．

(4)　電流・電圧変換回路

図 7.11 は，電流・電圧変換を演算増幅器で実現した回路である．演算増幅器の入力端子に電流は流れない．また，仮想接地を考えると $v_{i-}=v_{i+}=0$ であるから，帰還抵抗 R_f を流れる電流 i_f は，

$$i_f=i_{\mathrm{in}}=\frac{v_{i-}-v_{\mathrm{out}}}{R_f}=-\frac{v_{\mathrm{out}}}{R_f} \tag{7.36}$$

となる．したがって，この回路のトランスインピーダンス Z_T は次のようになる．

$$Z_T=\frac{v_{\mathrm{out}}}{i_{\mathrm{in}}}=-R_f \tag{7.37}$$

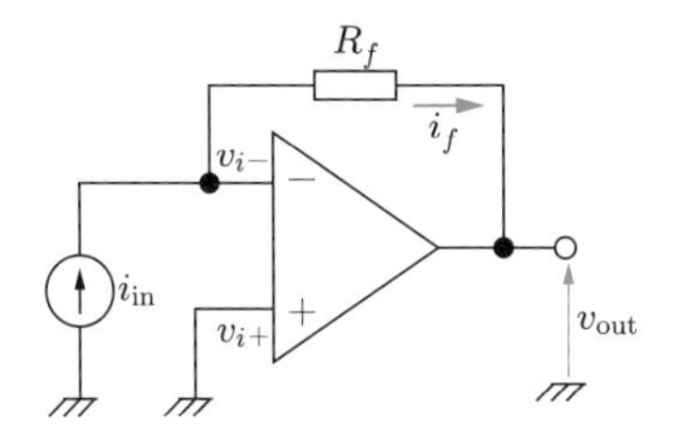

図 7.11　電流・電圧変換回路

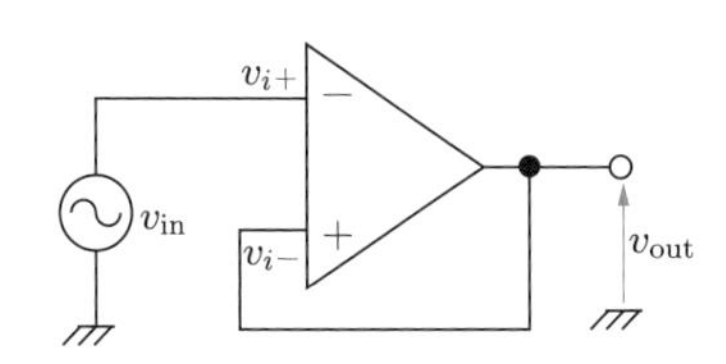

図 7.12　電圧フォロア回路

(5)　電圧フォロア回路

図 7.12 は，7.3 節の非反転増幅器で $R_1=\infty$，$R_2=0$ とした特別な例である．仮想短絡を考えると，$v_{\mathrm{out}}=v_{\mathrm{in}}$ であることがわかる．このように，出力電圧が入力電圧に等しいので，電圧フォロア回路とよばれる．この回路は，入力インピーダンスがきわめて高く，出力インピーダンスがゼロ，利得が 1 であるので，回路どうしを接続する場合に用いられる．

7.9 実際の演算増幅器

理想的な演算増幅器は，直流から高周波まで電圧増幅率が無限大であるが，実際には周波数が高くなるにつれて低下する．また，演算増幅器を構成する差動対 MOSFET の特性ばらつきの影響により，入力に差電圧がない場合でも，出力電圧が現れてしまう現象もある．本節では，実際の演算増幅器の特性に関して述べる．

7.9.1 利得帯域幅積（GB 積）

演算増幅器は，5.1.2 項で述べたような周波数特性で近似できる場合が多い．演算増幅器の電圧利得の絶対値は，周波数が十分高い場合には，式 (5.4) から，

$$|A_V| = \frac{A_{d0}}{\sqrt{1+(\omega/\omega_{\mathrm{H}})^2}} \cong \frac{A_{d0}}{f/f_{\mathrm{H}}} \tag{7.38}$$

で表される．ここで，A_{d0} は低域における差動利得，f_{H} は高域遮断周波数である．

図 7.13 に演算増幅器の周波数特性を示す．増幅度 A_V が 1（0 dB）となる周波数 f_T は，単位利得周波数（ユニティゲイン周波数）とよばれる．また，周波数 f と，その周波数における差動利得の大きさ $|A_V|$ の積は，$|A_V| \times f = |A_{d0}| \times f_{\mathrm{H}} = f_T$ となり，周波数によらず一定の値となる．この値は**利得帯域幅積**（GB 積：gain-bandwidth product）とよばれ，演算増幅器の評価指標の一つである．

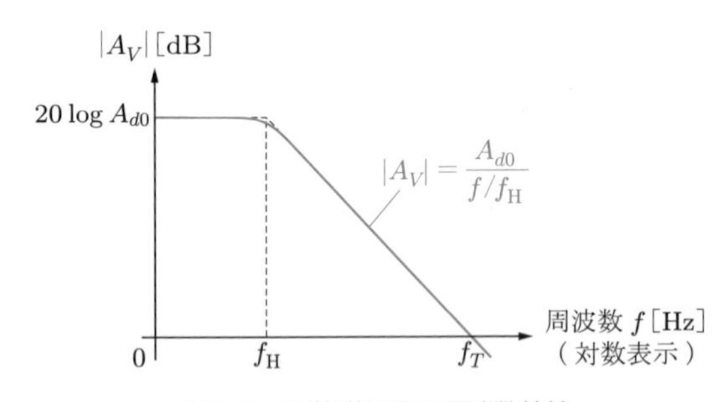

図 7.13　演算増幅器の周波数特性

7.9.2 スルーレートとセトリングタイム

演算増幅器に，方形波のように立ち上がり・立ち下がり時間が短い（振幅変化が急峻な）信号を印加すると，その変化に追従できず，出力波形は図 7.14 のようになる．この台形波の立ち上がり・立ち下がりの速さは演算増幅器の性能によって決まり，両者のうち遅いほうを**スルーレート**（slew rate：SR）とよぶ．図の出力波

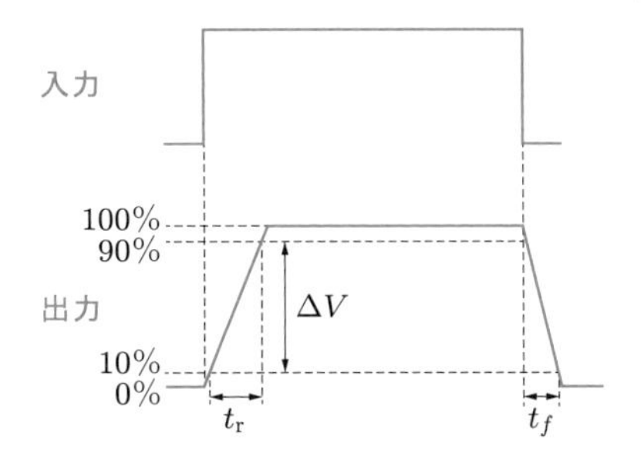

図 7.14 スルーレートによる出力波形の歪み

形では，スルーレートは

$$\mathrm{SR} = \frac{\Delta V}{t_r} \tag{7.39}$$

で定義される．方形波に限らず，スルーレートを超える傾きの入力波形に対して演算増幅器は追従できず，出力波形は歪むことになる．

次に，振幅 A，角周波数 ω の正弦波 $v_{\mathrm{in}} = A \sin \omega t$ の信号が演算増幅器に入力された場合を考えよう．入力波形が歪むことなく増幅されたとする．このとき出力波形は入力と同じ正弦波であり，$v_{\mathrm{out}} = V_m \sin \omega t$ と表されるから，その傾きは

$$\frac{\mathrm{d}v_{\mathrm{out}}}{\mathrm{d}t} = V_m \omega \cos \omega t \tag{7.40}$$

で求められる．この大きさが最大となるのは，図 7.15 (a) に示すように，$|\cos \omega t| = 1$ となる $\omega = 0$ または π のときである．したがって，スルーレートによる歪みが発生しない条件は次のようになる．

$$\mathrm{SR} \geqq V_m \omega \tag{7.41}$$

セトリングタイム（settling time）は，図 7.16 のようにステップ状の入力が印加されたとき，その出力が最終的な値を中心とする規定誤差内（たとえば ±0.01%）

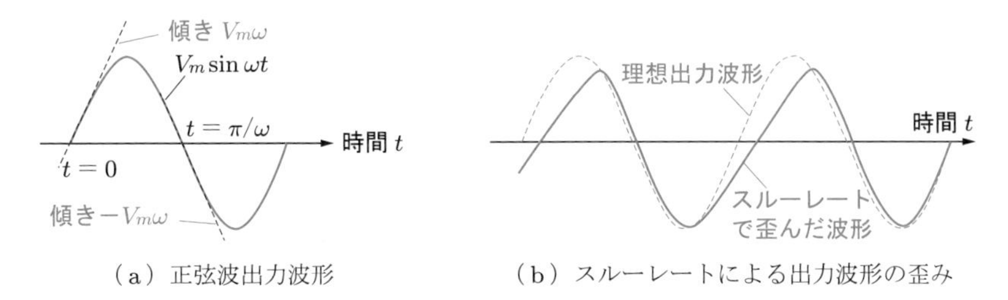

（a）正弦波出力波形　（b）スルーレートによる出力波形の歪み

図 7.15 正弦波出力波形とスルーレートによる歪みの関係

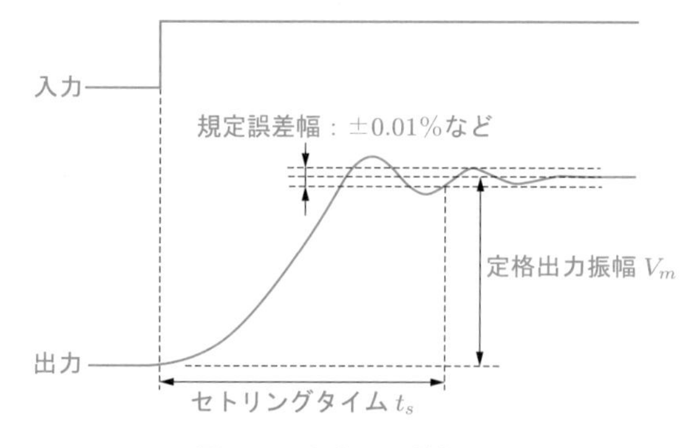

図 7.16　セトリングタイム

で落ち着くまでに要する時間のことである．入力信号の立ち上がりが瞬間的でない場合は，入力信号がその振幅の50%の値に達したときを起点として定義される．大信号入力時には，演算増幅器の動作速度はスルーレートに支配されるが，小信号入力時では出力が安定になるまでの時間も重要である．高速なスルーレートをもつ演算増幅器であっても，セトリングタイムが短くなるとは限らないので，高速動作が必要な回路設計ではセトリングタイムにも配慮すべきである．

7.9.3 入力オフセット電圧

実際の演算増幅器では，差動入力端子（$v_{\rm in1}$ と $v_{\rm in2}$）を短絡しても出力電圧がゼロとならない．この出力電圧を**オフセット電圧**（offset voltage）とよぶ．オフセット電圧は，演算増幅器内部のMOSFETの製造ばらつきや，回路の非対称性が原因で生じるもので，入力端子に仮想的に微小な直流電圧源を直列接続することでゼロとすることができる．このときの電圧源の値を**入力オフセット電圧**（input offset voltage）または**入力換算オフセット電圧**（input referred offset voltage）とよび，演算増幅器の性能指標として用いられる．通常，入力オフセット電圧は数mV程度であるが，微小な直流信号を増幅する場合や積分回路を構成する場合には問題となることがある．また，入力オフセット電圧は温度依存性をもつので，動作温度に対する配慮も必要である．

その他のオフセット電圧の発生要因には，演算増幅器の差動MOSFETのゲートリーク電流がある．入力端子が接続されたゲート端子には，数10 pA〜数100 pA程度のリーク電流が流れ，この電流がオフセット電圧の原因となるために無視できない場合がある．たとえば，図7.2に示した反転増幅器の入力電圧をゼロ（短絡）

とした場合でも，入力側抵抗 R_1 に流れる入力電流による電位降下で入力差電圧が発生する．これが入力オフセット電圧となる．

7.10 MOSFETを用いた演算増幅器

ここでは，図 7.17 に示す基本的な回路を例に，演算増幅器を解析しよう．M_1〜M_5 は，6.7 節で述べた能動負荷型の差動増幅回路である．差動増幅回路の出力は，次段の M_6 と M_7 で構成されるソース接地増幅回路でさらに増幅されるので，非常に利得が高い．ここで，C_a は差動回路とソース接地増幅回路の寄生容量，C_L は負荷容量である．また，後述のように発振を防ぐ目的で，位相補償用のキャパシタ C_C を M_6 のゲート・ドレイン間に接続している．

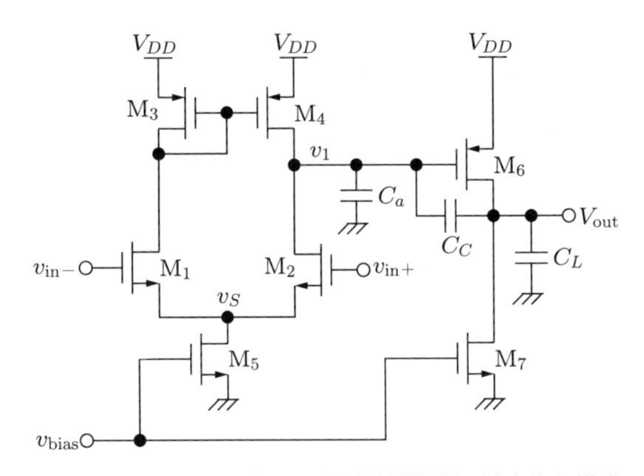

図 7.17 MOSFETを用いた演算増幅器の基本的な構成

この回路において，すべての MOSFET が飽和領域で動作していると仮定し，n チャネル差動対 M_1，M_2 の伝達コンダクタンスを g_{ma} とする．また，M_1〜M_7 のドレイン抵抗を r_{D1}〜r_{D7} とする．6.7 節で述べたように，p チャネル差動対 M_3，M_4 は，それぞれ M_1，M_2 とのドレイン抵抗の並列接続 R_a（$= r_{D1} /\!/ r_{D3} = r_{D2} /\!/ r_{D4}$）で置換できる．よって差動回路部は，図 7.18 (a) の小信号等価回路で表され，その差動半回路は図 (b) のようになる．

したがって，M_6 の伝達コンダクタンスを g_{m6} とし，M_6，M_7 のドレイン抵抗の並列接続を R_b（$= r_{D6} /\!/ r_{D7}$）とすれば，最終的な等価回路は図 7.19 のようになる．ここで，解析式の見通しをよくするために，抵抗値 R_a，R_b をコンダクタンス $g_a = 1/R_a$，$g_b = 1/R_b$ として表している．キルヒホッフの電流則より，次のようになる．

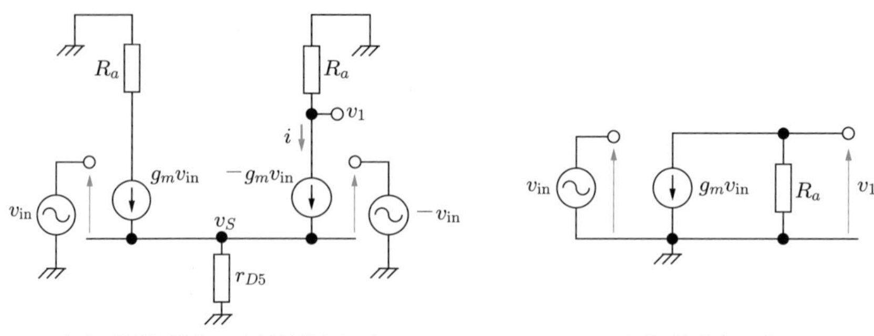

（a）差動回路部の小信号等価回路　　　（b）差動半回路

図 7.18　**差動回路部**

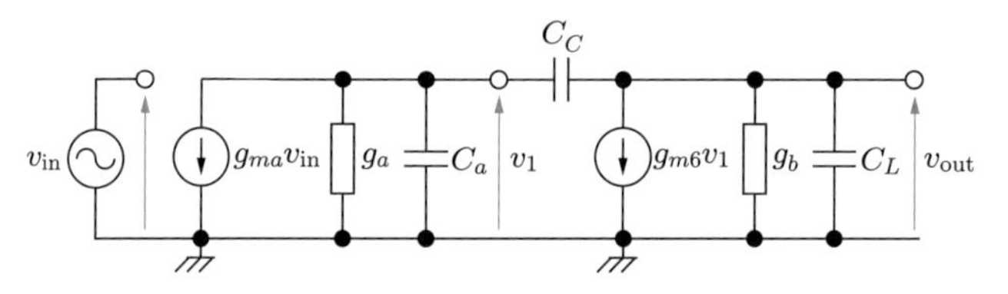

図 7.19　**MOSFET を用いた演算増幅器の等価回路**

$$g_{ma} v_{\text{in}} + (g_a + j\omega C_a) v_1 + j\omega C_C (v_1 - v_{\text{out}}) = 0 \tag{7.42}$$

$$g_{m6} v_1 + (g_b + j\omega C_L) v_{\text{out}} + j\omega C_C (v_{\text{out}} - v_1) = 0 \tag{7.43}$$

この 2 式から v_1 を消去する．まず，式 (7.43) から，

$$v_1 = -\frac{g_b + j\omega(C_L + C_C)}{g_{m6} - j\omega C_C} v_{\text{out}} \tag{7.44}$$

が得られる．これを式 (7.42) に代入して整理すれば，電圧利得 $A_V(\omega)$ が

$$\begin{aligned} A_V(\omega) = \frac{v_{\text{out}}}{v_{\text{in}}} &= \frac{g_{ma}(g_{m6} - j\omega C_C)}{\{g_a + j\omega(C_a + C_C)\}\{g_b + j\omega(C_L + C_C)\} + j\omega C_C(g_{m6} - j\omega C_C)} \\ &= \frac{g_{ma}(g_{m6} - j\omega C_C)}{g_a g_b + j\omega\{g_{m6} C_C + g_a(C_L + C_C) + g_b(C_a + C_C)\} - \omega^2 (C_a + C_C)(C_L + C_C) + \omega^2 C_C^2} \end{aligned} \tag{7.45}$$

と求められる．ここで，$g_{m6} \gg g_a, g_b$ と仮定すれば，

$$A_V(\omega) \cong \frac{g_{ma} g_{m6}}{g_a g_b} \frac{1 - j\omega C_C / g_{m6}}{1 + j\omega g_{m6} C_C / g_a g_b - \omega^2 (C_a C_L + C_C C_L + C_a C_C) / g_a g_b} \tag{7.46}$$

と簡略化できる．演算増幅器を発振させないようにするには，上式で示される利得が 1 になる周波数において，その位相が -180° を超えない（位相余裕を 60° とする）ように設計すべきである．

演習問題

7.1 問図 7.1 の非反転増幅回路について，$R_1 = 1\ \mathrm{k\Omega}$，$R_2 = 100\ \mathrm{k\Omega}$ のとき，以下を求めよ．

(1) 演算増幅器が理想的であるときの電圧利得

(2) 演算増幅器の差動利得が A_d であるときの電圧利得

(3) 理想的な演算増幅器の電圧利得との誤差を 0.1% 以下とするために必要な A_d の下限

7.2 問図 7.2 の反転増幅器について，$R_1 = 4.7\ \mathrm{k\Omega}$ のとき，次の問いに答えよ．

(1) 演算増幅器が理想的であるとき，電圧利得が -20 となるように R_f の値を定めよ．

(2) 演算増幅器の非反転入力端子に正の入力オフセット電圧 V_{off} がある場合の出力電圧の解析式を求めよ．

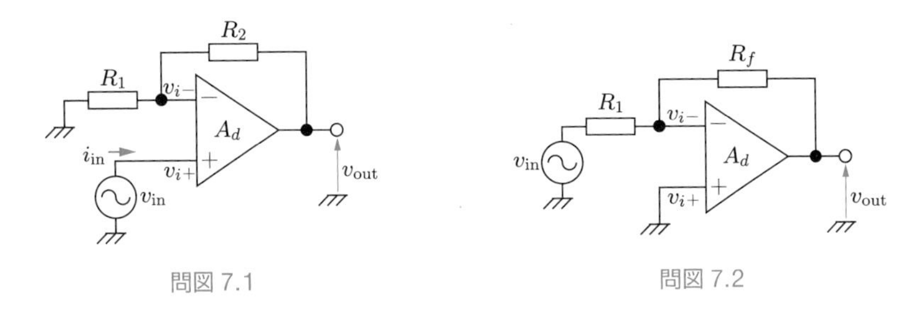

問図 7.1　　問図 7.2

7.3 問図 7.3 の反転増幅回路において，演算増幅器が理想であるとしたとき，次の問いに答えよ．

(1) 電圧利得を求めよ．

(2) $R_2 = \infty$，$R_3 = 0$ としたときの電圧利得を示し，$R_1 = 2.4\ \mathrm{k\Omega}$，$C = 220\ \mathrm{fF}$

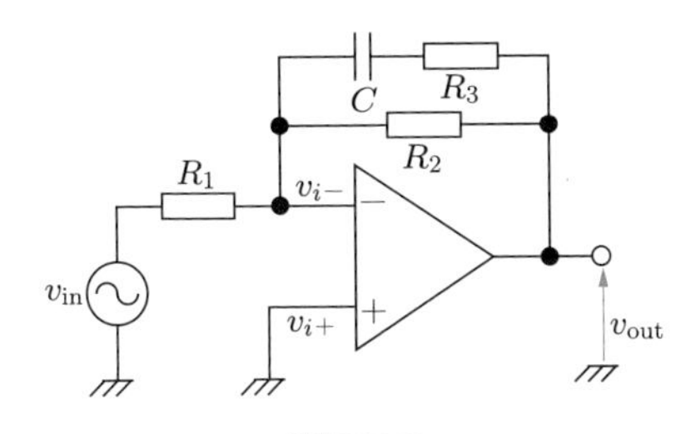

問図 7.3

でその絶対値が1になる周波数 f_T を求めよ．

(3) $R_1 = 2.4\ \mathrm{k\Omega}$，$C = 220\ \mathrm{pF}$，$R_2 = 240\ \mathrm{k\Omega}$，$R_3 = 0\ \Omega$ のとき，直流（DC）利得を求めよ．また，利得がDC利得から3 dB低下する周波数 $f_{-3\mathrm{dB}}$ を求め，この周波数より十分高い周波数で，周波数10倍ごとに利得が減衰する割合（dB/dec）を示せ．

7.4 問図7.4の回路の電圧利得を求めよ．演算増幅器は理想的とする．

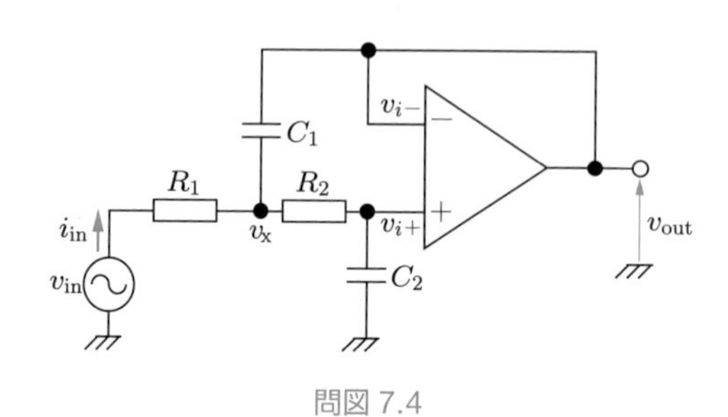

問図7.4

8章 電力増幅器（パワーアンプ）

電力増幅器（power amplifier，**パワーアンプ**）は，直流電源の電力をエネルギー源として，入力された交流信号を用途に応じた電力レベルの信号に効率よく変換する回路である．通常，電力増幅器の信号振幅は大きいので，前章まで行ってきた，入出力信号が線形動作することを前提とした等価回路解析はできない．また，電力増幅器が接続される回路のインピーダンスは，オーディオ用途におけるスピーカの数Ω程度から，無線用途におけるアンテナの50〜300Ωと多岐にわたる．

本章では，MOSFET静特性に基づいて大信号を対象とした解析を行って，トランスを用いてインピーダンス変換と直流信号成分の除去を行うことが可能な，トランス結合型の電力増幅器設計の考え方を説明する．

8.1 電力増幅器の基礎

信号電力の増幅には，3章で述べた基本増幅回路の中ではソース接地増幅回路が適している．そこで，ソース接地増幅回路において，電源から回路に供給される電力と，負荷抵抗で消費される信号電力の比である**電力効率**（power efficiency）を求めてみよう．

図8.1 (a) に示す抵抗負荷型のソース接地増幅回路において，電源からの供給電力を P_{sup}，負荷抵抗で消費される信号電力を P_{out} とすると，電力効率 η は，

$$\eta = \frac{P_{\mathrm{out}}}{P_{\mathrm{sup}}} \tag{8.1}$$

となる．ここでは，電源は電圧 V_{DD} で電流 i_D を供給しているから，P_{sup} は1周期についての平均をとり，

$$P_{\mathrm{sup}} = \frac{1}{T}\int_0^T V_{DD} i_D \,\mathrm{d}t = \frac{V_{DD}}{T}\int_0^T i_D \,\mathrm{d}t = V_{DD}\overline{i_D} \tag{8.2}$$

で求められる．$\overline{i_D}$ は i_D の1周期の平均値である．

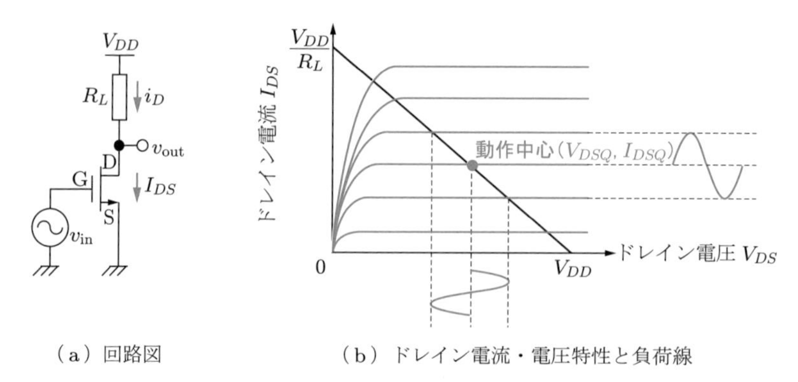

（a）回路図　　（b）ドレイン電流・電圧特性と負荷線

図 8.1　**ソース接地増幅回路**

信号電力 P_{out} は出力振幅によって決まる．3.1.2 項で述べたように，これを歪みなく最大にできるのは，図 (b) に示す動作中心が

$$V_{DSQ} = \frac{V_{DD}}{2}, \quad I_{DSQ} = \frac{V_{DD}}{2R_L} \tag{8.3}$$

にあるときで，出力振幅は $V_{DD}/2$ 以下である．

以降，解析の簡単のため，MOSFET はつねに飽和領域で動作する（ピンチオフ電圧がゼロ）とし，入力信号は，角周波数 ω の正弦波であると仮定する．このとき，歪みがない条件で最大振幅となる出力信号は，

$$v_{\mathrm{out}} = \frac{V_{DD}}{2} + \frac{V_{DD}}{2}\sin\omega t \tag{8.4}$$

と表される．よって，抵抗 R_L にかかる電圧は $V_{DD} - v_{\mathrm{out}}$ となる．R_L に流れる電流は，キルヒホッフの電流則より電源の供給する電流 i_D に等しいので，

$$i_D = \frac{V_{DD} - v_{\mathrm{out}}}{R_L} = \frac{V_{DD}}{2R_L} - \frac{V_{DD}}{2R_L}\sin\omega t \tag{8.5}$$

となる．したがって，

$$\overline{i_D} = \frac{1}{T}\int_0^T i_D\,\mathrm{d}t = \frac{V_{DD}}{2R_L} \tag{8.6}$$

から，電源供給能力 P_{sup} が

$$P_{\mathrm{sup}} = V_{DD}\overline{i_D} = \frac{V_{DD}^2}{2R_L} \tag{8.7}$$

と導かれる．これに対し，信号電力 P_{out} は抵抗 R_L から取り出せる電力であるので，まず R_L の電圧信号成分 v_{sw} を求める．電圧信号成分は，式 (8.5) から，

$$v_{\mathrm{sw}} = -\frac{V_{DD}}{2}\sin\omega t \tag{8.8}$$

となることがわかるので，P_{out} は信号電力 v_{sw}^2/R_L を基本周期で平均して，

$$P_{\mathrm{out}} = \frac{1}{T}\int_0^T \frac{v_{\mathrm{sw}}^2}{R_L}\,\mathrm{d}t = \frac{1}{T}\int_0^T \frac{V_{DD}^2}{4R_L}\sin^2\omega t\,\mathrm{d}t = \frac{V_{DD}^2}{8R_L} \tag{8.9}$$

となる．したがって，電力効率 η は，

$$\eta = \frac{P_{\mathrm{out}}}{P_{\mathrm{sup}}} = \frac{V_{DD}^2}{8R_L} \times \frac{2R_L}{V_{DD}^2} = \frac{1}{4} \tag{8.10}$$

となり，図 8.1 のソース接地増幅回路の最大電力効率は 25% であることがわかる．

電源供給電力のうち，電力増幅器から取り出せる信号電力以外の電力は，負荷抵抗や MOSFET で熱として消費される．そのため，電力増幅器で使用する MOSFET は，熱破壊や絶縁破壊しないように，ドレイン電流やドレイン電圧を制限する必要がある．MOSFET が破壊しないドレイン電流，ドレイン電圧の最大値を，それぞれ最大許容ドレイン電流 $I_{D\mathrm{max}}$，最大許容ドレイン電圧 $V_{D\mathrm{max}}$ という．また，MOSFET で消費する電力の最大値は，最大許容ドレイン損失 $P_{D\mathrm{max}}$ とよばれる．電力増幅器の設計では，これら MOSFET の最大許容値を超えないように設計する必要がある．

8.2 A級電力増幅器

電力増幅器は，負荷線上における動作中心の位置によって，A 級，B 級，AB 級などに分類されており，**A 級（class-A）電力増幅器**の動作中心は，図 8.1 (b) に示したように負荷線の中央付近にある．図 8.2 (a) は，電力効率の改善と出力インピーダンス変換を目的とした**変成器**または**トランス**（transformer）とよばれる素子を用いた A 級電力増幅器の例である．

変成器は，図 (a) の破線で囲われた部分で，P_1-P_2 端子間に接続される 1 次側（プライマリ）インダクタと，S_1-S_2 端子間に接続される 2 次側（セカンダリ）インダクタから構成され，これらインダクタの相互インダクタンスを利用して，1 次側と 2 次側の電圧比や電流比を変更する素子である．1 次側，2 次側のインダクタンスをそれぞれ L_1，L_2 とすると，理想変成器の相互インダクタンスは $M = \sqrt{L_1 L_2}$ で与えられる．このとき，1 次側と 2 次側の電圧・電流の関係は，

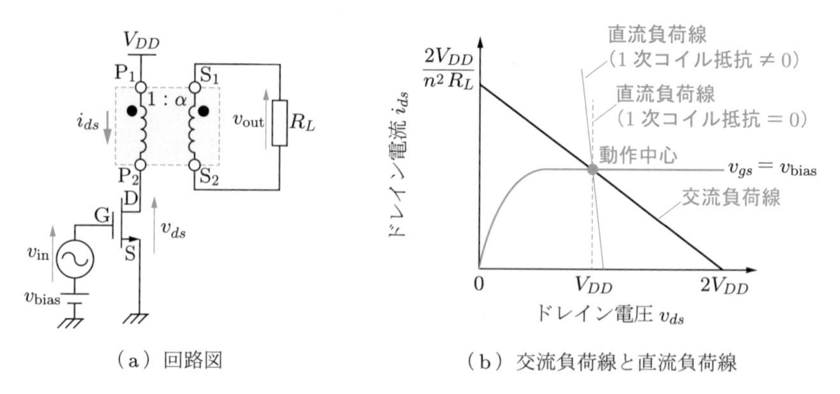

（a）回路図　　（b）交流負荷線と直流負荷線

図 8.2　**トランス結合 A 級電力増幅器**

$$V_1 = \frac{V_2}{\alpha}, \quad I_1 = \alpha I_2 \tag{8.11}$$

で表される．パラメータ α は**変成比**とよばれ，$\alpha = \sqrt{L_2/L_1}$ で求められる．変成器の1次側はインダクタで構成されているので，1次側端子 P_1-P_2 間の直流信号抵抗はゼロである．したがって，2次側端子には直流成分が流れず，信号が加えられていないときには負荷抵抗における電力消費をゼロにできる．一方，交流信号に対しては，1次側から見たインピーダンス（変成器の入力インピーダンス）は，

$$Z_{\mathrm{in}} = \frac{V_1}{I_1} = \frac{V_2/\alpha}{\alpha I_2} = \frac{R_L}{\alpha^2} \tag{8.12}$$

で与えられるので，2次側の抵抗（出力負荷）が高い場合，変成比 α を1より大きく設計すれば，1次側の電圧が小さくでき，電力増幅器の MOSFET に過大な電圧を印加する必要がなくなる．逆に出力抵抗が低い場合，変圧比を1より小さく設計すれば，MOSFET を適切なバイアスで動作させることができる．図 8.2 (a) の電力増幅器における，変成比 α が1より小さい場合（$n = 1/\alpha$）の負荷線を図 (b) に示す．入力信号がなく（$v_{gs} = v_{\mathrm{bias}}$）出力が直流成分のみであるときは，$P_1$-$P_2$ 端子間は短絡状態なので，v_{ds} は V_{DD} に等しくなる．そのため，（抵抗がゼロである）理想変成器の直流負荷線（細い破線）は，$v_{ds} = V_{DD}$ である動作点で $v_{gs} = v_{\mathrm{bias}}$ の MOSFET 特性と交差する．また，変成器のインダクタに抵抗成分がある場合の直流負荷線（細い実線）も，同じ動作中心で MOSFET 特性と交差する．これに対し，交流信号が印加された場合は，1次側から見た等価的な負荷抵抗は $n^2 R_L$，負荷線の傾きは $-1/n^2 R_L$ となる．この電力増幅器の MOSFET の v_{ds} は V_{DD} を中心に変化し，その最低値は 0 V であるので，信号振幅を最大とするには，v_{ds} の最

大値を $2V_{DD}$ とすればよい．また，負荷線の傾きは $-1/n^2R_L$ であるので，負荷線（および MOSFET）の電流・電圧特性を表す式は，

$$i_{ds} = -\frac{1}{n^2R_L}v_{ds} + \frac{2V_{DD}}{n^2R_L} \tag{8.13}$$

となる．

ここで，図 8.2 (a) の電力増幅器の電力効率を求めてみよう．出力振幅が最大になる条件では，MOSFET の v_{ds} は，

$$v_{ds} = V_{DD} + V_{DD}\sin\omega t \tag{8.14}$$

と表される．これを式 (8.13) に代入することにより，負荷線の電流は

$$i_{ds} = \frac{V_{DD}}{n^2R_L} - \frac{V_{DD}}{n^2R_L}\sin\omega t \tag{8.15}$$

となる．したがって，i_{ds} の平均値は V_{DD}/n^2R_L であるから，電源供給電力 P_{sup} は，

$$P_{\mathrm{sup}} = V_{DD} \times \frac{V_{DD}}{n^2R_L} = \frac{V_{DD}^2}{n^2R_L} \tag{8.16}$$

と求められる．

信号電力 P_{out} は抵抗 R_L で消費される電力であるが，理想変成器は電力を消費しないので，1 次側インダクタが消費する電力を求めればよい．端子対 P_1-P_2 の電流信号成分は式 (8.15) の右辺第 2 項であり，端子対 P_1-P_2 間の等価抵抗は n^2R_L であることから，信号電力 P_{out} は，

$$\begin{aligned} P_{\mathrm{out}} &= \frac{1}{T}\int_0^T \left(\frac{V_{DD}}{n^2R_L}\sin\omega t\right)^2 \times n^2R_L\,\mathrm{d}t = \frac{1}{T}\int_0^T \frac{V_{DD}^2}{n^2R_L}\sin^2\omega t\,\mathrm{d}t \\ &= \frac{V_{DD}^2}{2n^2R_L} \end{aligned} \tag{8.17}$$

となる．以上から，電力効率 η は，

$$\eta = \frac{P_{\mathrm{out}}}{P_{\mathrm{sup}}} = \frac{n^2R_L}{V_{DD}^2} \times \frac{V_{DD}^2}{2n^2R_L} = \frac{1}{2} \tag{8.18}$$

となる．この結果から，図 8.2 (a) のトランス結合型 A 級電力増幅器の最大電力効率は，抵抗負荷型増幅器に比較して 2 倍の 50% であることがわかる．

8.3 B級電力増幅器

電力増幅器の電力効率をさらに高くするには，無信号時にMOSFETで消費される電力をゼロにして，信号印加時にのみ電流が流れるように設計すればよい．図8.3 (a) に示す電力増幅器は，動作中心を図 (b) のようにカットオフ領域（ゲート電圧 = しきい値電圧 V_T）にしたもので，**B級（class-B）電力増幅器**とよばれる．なお，変成比 $\alpha = 1$ としている．このとき，ドレイン電流 i_{ds} は，図8.4に示すように半周期だけ流れる振幅 V_{DD}/R_L の半波整流波形となり，ドレイン電圧も振幅 V_{DD} の半波整流波となる．

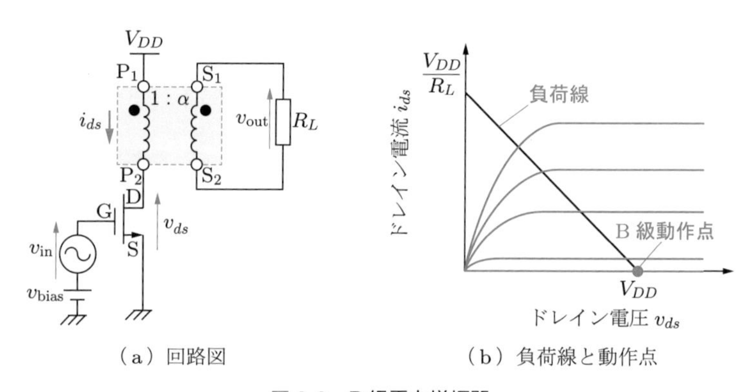

（a）回路図　　（b）負荷線と動作点

図8.3　**B級電力増幅器**

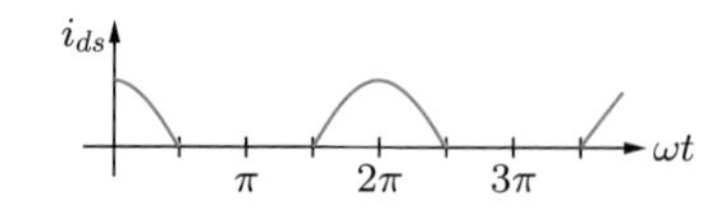

図8.4　**B級電力増幅器の出力電流波形**

B級電力増幅器の出力は，フィルタ回路などで基本波成分近傍だけを取り出すので，基本波成分は振幅 V_{DD} の正弦波となる（MOSFETのオフ状態では，リアクティブ素子の蓄積エネルギーが電流を供給するはたらきをする）．まず，電源からの供給電流は，電流振幅が V_{DD}/R_L の半波整流波であることから，その平均値 I_{DC} は，

$$I_{\mathrm{DC}} = \frac{1}{T}\int_0^{T/2} \frac{V_{DD}}{R_L}\sin\omega t\,\mathrm{d}t = \frac{V_{DD}}{2\pi R_L}[-\cos\omega t]_0^{T/2} = \frac{V_{DD}}{\pi R_L} \tag{8.19}$$

であるので，電源供給電力は $P_{\mathrm{sup}} = V_{DD}I_{DC} = V_{DD}^2/\pi R_L$ と求められる．一方，出力信号に含まれる基本波電流成分は，

$$I_{\text{out}} = \frac{2}{T}\int_0^{T/2}\left(\frac{V_{DD}}{R_L}\sin\omega t\right)\sin\omega t\,\mathrm{d}t = \frac{2V_{DD}}{TR_L}\int_0^{T/2}\sin^2\omega t\,\mathrm{d}t = \frac{V_{DD}}{2R_L} \tag{8.20}$$

となるので，電力効率 η は，

$$\eta = \frac{P_{\text{out}}}{P_{\text{sup}}} = \frac{(V_{DD}/2R_L)^2 R_L}{V_{DD}^2/\pi R_L} = \frac{\pi}{4} \tag{8.21}$$

と求められ，最大電力効率は 78.5% となることがわかる．この回路は電力効率の改善ができる一方，ドレイン電流が半波整流波となるので，信号歪みがきわめて大きくなる．理想特性をもつフィルタ回路を使えば，出力信号から歪み成分は除去できるが，実際の回路では出力信号に歪みが残ってしまう問題がある．

図 8.5 は，プッシュプル型とよばれる B 級電力増幅器で，n および p チャネル MOSFET を正負の 2 電源で駆動することにより，歪みを低減できる回路である．この回路は，極性が正の信号が入力されたとき n チャネル MOSFET が動作し，ドレイン電流 i_{dsn} が流れるが，p チャネル MOSFET には電流は流れない．一方，入力信号の極性が負になったとき p チャネル MOSFET が動作し，ドレイン電流 i_{dsp} が流れるが，n チャネル MOSFET には電流は流れない．このように，入力信号に対して相補的な動作をする二つの電力増幅器の出力を，理想変成器を 2 個用

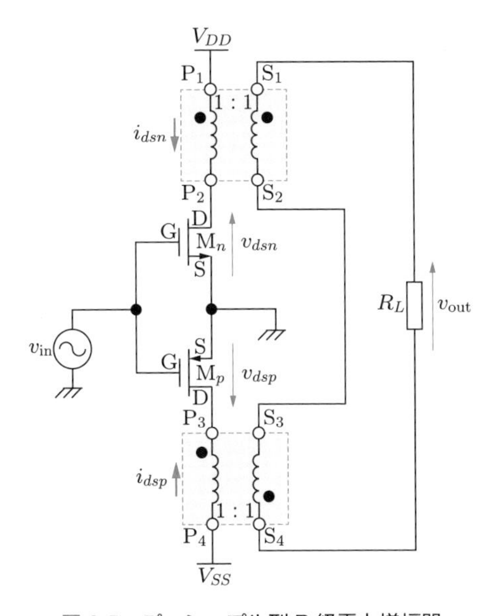

図 8.5　プッシュプル型 B 級電力増幅器

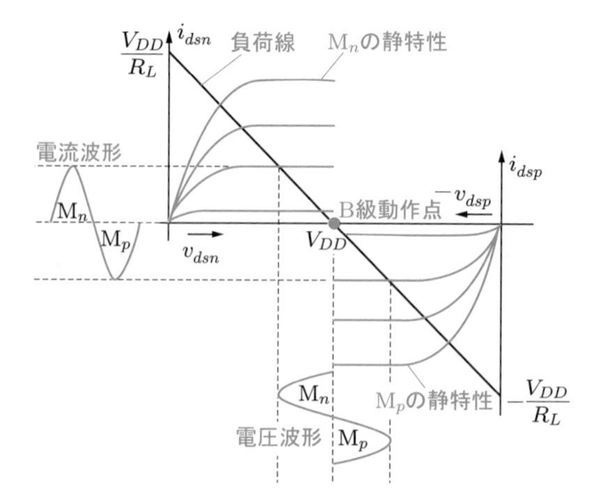

図 8.6　プッシュプル型 B 級電力増幅器の MOSFET 静特性と負荷線の関係

いて合成することにより，高い電力効率が得られる．図 8.6 は，この電力増幅器の MOSFET 静特性と負荷線の関係を示したものである．二つの変成器の変成比は 1 とし，出力信号の正負の振幅をそろえるため，電源電圧を $V_{DD} = |V_{SS}|$ に設定している．そのため，負荷線は 1 本の直線になる．このように動作することで，歪みが少ない出力波形が得られる．

次に，この電力増幅器の電力効率を求めよう．電源供給電力 $P_{\rm sup}$ は，電源 V_{DD} と V_{SS} によって供給される電力和であるが，回路が対称で $V_{DD} = |V_{SS}|$ としているため，V_{DD} が供給する電力を 2 倍すれば求めることができる．入出力信号がともに正弦波であると仮定すると，電源 V_{DD} から流れる電流は，半周期が $i_{dsn} = (V_{DD}/R_L)\sin\omega t$ で，残りの半周期はゼロである．したがって，電源が増幅回路に供給する電力 $P_{\rm sup}$ は，

$$P_{\rm sup} = 2P_{V_{DD}} = 2 \times \left(\frac{1}{T}\int_0^{T/2} V_{DD} \times \frac{V_{DD}}{R_L}\sin\omega t\,{\rm d}t\right) = \frac{2V_{DD}^2}{\pi R_L} \tag{8.22}$$

となる．一方，抵抗 R_L から取り出せる出力信号電力 $P_{\rm out}$ は，抵抗 R_L に加わる正弦波の最大振幅（$= V_{DD}$）から求められ，

$$P_{\rm out} = \frac{1}{T}\int_0^{T} \frac{(V_{DD}\sin\omega t)^2}{R_L}\,{\rm d}t = \frac{V_{DD}^2}{2R_L} \tag{8.23}$$

となるので，最大電力効率 η は，

$$\eta = \frac{P_{\rm out}}{P_{\rm sup}} = \frac{V_{DD}^2}{2R_L} \times \frac{\pi R_L}{2V_{DD}^2} = \frac{\pi}{4} \tag{8.24}$$

と求められる．この効率は，図 8.3 (a) の電力増幅器の効率と同じ値である．

B 級電力増幅器は，入力信号がゼロ（または，しきい値電圧）に近い場合に，ドレイン電流が非常に小さくなるので，負荷に十分な電流が供給できず，図 8.7 に示すような**クロスオーバ歪み**が発生することがある．この歪みを防ぐために，電力増幅回路の MOSFET にバイアスをかけて，A 級に近づけるよう動作する **AB 級（class-AB）電力増幅器**が提案されている．

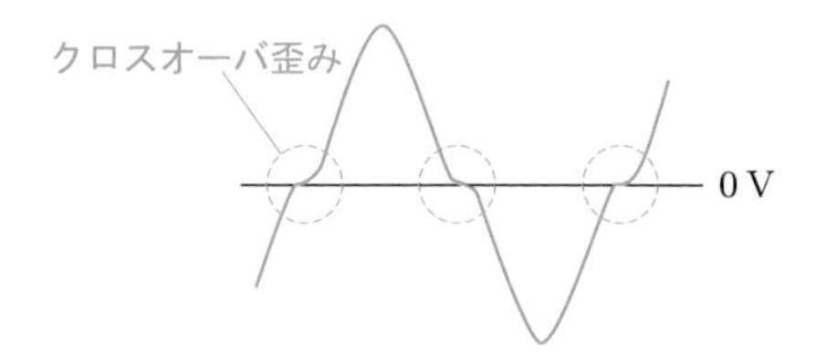

図 8.7 **クロスオーバ歪み**

AB 級電力増幅器は，ゲートバイアスが A 級と B 級の中間に設定され，出力電流が流れる角周波数の期間である導通角 α は，$\pi < \alpha < 2\pi$ となる．効率も A 級と B 級の間の値（約 60%）となる．これら電力増幅器以外にも，B 級に比較して MOSFET がさらに負電位にバイアスされる **C 級（class-C）電力増幅器**がある．このときの導通角は $\alpha < \pi$ となる．C 級電力増幅器の理論的な最大電力効率は 100% であるが，実際には電流もゼロになるので，そのような効率は実現できない．C 級動作では導通角を小さくし過ぎると，かえって効率が低下することに注意が必要である．図 8.8 に，各級の電力増幅回路の負荷線上の動作点と，対応する出力電流波形を示す．

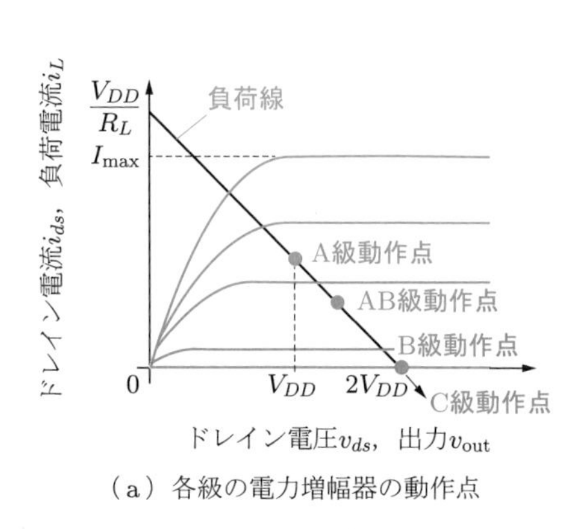

（a）各級の電力増幅器の動作点

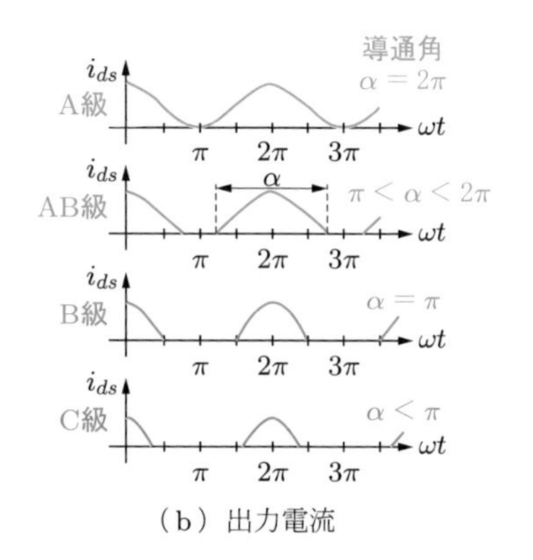

（b）出力電流

図 8.8 **各級の電力増幅器における動作点と出力電流**

演習問題

8.1 図 8.2 (a) の A 級電力増幅器において，出力の信号振幅が小さい場合の電力効率 η を求めよ．なお，入出力信号はともに正弦波であるとし，出力が歪まない条件で得られる最大振幅（電源電圧）に対する出力信号の振幅比を k（< 1）とする．

8.2 図 8.5 (a) の B 級電力増幅器において，出力の信号振幅が小さい場合の電力効率 η を求めよ．なお，$V_{DD} = |V_{SS}|$，変成比 $\alpha = 1$ で，入出力信号はともに正弦波であるとし，出力が歪まない条件で得られる最大振幅（電源電圧）に対する出力信号の振幅比を k（< 1）とする．

9章 電源回路

電気機器を構成する電子回路の特性は，5.2.3 項でも述べたように電源変動により変化する．電源変動の原因には，乾電池では使用（放電）に伴う出力低下などが，太陽電池では光照度の変化による発電量変動などがある．したがって，電子回路が所望の性能を発揮するうえで，所定値の安定な電圧を発生させる電源回路は必須である．電源回路には，エネルギー源の種類に応じて，交流を直流に変換したり，直流を異なる値の直流に変換したり，直流を交流に変換したりする回路などがある．本章では，これらの電源回路の基本動作に関して述べる．

9.1 交流－直流変換回路

一般的な電気機器に組み込まれている電子回路は，3.3 V や 5 V などの直流電圧で動作する．そのため，家庭用のコンセントを電源にとる電気機器には，交流電圧を直流電圧に変換する整流回路（rectifier circuit）が必須である．本節では，各種の整流回路がどのように動作するのか説明する．

9.1.1 半波整流回路

交流電圧を直流電圧に変換する回路には，ダイオードまたは MOSFET の非線形特性を利用した整流作用が利用されている．図 9.1 に，ダイオードを用いた**半波整流回路**（half-wave rectifier）を示す．2.2 節で述べたように，ダイオードはアノード・カソード端子間に順方向バイアスが印加されたときに電流が流れ，逆バイアスが印加されたときには流れない．

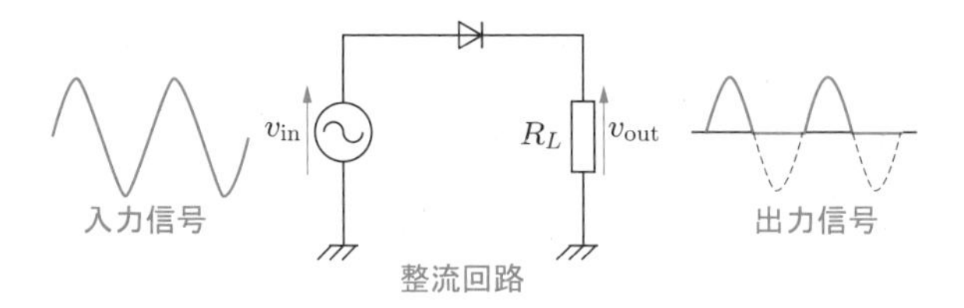

図 9.1　半波整流回路

したがって，ダイオードが理想的であれば，この回路には入力交流電圧が正のときにのみ電流が流れ，図のように正弦波の半周期だけが出力電圧として抵抗に現れる．このように，一方向だけに電流を流す整流動作が実現できるが，このとき流れる電流は半周期ごとに変化し，一定ではない．これを**脈流**（pulsating current）という．脈流信号は，図 9.2 に示すような**平滑回路**（smoothing circuit）とよばれるキャパシタによって，なだらかな波形に整形することができる．

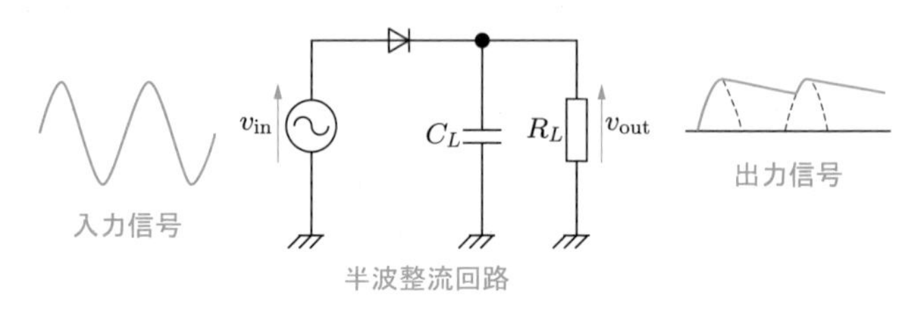

図 9.2　**平滑回路を含む半波整流回路**

平滑回路で除ききれなかった波形の変動成分を**リップル**（ripple）とよび，直流電圧に整流変換された波形にどの程度のリップルが含まれているのかを表す指標を**リップル率**（ripple rate）という．リップル率 γ は，出力信号に含まれる交流成分の実効値の，直流成分に対する比（通常はパーセント表示）で表される．ここで，出力電流の交流成分の実効値を $\Delta I_{\rm rms}$，直流電流成分を $I_{\rm DC}$，負荷抵抗を R_L とすると，

$$\gamma = \frac{\Delta I_{\rm rms} R_L}{I_{\rm DC} R_L} = \frac{\Delta I_{\rm rms}}{I_{\rm DC}} \tag{9.1}$$

となる．交流成分の実効値 $\Delta I_{\rm rms}$ は，

$$\begin{aligned}
\Delta I_{\rm rms} &= \sqrt{\frac{1}{2\pi}\int_0^{2\pi} \{i(t) - I_{\rm DC}\}^2 \, {\rm d}\omega t} \\
&= \sqrt{\frac{1}{2\pi}\int_0^{2\pi} \{i^2(t) - 2i(t) I_{\rm DC} + I_{\rm DC}^2\} \, {\rm d}\omega t} \\
&= \sqrt{\frac{1}{2\pi}\int_0^{2\pi} i^2(t)\, {\rm d}\omega t - \frac{1}{2\pi} 2I_{\rm DC}\int_0^{2\pi} i(t)\, {\rm d}\omega t + \frac{1}{2\pi} I_{\rm DC}^2 \int_0^{2\pi} {\rm d}\omega t} \\
&= \sqrt{I_{\rm rms}^2 - 2I_{\rm DC}^2 + I_{\rm DC}^2} = \sqrt{I_{\rm rms}^2 - I_{\rm DC}^2}
\end{aligned} \tag{9.2}$$

である．したがって，リップル率は，

$$\gamma = \frac{\Delta I_{\mathrm{rms}}}{I_{\mathrm{DC}}} = \frac{\sqrt{I_{\mathrm{rms}}^2 - I_{\mathrm{DC}}^2}}{I_{\mathrm{DC}}} = \sqrt{\left(\frac{I_{\mathrm{rms}}}{I_{\mathrm{DC}}}\right)^2 - 1} \tag{9.3}$$

と変形できる．また，整流回路の性能指標である整流効率は，入力交流電力 P_{in} と出力の直流電力成分 P_{DC} の比で，$\eta = P_{\mathrm{in}}/P_{\mathrm{DC}}$ で与えられる．

図 9.1 の回路におけるリップル率を求めてみよう．入力電圧が振幅 V_m の正弦波 $v_{\mathrm{in}}(t) = V_m \sin\omega t$ とすると，回路を流れる電流 $i(t)$ は，ダイオードの内部抵抗を r（理想ダイオードでは 0 Ω）とすれば，電流波形は，

$$i(t) = \begin{cases} \dfrac{V_m}{R_L + r}\sin\omega t = I_m \sin\omega t & (0 \leqq \omega t < \pi) \\ 0 & (\pi \leqq \omega t < 2\pi) \end{cases} \tag{9.4}$$

で与えられる．I_m は電流の振幅である．この直流成分 I_{DC} は，

$$I_{\mathrm{DC}} = \frac{1}{2\pi}\int_0^{2\pi} i(t)\,\mathrm{d}\omega t = \frac{I_m}{2\pi}\int_0^{\pi} \sin\omega t\,\mathrm{d}\omega t = \frac{I_m}{\pi} \tag{9.5}$$

となる．ここで，I_{rms} は出力電流の直流成分を含む実効値で，

$$I_{\mathrm{rms}} = \sqrt{\frac{1}{2\pi}\int_0^{\pi} I_m^2 \sin^2\omega t\,\mathrm{d}\omega t} = \frac{I_m}{2} \tag{9.6}$$

となる．この波形の様子を図 9.3 に示す．また，リップル率は，式 (9.3) より次のように求められる．

$$\gamma = \sqrt{\left(\frac{I_{\mathrm{rms}}}{I_{\mathrm{DC}}}\right)^2 - 1} = \sqrt{\left(\frac{I_m/2}{I_m/\pi}\right)^2 - 1} = \sqrt{\frac{\pi^2}{4} - 1} = 121\% \tag{9.7}$$

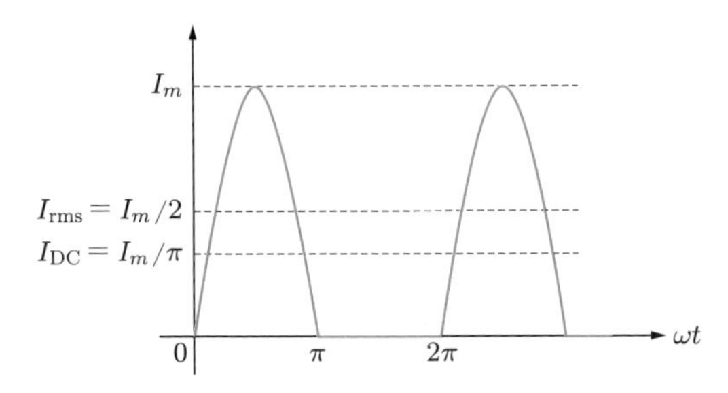

図 9.3 半波整流回路の出力電流波形

図 9.1 の回路のように，出力波形の直流成分に対して交流成分が大きい場合のリップル率は，100% を超えることもある．

次に，整流効率 η を求めてみよう．出力の直流電力成分は，

$$P_{\mathrm{DC}} = I_{\mathrm{DC}}^2 R_L = \left(\frac{I_m}{\pi}\right)^2 R_L = \frac{1}{\pi^2}\left(\frac{V_m}{R_L + r}\right)^2 R_L \tag{9.8}$$

であり，半波整流回路に入力される交流電力は正弦波信号の半周期ぶんであるので，

$$P_{\mathrm{in}} = \frac{1}{2} \times \frac{V_m}{\sqrt{2}} \times \frac{I_m}{\sqrt{2}} = \frac{V_m I_m}{4} = \frac{V_m^2}{4}\frac{1}{R_L + r} \tag{9.9}$$

となる．したがって整流効率は，

$$\begin{aligned}\eta = \frac{P_{\mathrm{DC}}}{P_{\mathrm{in}}} &= \frac{1}{\pi^2}\left(\frac{V_m}{R_L + r}\right)^2 R_L \Bigg/ \left(\frac{V_m^2}{4}\frac{1}{R_L + r}\right) = \frac{4}{\pi^2}\frac{R_L}{R_L + r} \\ &= \frac{40.6}{1 + r/R_L}\ [\%]\end{aligned} \tag{9.10}$$

と求められる．

最後に，図 9.2 に示した平滑回路を含む半波整流回路のリップル率を求めてみよう．この平滑回路は RC 並列回路であるから，時定数 $R_L C_L$ で放電する．したがって，この整流回路の放電時の出力は $v_{\mathrm{out}}(t) = V_m \exp(-t/R_L C_L)$ で与えられる．時定数が十分大きいとすれば，この式は，

$$v_{\mathrm{out}}(t) = V_m\left(1 - \frac{t}{R_L C_L}\right) \tag{9.11}$$

と近似できる．さらに，解析の簡単化のために充電時の波形も近似して，出力波形が図 9.4 のようなのこぎり波で表せるとする．放電時には，位相角 ωt が 2π（$t = 2\pi/T$）変化するので，電圧変動量 ΔV_r は

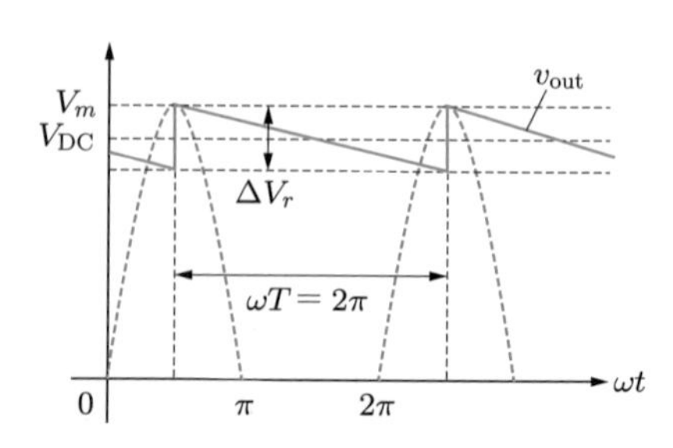

図 9.4　**平滑回路を含む半波整流回路**

$$\Delta V_r = \frac{T}{R_L C_L} V_m \tag{9.12}$$

となる．また，実効値を計算すると，

$$\begin{aligned}
V_{\mathrm{rms}} &= \sqrt{\frac{1}{2\pi}\int_0^{2\pi}\left(V_m - \frac{\Delta V_r}{2\pi}\omega t\right)^2 \mathrm{d}\omega t} \\
&= \sqrt{\frac{1}{2\pi}\int_0^{2\pi}\left\{V_m^2\omega t - 2V_m\frac{\Delta V_r}{2\pi}\omega t + \left(\frac{\Delta V_r}{2\pi}\omega t\right)^2\right\}\mathrm{d}\omega t} \\
&= \sqrt{\frac{1}{2\pi}\left[V_m^2\omega t - V_m\frac{\Delta V_r}{2\pi}(\omega t)^2 + \left(\frac{\Delta V_r}{2\pi}\right)^2\frac{(\omega t)^3}{3}\right]_0^{2\pi}} \\
&= \sqrt{V_m^2 - V_m\Delta V_r + \frac{\Delta V_r^2}{3}}
\end{aligned} \tag{9.13}$$

と求められるので，リップル率 γ は，

$$\begin{aligned}
\gamma &= \sqrt{\left(\frac{V_{\mathrm{rms}}}{V_{\mathrm{DC}}}\right)^2 - 1} = \sqrt{\frac{V_m^2 - \Delta V_r V_m + \Delta V_r^2/3}{(V_m - \Delta V_r/2)^2} - 1} \\
&= \sqrt{\frac{\Delta V_r^2/12}{(V_m - \Delta V_r/2)^2}} = \frac{\Delta V_r/2\sqrt{3}}{V_m - \Delta V_r/2} \approx \frac{\Delta V_r}{2\sqrt{3}V_m} \\
&= \frac{T}{R_L C_L}V_m\frac{1}{2\sqrt{3}V_m} = \frac{T}{2\sqrt{3}R_L C_L}
\end{aligned} \tag{9.14}$$

となる．この式から，半波整流回路の場合では時定数 $R_L C_L$ が大きいほど，また周波数が高い（周期が短い）ほど，リップル率は小さくなることがわかる．

9.1.2 半波 2 倍圧整流回路と Dickson 回路

半波整流回路は，ダイオードが順方向バイアスされる入力信号の周期のみのエネルギーしか整流できない．図 9.5 は，全周期にわたってエネルギーを利用できるように動作する**半波 2 倍圧整流回路**（double half-wave rectifier）である．この回路は，入力信号が負の値のとき，ダイオード D_1 が順方向にバイアスされるので，GND から①の経路で電流が流れ，キャパシタ C_{in} には節点 a が正，節点 b が負になるよう電荷が蓄えられる．このとき，ダイオード D_2 は逆バイアスになっているので電流は流れない．次の半周期では，入力信号が正電位になりダイオード D_2 が順方向にバイアスされるので，信号源から②の経路で電流が流れる．このとき，最

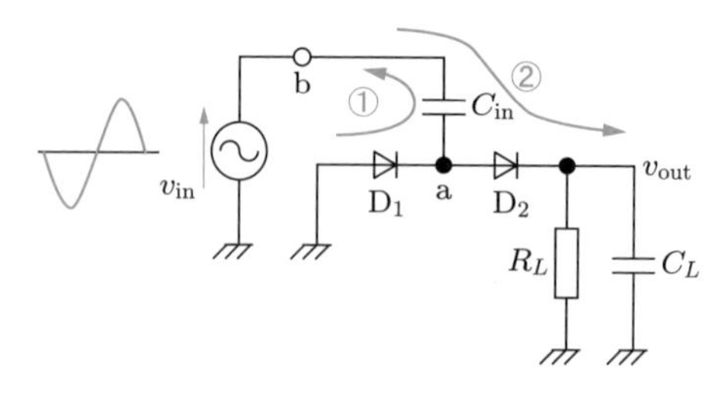

図 9.5　半波 2 倍圧整流回路

初の半周期で充電された電荷もダイオード D_2 を経由して流れ，出力キャパシタ C_L に電荷が蓄積される．このように，入力信号の全周期で整流動作が行われる．

図 9.6 は，半波 2 倍圧整流回路を多段に縦列接続したもので，**Dickson 回路**とよばれる．この回路では，初段の動作は半波 2 倍圧整流回路とまったく同じであるが，入力側整流回路の出力電圧 v_{o1} が次段整流回路の基準電位となるので，整流段の数だけ出力電位が高くなるよう動作する．このため，**Dickson チャージポンプ回路**ともよばれている．

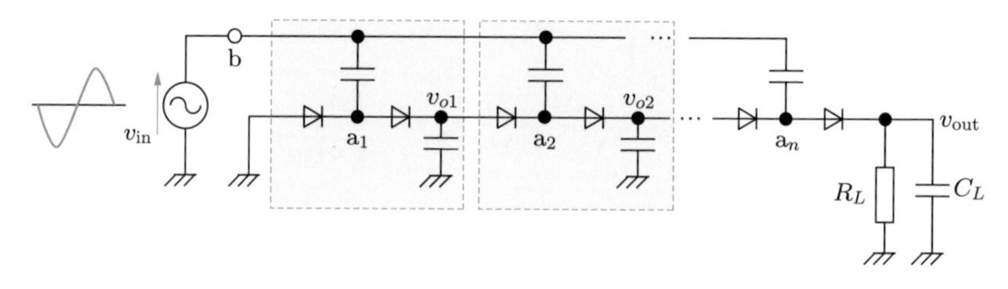

図 9.6　Dickson 回路

9.1.3 全波整流回路

図 9.7 (a) は**全波整流回路**（full-wave rectifier）の例である．電流の経路がわかりやすいよう，図 (b) の等価回路に書き換えて動作を説明する．入力電圧が正のとき，節点 a_1 が正，節点 a_2 が負電位となり，順方向にバイアスされるダイオード D_1，D_3 を経由して電流が流れる．次の入力信号の半周期では，入力電圧が負となり，節点 a_1 が負，節点 a_2 が正になるので，ダイオード D_2，D_4 が順方向にバイアスされて，これらのダイオードを経由した電流が流れる．全波整流回路では，どの半周期においても負荷抵抗 R_L を流れる電流の向きは同じであるので，図 (b) のように全期間で入力信号が整流される．したがって，全波整流回路では出力波形のリップルは小さくなり，電力変換効率も高くなることが予想される．

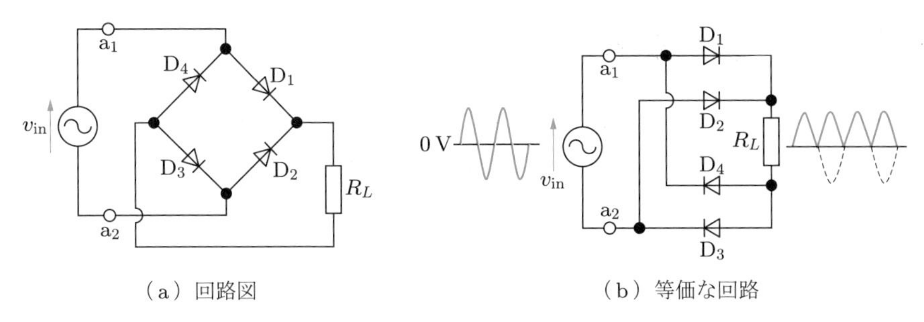

（a）回路図　　（b）等価な回路

図 9.7　**全波整流回路**

全波整流回路の整流効率とリップル率を求めてみよう．直流電流成分 I_{DC} は，次のように求められる．

$$I_{\mathrm{DC}} = \frac{1}{2\pi}\int_0^{2\pi} i(t)\,\mathrm{d}\omega t = 2\frac{I_m}{2\pi}\int_0^{\pi} \sin\omega t\,\mathrm{d}\omega t = \frac{2I_m}{\pi} \tag{9.15}$$

また，出力電流の直流成分を含む実効値 I_{rms} は，

$$I_{\mathrm{rms}} = \sqrt{2\frac{1}{2\pi}\int_0^{\pi} I_m^2 \sin^2\omega t\,\mathrm{d}\omega t} = \frac{I_m}{\sqrt{2}} \tag{9.16}$$

となる．全波整流回路に入力される交流電力は，

$$P_{\mathrm{in}} = \frac{V_m}{\sqrt{2}} \times \frac{I_m}{\sqrt{2}} = \frac{V_m I_m}{2} = \frac{V_m^2}{2}\frac{1}{R_L + r} \tag{9.17}$$

であるから，整流効率は，

$$\begin{aligned}\eta &= \frac{P_{\mathrm{DC}}}{P_{\mathrm{in}}} = \frac{4}{\pi^2}\left(\frac{V_m}{R_L + r}\right)^2 R_L \bigg/ \left(\frac{V_m^2}{4}\frac{1}{R_L + r}\right) = \frac{8}{\pi^2}\frac{R_L}{R_L + r}\\ &= \frac{81.2}{1 + r/R_L}\ [\%]\end{aligned} \tag{9.18}$$

と，半波整流回路の 2 倍となる．また，リップル率は，

$$\gamma = \sqrt{\left(\frac{V_{\mathrm{rms}}}{V_{\mathrm{DC}}}\right)^2 - 1} = \sqrt{\left(\frac{I_m/\sqrt{2}}{2I_m/\pi}\right)^2 - 1} = \sqrt{\frac{\pi^2}{8} - 1} = 48\% \tag{9.19}$$

と，半波整流回路に比較して低くなる．

9.2 直流－直流変換回路

直流－直流変換回路（DC–DC converter）は，電力源に変動があっても，つねに安定な直流電圧を出力できるよう，直流を直流に変換する回路である．また，複数の直流電源が必要な電気機器にも用いられ，その場合は出力電圧を調整するようにはたらく．大別すると，MOSFETなどの素子で回路の切り替えを行って電圧変換するスイッチング方式と，演算増幅器などで出力を負帰還して電圧変換するリニア方式がある．ここでは，これらの動作原理について述べる．

9.2.1 降圧型スイッチングレギュレータ

スイッチング方式の直流－直流変換回路をスイッチングレギュレータ（switching regulator）とよぶ．図9.8に示す**降圧型スイッチングレギュレータ**（step-down switching regulator，buck converter）は，入力電圧 v_{in} より低い電圧を負荷に供給する電源回路で，インダクタやキャパシタに蓄えたエネルギーを，MOSFETなどを用いたスイッチで切り替え制御して負荷に供給することにより，安定な直流電圧を実現する回路である．

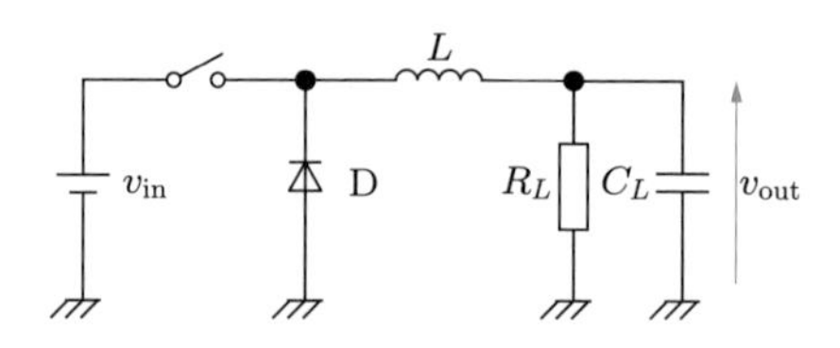

図9.8　降圧型スイッチングレギュレータ

スイッチの切り替え周期を T，スイッチがオン，オフの期間をそれぞれ T_{on}，T_{off} とすると，$T = T_{\mathrm{on}} + T_{\mathrm{off}}$ である．このとき，スイッチオンの期間と周期の比 $\delta = T_{\mathrm{on}}/T$ を，**デューティ比**（duty ratio）という．以下では，切り替えの1周期についての動作を考え，スイッチオンになった瞬間を原点とする時刻を t_{on}（$< T_{\mathrm{on}}$），スイッチオフになった瞬間を原点とする時刻を t_{off}（$< T_{\mathrm{off}}$）で表す．また，回路は定常状態にあり，出力電圧 v_{out} がほぼ一定であるとする．

スイッチがオンのとき，回路は図9.9 (a) のようになり，

$$L\frac{\mathrm{d}i_L(t_{\mathrm{on}})}{\mathrm{d}t_{\mathrm{on}}} = v_{\mathrm{in}} - v_{\mathrm{out}} \tag{9.20}$$

が成り立つ．したがって，この期間の電流は，

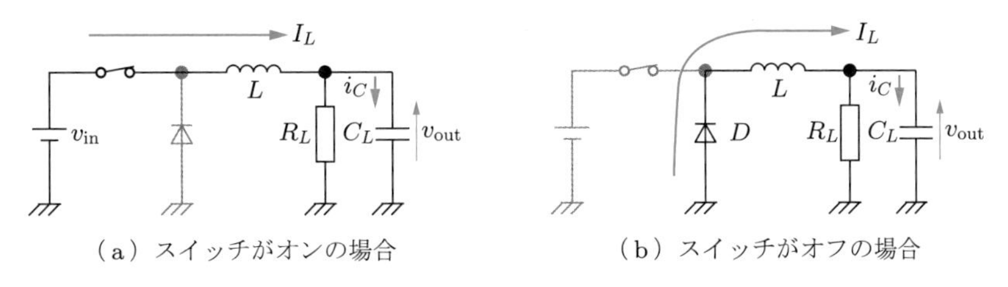

図 9.9 降圧型スイッチングレギュレータの動作

$$i_L(t_{\text{on}}) = I_{\text{min}} + \frac{v_{\text{in}} - v_{\text{out}}}{L} t_{\text{on}} \tag{9.21}$$

と表され，時間の経過とともに直線的に増加する．ここで，I_{min} は $t_{\text{on}} = 0$ における値で，このとき電流値は最小である．この式から，スイッチオンの期間に増加する電流 Δi_{on} が，次のように求められる．

$$\Delta i_{\text{on}} = \frac{v_{\text{in}} - v_{\text{out}}}{L} T_{\text{on}} \tag{9.22}$$

次に，スイッチがオフになると，回路は図 9.9 (b) のようになる．インダクタにはスイッチオンの期間にエネルギーが蓄えられているので，図のようにダイオード D を通って電流が流れ続ける．ダイオードが理想的（ターンオン電圧がゼロ）であるとすれば，

$$L \frac{\mathrm{d} i_L(t_{\text{off}})}{\mathrm{d} t_{\text{off}}} = -v_{\text{out}} \tag{9.23}$$

が成り立つ．したがって，この期間の電流は，

$$i_L(t_{\text{off}}) = I_{\text{max}} - \frac{v_{\text{out}}}{L} t_{\text{off}} \tag{9.24}$$

と表され，時間の経過とともに直線的に減少する．ここで，I_{max} は $t_{\text{off}} = 0$ における値で，このとき電流値は最大である．この式から，スイッチオフの期間に減少する電流 Δi_{off} が次のように求められる．

$$\Delta i_{\text{off}} = -\frac{v_{\text{out}}}{L} T_{\text{off}} \tag{9.25}$$

定常状態では，オン期間の電流増加とオフ期間の電流減少がつり合っており，$\Delta i_{\text{on}} + \Delta i_{\text{off}} = 0$ である．したがって，式 (9.22) と式 (9.25) から，

$$v_{\text{out}} = \frac{T_{\text{on}}}{T_{\text{on}} + T_{\text{off}}} v_{\text{in}} = \frac{T_{\text{on}}}{T} v_{\text{in}} = \delta v_{\text{in}} \tag{9.26}$$

となり，デューティ比で出力電圧を制御できることがわかる．

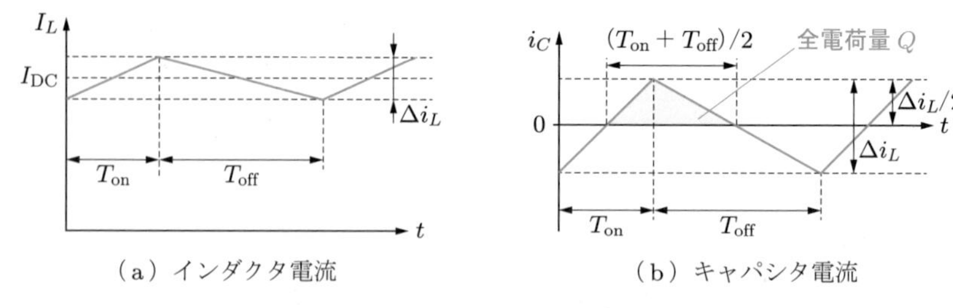

図 9.10　降圧型スイッチングレギュレータを流れる電流波形

定常状態においてインダクタを流れる電流を示すと，図 9.10 (a) のようになる．入力電圧が v_{in} とゼロを交互に繰り返し，大きく変化するにもかかわらず，このようにほぼ一定の電流となるのは，インダクタを流れる電流はその両端にかかる電圧の積分となるためである．もし，この回路のキャパシタンスが十分大きいなら，電流の直流成分は抵抗を流れ，インダクタを流れる電流の変化分（時間依存する交流成分）は，ほぼすべてキャパシタを流れるようになり，

$$C_L\frac{\mathrm{d}\Delta v_{out}}{\mathrm{d}t}=i_C \tag{9.27}$$

が成り立つ．したがって，出力電圧の変動は，図 9.10 (b) のキャパシタを流れる電流波形から，

$$\begin{aligned}\Delta v_{out}&=\frac{Q}{C_L}=\frac{1}{C_L}\int_{i_C>0}i_C\,\mathrm{d}t=\frac{1}{C_L}\times\frac{1}{2}\times\frac{\Delta i_L}{2}\times\frac{T_{on}+T_{off}}{2}\\&=\frac{\Delta i_L(T_{on}+T_{off})}{8C_L}\end{aligned} \tag{9.28}$$

で求められる．$\Delta i_L=\Delta i_{on}=-\Delta i_{off}$ であるから，

$$\Delta i_L=\frac{v_{out}}{L}T_{off}=\frac{T_{on}T_{off}}{L(T_{on}+T_{off})}v_{in} \tag{9.29}$$

であり，これを式 (9.28) に代入して，

$$\Delta v_{out}=\frac{\Delta i_L(T_{on}+T_{off})}{8C_L}=\frac{T_{on}T_{off}}{8LC_L}v_{in} \tag{9.30}$$

と求められる．さらに，スイッチング周波数 $f_{sw}=1/T$ を用いると，$T_{on}=\delta/f_{sw}$，$T_{off}=(1-\delta)/f_{sw}$ であるので，

$$\Delta v_{out}=\frac{\delta(1-\delta)}{8LC_Lf_{sw}^2}v_{in} \tag{9.31}$$

とも表せる．これより，出力変動を抑制するには，スイッチング周波数 f_{sw} を高く，LC_L 積を大きくする必要があることがわかる．また，出力 v_{out} は三角波なので，その交流成分の実効値は $\Delta v_{\mathrm{out}}/\sqrt{3}$ で与えられる．したがってリップル率は，式 (9.26) と式 (9.31) から，

$$\gamma = \frac{\Delta v_{\mathrm{out}}/\sqrt{3}}{v_{\mathrm{out}}} = \frac{1-\delta}{8\sqrt{3}LC_L f_{\mathrm{sw}}^2} \tag{9.32}$$

となる．

9.2.2 昇圧型スイッチングレギュレータ

図 9.11 に示す**昇圧型スイッチングレギュレータ**（step-up switching regulator, boost converter）は，入力電圧 v_{in} より高い電圧を負荷に供給する電源回路で，降圧型と同じく，インダクタに蓄えたエネルギーをスイッチで切り替え制御して負荷に供給する回路である．

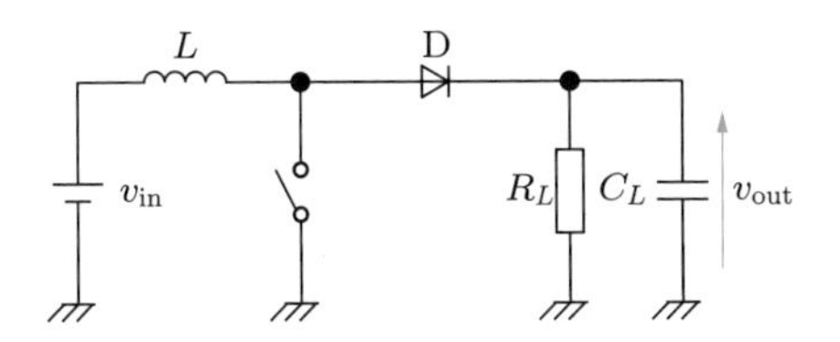

図 9.11　昇圧型スイッチングレギュレータ

前項と同様に考えて，スイッチオンの期間では $L\,\mathrm{d}i_L(t)/\mathrm{d}t = v_{\mathrm{in}}$ が成り立つから，この期間の電流変化は

$$\Delta i_{\mathrm{on}} = \frac{v_{\mathrm{in}}}{L}T_{\mathrm{on}} \tag{9.33}$$

となる．また，スイッチオフの期間では $L\,\mathrm{d}i_L(t)/\mathrm{d}t = v_{\mathrm{in}} - v_{\mathrm{out}}$ が成り立つから，この期間の電流変化は

$$\Delta i_{\mathrm{off}} = \frac{v_{\mathrm{in}} - v_{\mathrm{out}}}{L}T_{\mathrm{off}} \tag{9.34}$$

となる．定常状態では両者はつり合うから，$v_{\mathrm{in}}T_{\mathrm{on}} + (v_{\mathrm{in}} - v_{\mathrm{out}})T_{\mathrm{off}} = 0$ より，出力電圧が

$$v_{\mathrm{out}} = \frac{T_{\mathrm{on}} + T_{\mathrm{off}}}{T_{\mathrm{off}}}v_{\mathrm{in}} = \frac{v_{\mathrm{in}}}{1-\delta} \tag{9.35}$$

と求められる．デューティ比は $0 < \delta < 1$ であるから，出力電圧 v_{out} は入力電圧 v_{in} より高くなる．

9.2.3 昇降圧型スイッチングレギュレータ

図 9.12 に，**昇降圧型スイッチングレギュレータ**（step-up/down switching regulator，boost/buck converter）の回路構成を示す．これも前項までと同様に考えると，スイッチオンの期間では $L\,\mathrm{d}i_L(t)/\mathrm{d}t = v_{\mathrm{in}}$ が，スイッチオフの期間では $L\,\mathrm{d}i_L(t)/\mathrm{d}t = v_{\mathrm{out}}$ が成り立つから，それぞれの期間の電流変化は

$$\Delta i_{\mathrm{on}} = \frac{v_{\mathrm{in}}}{L}T_{\mathrm{on}},\quad \Delta i_{\mathrm{off}} = \frac{v_{\mathrm{out}}}{L}T_{\mathrm{off}} \tag{9.36}$$

となる．定常状態では両者はつり合うから，$v_{\mathrm{in}}T_{\mathrm{on}} + v_{\mathrm{out}}T_{\mathrm{off}} = 0$ より，出力電圧が

$$v_{\mathrm{out}} = -\frac{T_{\mathrm{on}}}{T_{\mathrm{off}}}v_{\mathrm{in}} = -\frac{\delta}{1-\delta}v_{\mathrm{in}} \tag{9.37}$$

と求められる．このように，出力電圧 v_{out} は入力電圧 v_{in} と逆極性になる．また，デューティ比が $0 < \delta < 0.5$ のとき $|v_{\mathrm{out}}| < v_{\mathrm{in}}$ となり，$0.5 < \delta < 1$ のとき $|v_{\mathrm{out}}| > v_{\mathrm{in}}$ となる．

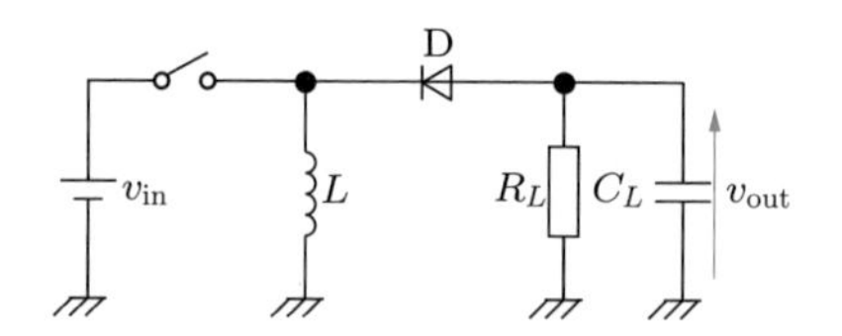

図 9.12　昇降圧型スイッチングレギュレータ

9.2.4 シリーズレギュレータ

演算増幅器の出力を負帰還して電圧変換するリニア方式は，スイッチング方式と比べて変換効率は低いが，出力電圧の安定性が高く，リップルもきわめて小さいため，アナログ回路用の電源に適している．リニア方式の回路には，負荷に対して直列に電源回路を接続する**シリーズレギュレータ**（series regulator）と，並列に接続する**シャントレギュレータ**（shunt regulator）がある．シリーズレギュレータの例として，図 9.13 に LDO（Low Drop Out）回路を示す．LDO は，基準電圧回路（voltage reference circuit），誤差増幅回路（error amplifier）と，大電流を流すことができるパストランジスタ（pass transistor），および帰還回路から構成される．

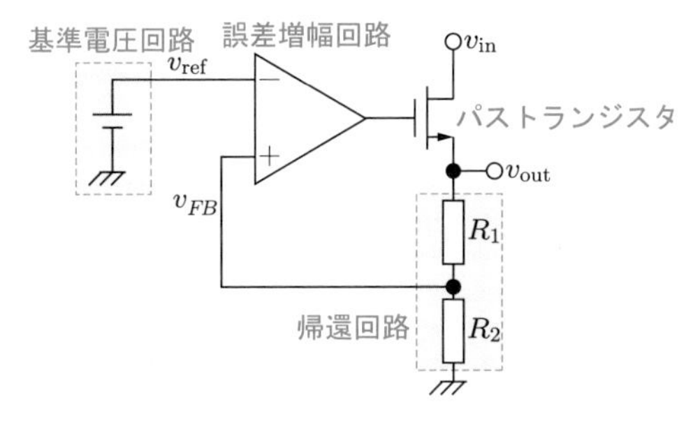

図 9.13　**LDO 回路**

この回路の動作は，以下のようになる．

(1) 出力端子 $v_{\rm out}$ に接続されている負荷が変化したり，負荷に流れる電流が変化したりして出力電圧が変動する．

(2) 出力電圧の変動は，帰還回路により誤差増幅回路へ入力され，基準電圧 $v_{\rm ref}$ と比較される．

(3) 誤差に応じた電圧が誤差増幅回路から出力され，パストランジスタのゲート電位が変化して，出力電圧が所望の値となる．

この回路の出力電圧 $v_{\rm out}$ を求めてみよう．帰還抵抗 R_1 と R_2 により分圧された出力電圧 $v_{\rm FB}$ は，

$$v_{\rm FB} = \frac{R_2}{R_1 + R_2} v_{\rm out} \tag{9.38}$$

となる．ここで，差動利得が十分大きい演算増幅器を誤差増幅器に用いれば，入力端子間の電圧は仮想短絡となるので $v_{\rm ref} = v_{\rm FB}$ となる．これを式 (9.38) に代入すると，出力 $v_{\rm out}$ が

$$v_{\rm out} = \left(1 + \frac{R_1}{R_2}\right) v_{\rm ref} \tag{9.39}$$

と得られる．この結果から，出力電圧は基準電圧と帰還抵抗比で決定され，入力電圧 $v_{\rm in}$ が変動しても変化しないことがわかる．基準電圧に**バンドギャップ基準回路**（bandgap reference circuit）を用いれば，プロセス変動による素子特性のばらつきや，温度変動に対しても安定した出力が得られる．

演習問題

9.1 図 9.2 に示した平滑回路を含む半波整流回路において，交流周波数を 920 MHz，負荷抵抗を 10 kΩ としたとき，リップル率が 10% となるキャパシタ C_L を求めよ．

9.2 図 9.8 に示した降圧型スイッチングレギュレータで，入力電圧 $v_{\mathrm{in}} = 10$ V，スイッチング周波数 $f_{\mathrm{sw}} = 100$ kHz，デューティ比 $\delta = 50\%$，インダクタを流れる電流 $i_L = 0.5$ A とする．次の問いに答えよ．

(1) $\Delta i_L / i_L = 0.1$ に設定したときのインダクタ L の値を求めよ．

(2) 求めたインダクタを用いた回路で，リップル率 $\gamma = 1\%$ にしたい．このときのキャパシタ C_L の値を求めよ．

付録 バイポーラトランジスタ増幅回路

ここでは，バイポーラトランジスタを用いた増幅回路に関して述べる．バイポーラトランジスタの動作原理は MOSFET とは異なるが，等価回路を導出する考え方と，等価回路を用いた回路解析の手法は同様である．

A.1 バイポーラトランジスタの構造と動作原理

図 A.1 のように，n 型半導体と p 型半導体を交互に接合した 3 層構造の素子を，**バイポーラトランジスタ**（bipolar junction transistor：BJT）という．バイポーラトランジスタは，**エミッタ**（emitter），**ベース**（base），**コレクタ**（collector）の 3 端子をもち，図 (a) に示す pnp 型と npn 型がある．この二つのトランジスタは電圧・電流の向きやキャリアの種類が異なるが，動作原理は同一であるので，以降では主として npn トランジスタで説明する．図 (b) はプレーナ構造の npn トランジスタの断面図である．p 型基板上にコレクタ，ベース，エミッタ領域を埋め込む構造となっている．

図 A.2 に示すように，ベース・エミッタ間に順方向バイアス V_{BE} を加える．ベース領域は p 型で，エミッタ領域は n 型半導体であるので，ベース・エミッタ接合には，式 (2.1) で表される pn 接合ダイオードと同じ順方向電流が流れる．このとき，

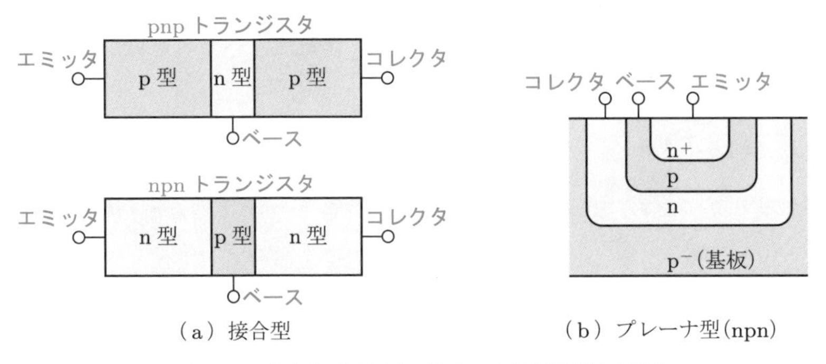

（a）接合型　（b）プレーナ型(npn)

図 A.1 バイポーラトランジスタの構造と動作原理

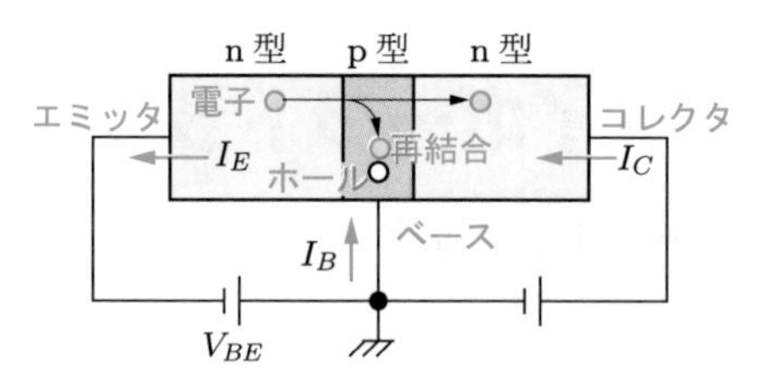

図 A.2　npn トランジスタの動作原理

ベース・コレクタ間に逆バイアス V_{CB} を加えると，ベース・エミッタ間の順方向バイアスによりエミッタ領域からベース領域に侵入した自由電子の一部が，ベース領域で再結合することでベース電流が流れるが，ほとんどの自由電子はベース・コレクタ間の逆方向電圧に引き付けられてコレクタ領域まで到達する．高性能のバイポーラトランジスタは，ベース領域のキャリア濃度を低く設定し，さらにベース領域を薄層化することにより，ベース領域における少数キャリアの再結合を減らし，エミッタ領域から流れ込んだ自由電子のほとんどすべてをコレクタ領域に到達させるような構造となっている．ここで，直流におけるエミッタ電流 I_E とコレクタ電流 I_C の比

$$\alpha_0 = \frac{I_C}{I_E} \tag{A.1}$$

は，**ベース接地電流増幅率**（grounded base current amplification factor）とよばれ，$\alpha_0 < 1$ で非常に 1 に近い値である．また，直流におけるベース電流 I_B とコレクタ電流 I_C の比

$$\beta_0 = \frac{I_C}{I_B} \tag{A.2}$$

は**エミッタ接地電流増幅率**（grounded emitter current amplification factor）とよばれ，$\beta_0 = 50$〜500 程度の値となる．エミッタ電流，ベース電流，コレクタ電流の間には，キルヒホッフの電流則から，

$$I_E = I_C + I_B \tag{A.3}$$

の関係が成り立つため，式 (A.1)〜(A.3) より，エミッタ接地電流増幅率は，

$$\beta_0 = \frac{\alpha_0}{1 - \alpha_0} \tag{A.4}$$

と表せる．したがって，図 A.1 に示したバイポーラトランジスタを，上述したようなバイアスで動作させれば，微小なベース電流の変化（微小なベース・エミッタ間

電圧の変化）で，コレクタ電流を大きく変化させられることがわかる．

図 A.3 にバイポーラトランジスタの静特性を示す．縦軸はコレクタ電流，横軸はコレクタ・エミッタ間電圧で，ベース電流をパラメータとしている．なお，ベース・コレクタ間を逆バイアスにするために，端子間電圧は $V_{CE} \geqq V_{BE}$ として用いなければならない．図 A.4 に pnp トランジスタと npn トランジスタの回路図記号を示す．

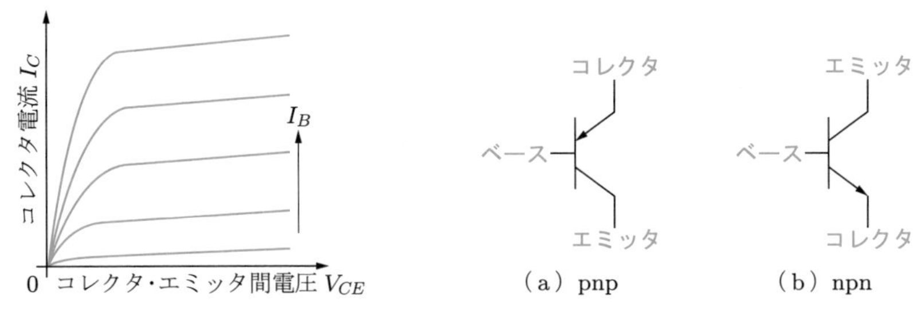

図 A.3 バイポーラトランジスタの静特性　図 A.4 バイポーラトランジスタの回路図記号

A.2 バイポーラトランジスタの大信号等価回路

バイポーラトランジスタの大信号等価回路は，図 A.5 に示すように二つの pn 接合ダイオードと，ベース・コレクタ間の逆方向電流となる電流源で表すことができる．r_b は，ベース領域の不純物濃度が低いために生じる 50〜500 Ω 程度の寄生抵抗であり，**ベース広がり抵抗**（base spreading resistance）とよばれている．

ベース・エミッタ間のダイオードを直流電圧源で置き換え，逆バイアスされているベース・コレクタ間ダイオードを無視すると，この等価回路は図 A.6 のように簡略化できる．

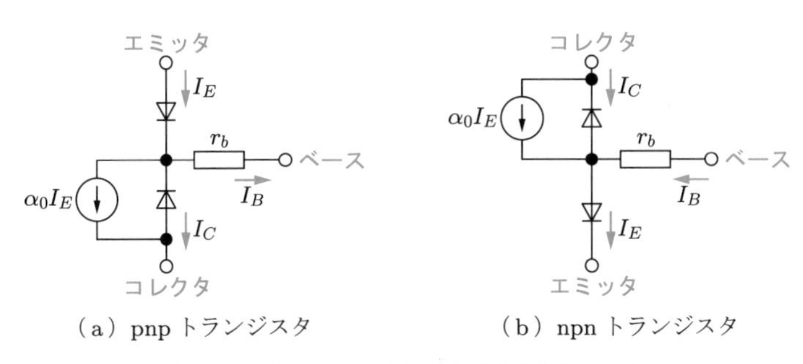

図 A.5 ダイオードを用いた大信号等価回路

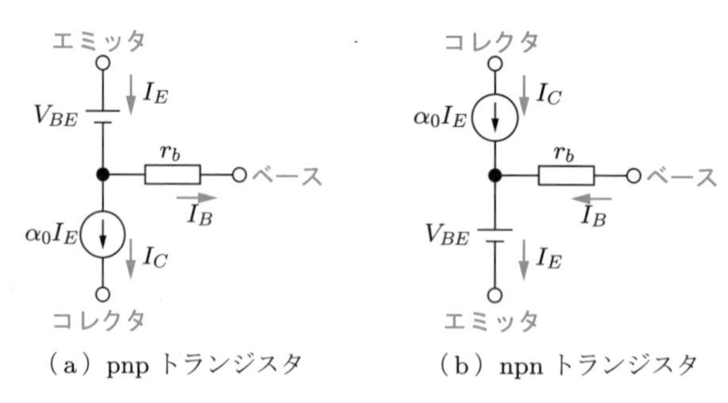

図 A.6 簡略化した大信号等価回路

A.3 バイポーラトランジスタの小信号等価回路

バイポーラトランジスタの小信号等価回路は，図 A.5 のダイオードを等価抵抗で置き換えることで得られる．等価抵抗はダイオード動作点近傍の電流・電圧特性から導き出せる．順方向バイアスされたベース・エミッタ間のダイオードでは，式 (2.1) を用いてエミッタ動作電流 I_E 近傍の等価抵抗が，

$$r_e = \frac{k_{\mathrm{B}}T}{q}\frac{1}{I_E} = 25.8 \times 10^{-3} \times \frac{1}{I_E} \tag{A.5}$$

と求められる．一方，逆バイアスされたベース・コレクタ間ダイオードは動作電流が非常に小さく，この等価抵抗 r_c は数 MΩ 程度と非常に大きいことから無視されることも多い．

図 A.7 はバイポーラトランジスタの小信号等価回路である．ここで，電流増幅率 α は，入力信号が低周波であれば直流における電流増幅率 α_0 にほぼ等しい．図 (b) はエミッタ接地増幅率 β を用いた場合の小信号等価回路である．

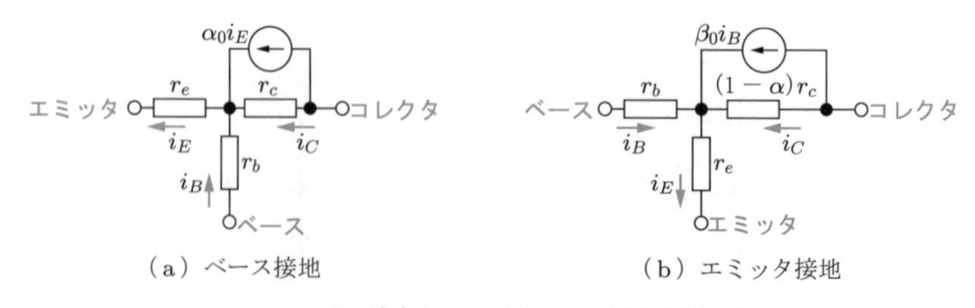

図 A.7 バイポーラトランジスタの小信号等価回路

A.4 バイポーラトランジスタの高周波等価回路

信号周波数が高くなると，バイポーラトランジスタの寄生容量や，電流増幅率の周波数特性が無視できなくなるので，これらを考慮した等価回路が必要になる．バイポーラトランジスタにおける寄生容量には，エミッタ・ベース間の pn 接合の空乏層電荷による接合容量 C_{jE} と，ベース・コレクタ間の pn 接合容量 C_{jC} がある．また，ベース領域内での少数キャリア分布の時間変化は，電流増幅率 α の周波数特性に影響する．この影響は**拡散容量**（diffusion capacitance）とよばれる等価的なキャパシタ C_d として表すことができる．通常，$C_d \gg C_{jE}$，$r_c \gg 1/\omega C_{jC}$ であるので，C_{jE} と r_c を無視して簡略化した，図 A.8 (a) に示す T 型高周波等価回路が広く用いられている．また，図 (b) は，図 (a) を電圧制御電流源を用いて表現した高周波等価回路であり，ハイブリッド π 型高周波等価回路とよばれる．両回路が等価となるための各素子の値は，次のようになる．

$$r_\pi = \frac{r_e}{1-\alpha}, \quad C_\pi = C_d, \quad C_C = C_{jE}, \quad g_m = \frac{\alpha}{r_e} \tag{A.6}$$

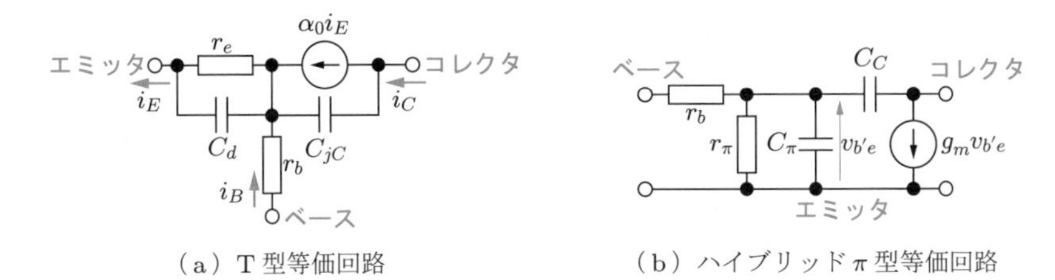

図 A.8　バイポーラトランジスタの高周波等価回路

A.5 エミッタ接地増幅回路

図 A.9 に，バイポーラトランジスタを用いた**エミッタ接地増幅回路**を示す．この回路は，カップリングキャパシタ C_1，C_2 により増幅回路の入力および出力信号の直流成分を除去している．エミッタ端子に接続されたバイパスキャパシタ C_E は，エミッタ電流の交流成分に対してはエミッタが接地された回路として動作する一方，直流成分はエミッタ抵抗 R_E を流れる．

まず，バイポーラトランジスタが増幅作用をもつ条件（$V_C > V_B > V_E$）を得るために，直流バイアス設計を行う．ベース電流が小さいとして $I_B = 0$ と近似すれば，電源電圧 V_{CC} から R_1 と R_2 により抵抗分圧されたベース電圧 V_B は，

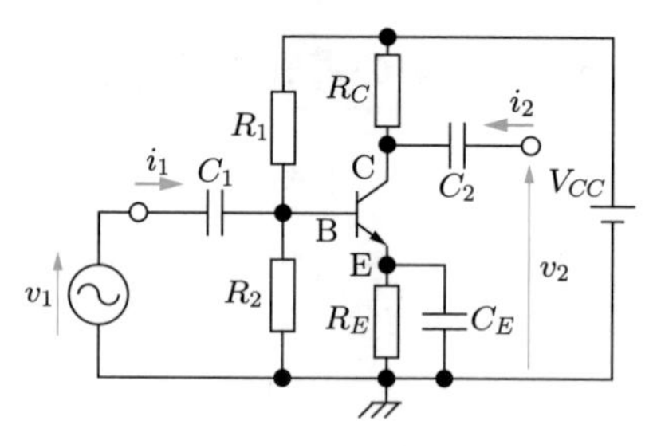

図 A.9　**エミッタ接地増幅回路**

$$V_B = \frac{R_2}{R_1 + R_2} V_{CC} \tag{A.7}$$

となる．また，エミッタ電圧 V_E はベース電圧 V_B より V_{BE} だけ低く $V_E = V_B - V_{BE}$ とすれば，V_{BE} は I_E が R_E を流れるときの電圧降下であるので，$I_E = V_E/R_E$ となる．コレクタ電流 I_C はすべてエミッタ端子に流れるので，$I_C = I_E$ である．コレクタ電位 V_C は，R_C の電圧降下を考慮して，$V_C = V_{CC} - R_C I_C$ となる．

次に，バイポーラトランジスタを図 A.7 (b) の小信号等価回路に置き換え，カップリングキャパシタとバイパスキャパシタを短絡する．さらに，交流信号に対しては，直流電圧源を接地（GND に短絡）すると，図 A.10 のようになる．

さらに，R_1 と R_C を見やすいように移動すると図 A.11 となる．この回路の r_e に流れる電流は $(1 + \beta_0)i_b$ であるので，抵抗 $(1 + \beta_0)r_e$ に電流 i_b が流れるとし，電

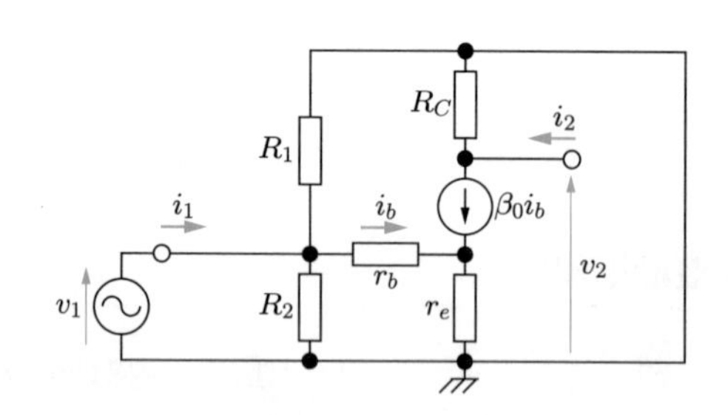

図 A.10　**等価回路導出の途中過程 (1)**

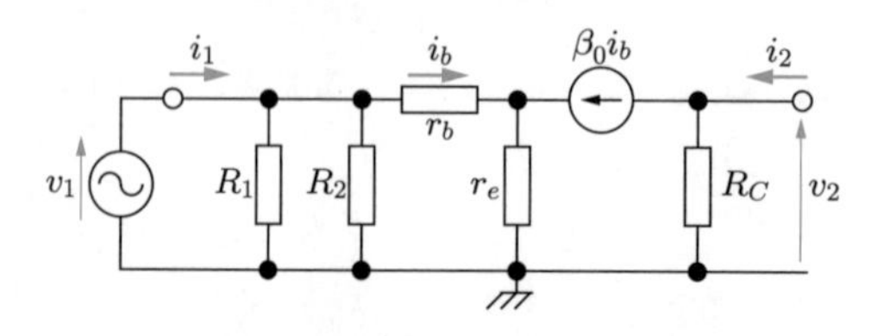

図 A.11　**等価回路導出の途中過程 (2)**

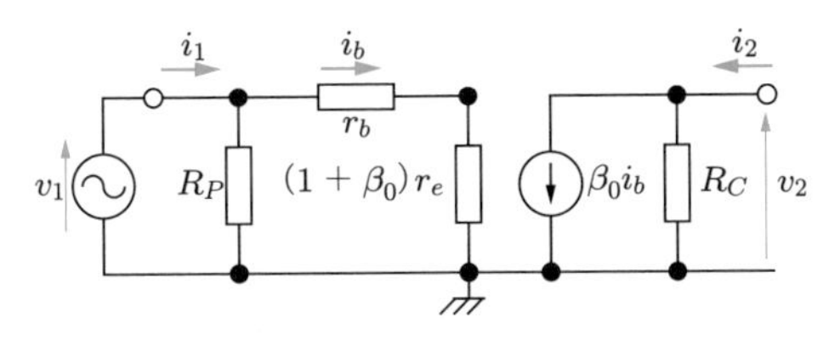

図 A.12 最終的な等価回路（エミッタ接地増幅回路）

流源電流 $\beta_0 i_b$ を接地するように回路変更しても回路の状態は変わらない．よって，最終的な等価回路として図 A.12 が得られる．ただし，$R_P = R_1 /\!/ R_2$ である．

この回路の増幅率を求めてみよう．開放負荷（$i_2 = 0$）を仮定すると，

$$v_1 = \{r_b + (1+\beta_0)r_e\}i_b \tag{A.8}$$

$$v_2 = -R_C\beta_0 i_b \tag{A.9}$$

であるので，電圧利得 A_V は，

$$A_V = \left.\frac{v_2}{v_1}\right|_{i_2=0} = -\frac{\beta_0 R_C}{r_b + (1+\beta_0)r_e} \tag{A.10}$$

となる．また，入力インピーダンス Z_{in} は，バイアス回路の抵抗 R_P と，増幅回路単体のインピーダンス $Z_{ie} = r_b + (1+\beta_0)r_e$ の並列抵抗で与えられるので，

$$\begin{aligned} Z_{\mathrm{in}} &= \left.\frac{v_1}{i_1}\right|_{i_2=0} = R_P /\!/ Z_{ie} = \frac{R_P Z_{ie}}{R_P + Z_{ie}} \\ &= \frac{r_b + (1+\beta_0)r_e}{1 + \{r_b + (1+\beta_0)r_e\}/R_P} \end{aligned} \tag{A.11}$$

となる．また，$v_1 = 0$ とすると $i_b = 0$ から，出力インピーダンス Z_{out} は，

$$Z_{\mathrm{out}} = \left.\frac{v_2}{i_2}\right|_{v_1=0} = R_C \tag{A.12}$$

で与えられる．

A.6 コレクタ接地増幅回路

図 A.13 に**コレクタ接地増幅回路**を示す．この回路は，コレクタ端子が電圧源 V_{CC} に接続され，出力はカップリングキャパシタ C_2 を介してエミッタから取り出す構成である．バイアス回路は出力 V_E が最大限変動できるように，$V_E = V_{CC}/2$ と設計されている．

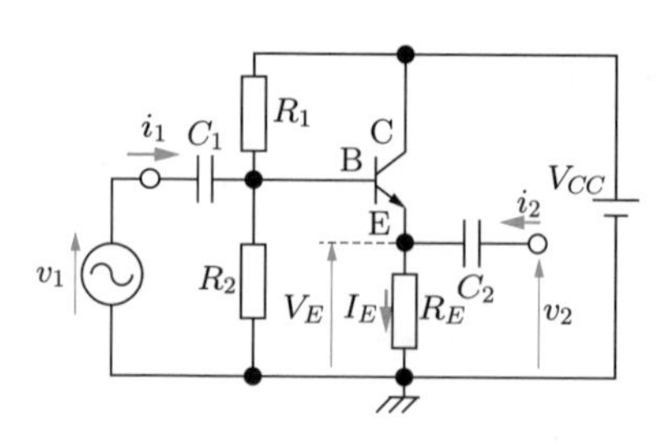

図 A.13　コレクタ接地増幅回路

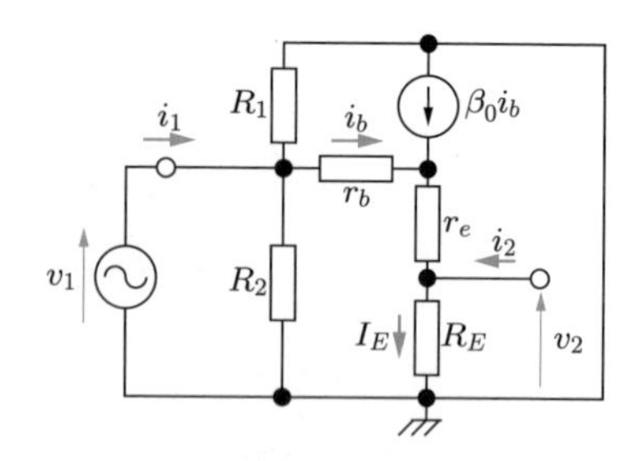

図 A.14　等価回路導出の途中過程

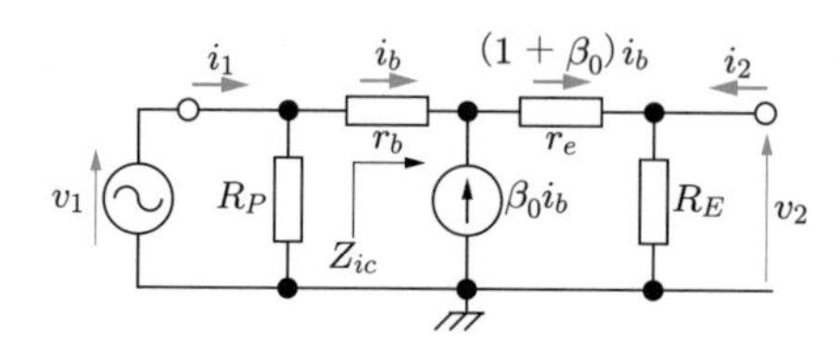

図 A.15　最終的な等価回路（コレクタ接地増幅回路）

図 A.7 (b) のバイポーラトランジスタの小信号等価回路を用いて，コレクタ接地増幅回路の中域における小信号等価回路を求めると，図 A.14 となる．さらに，R_1 と電流源を見やすいように移動すると，最終的な等価回路として図 A.15 が得られる．ただし，$R_P = R_1 /\!/ R_2$ である．ここで，$i_2 = 0$ である開放負荷の状態を考えると，入出力電圧 v_1，v_2 は，

$$v_1 = r_b i_b + (r_e + R_E)(1 + \beta_0) i_b \tag{A.13}$$

$$v_2 = R_E (1 + \beta_0) i_b \tag{A.14}$$

で与えられる．式 (A.13)，(A.14) から，中域利得 A_V は，

$$A_V = \left.\frac{v_2}{v_1}\right|_{i_2=0} = \frac{(1+\beta_0)R_E}{r_b + (1+\beta_0)(r_e + R_E)} \tag{A.15}$$

となる．ここで，$r_b \ll (1+\beta_0)(r_e + R_E)$ と仮定すると，上式は

$$A_V = \frac{R_E}{r_e + R_E} \tag{A.16}$$

と表すことができ，さらに $r_e \ll R_E$ であるなら利得 A_V は 1 となる．したがって，コレクタ接地増幅回路は，利得がほぼ 1 倍の正相増幅回路であることがわかる．

次に，この回路の入力インピーダンスを求めよう．図 A.15 のように，バイアス回路を除く増幅器のインピーダンスを Z_{ic} とすると，式 (A.13) より

$$Z_{ic} = \frac{v_1}{i_b} = r_b + (1+\beta_0)(r_e + R_E) \tag{A.17}$$

となるので，入力インピーダンスが式 (A.11) と同様に，

$$Z_{\rm in} = \left.\frac{v_1}{i_1}\right|_{i_2=0} = R_P \mathbin{/\!/} Z_{ic} = \frac{r_b + (1+\beta_0)(r_e + R_E)}{1 + \{r_b + (1+\beta_0)(r_e + R_E)\}/R_P} \tag{A.18}$$

と導かれる．

最後に，出力インピーダンスを求めるために図 A.15 で $v_1 = 0$ とし，出力側に電圧源 v_2 を接続すると，図 A.16 が得られる．この回路において R_E の左側から回路を見込んだインピーダンスを $Z_{oc} = v_2/i_C$ とする．$i_e = -(1+\beta_0)i_b$ であるから

$$v_2 = -r_e(1+\beta_0)i_b - r_b i_b = r_e i_e + \frac{r_b}{1+\beta_0} i_e \tag{A.19}$$

となり，その結果，

$$Z_{oc} = r_e + \frac{r_b}{1+\beta_0} \tag{A.20}$$

が得られる．したがって，出力インピーダンスは次のようになる．

$$Z_{\rm out} = \left.\frac{v_2}{i_2}\right|_{v_1=0} = R_E \mathbin{/\!/} Z_{oc} = \frac{r_e + r_b/(1+\beta_0)}{1 + \{r_e + r_b/(1+\beta_0)\}/R_E} \tag{A.21}$$

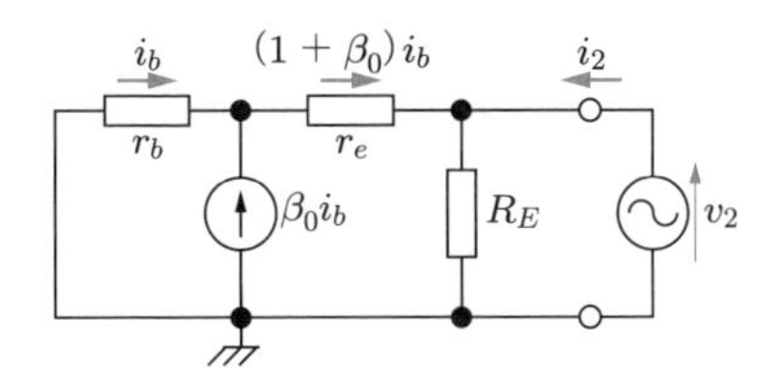

図 A.16　コレクタ接地増幅回路の出力インピーダンスを求めるための等価回路

演習問題解答

1章

1.1 回路を流れる電流は，RL 直列回路のインピーダンスを $\boldsymbol{Z}=R+j\omega(L_1+L_2)$ として，$\boldsymbol{I}=E/\boldsymbol{Z}$ で求められる．$\boldsymbol{Z}=Ze^{j\theta}$ と複素数表示すると，$Z=\sqrt{R^2+\{\omega(L_1+L_2)\}^2}$，$\tan\theta=\omega(L_1+L_2)/R$ であるから，

$$\boldsymbol{I}=\frac{E}{\sqrt{R^2+\{\omega(L_1+L_2)\}^2}}e^{-j\theta},\quad \tan\theta=\frac{\omega(L_1+L_2)}{R}$$

となる．インダクタ L_2 の電圧は，電流にインダクタのインピーダンスを乗算して求められ，$j=e^{j\pi/2}$ を用いて，次のようになる．

$$\boldsymbol{V}_{L2}=j\omega L_2\boldsymbol{I}=\frac{\omega L_2E}{\sqrt{R^2+\{\omega(L_1+L_2)\}^2}}e^{j(\pi/2-\theta)}$$

1.2 回路の電圧は，RC 並列回路のアドミタンスを $\boldsymbol{Y}=1/R+j\omega(C_1/2+C_1/2)=1/R+j\omega C_1$ として，$\boldsymbol{V}=J/\boldsymbol{Y}$ で求められる．$\boldsymbol{Y}=Ye^{j\theta}$ と複素数表示すると，$Y=\sqrt{(1/R)^2+(\omega C_1)^2}=\sqrt{1+\omega^2C_1^2R^2}/R$，$\tan\theta=\omega C_1R$ であるから，

$$\boldsymbol{V}=\frac{R}{\sqrt{1+\omega^2C_1^2R^2}}Je^{-j\theta},\quad \tan\theta=\omega C_1R$$

となる．電流 $\boldsymbol{I}_{C2}$ は回路電圧を直列容量のインピーダンスで除算すれば求められ，次のようになる．

$$\boldsymbol{I}_{C2}=j\frac{1}{2}\omega C_1\boldsymbol{V}=\frac{\omega C_1R}{2\sqrt{1+\omega^2C_1^2R^2}}Je^{j(\pi/2-\theta)}$$

1.3 電流源 J を開放したときに $\boldsymbol{Z}_0$ を流れる電流は，$\boldsymbol{I}_1=E/(\boldsymbol{Z}_1+\boldsymbol{Z}_0)$ となる．次に，電圧源 E を短絡した場合を考える．電流源に接続されたインピーダンス $\boldsymbol{Z}_2$ は電流の大きさに影響を与えないので，電流源 J から流れる電流が分流され，$\boldsymbol{I}_2=J\times\boldsymbol{Z}_1/(\boldsymbol{Z}_1+\boldsymbol{Z}_0)$ が得られる．最後に，重ね合わせの理から，$\boldsymbol{I}=\boldsymbol{I}_1+\boldsymbol{I}_2=(E+J\boldsymbol{Z}_1)/(\boldsymbol{Z}_1+\boldsymbol{Z}_0)$ となる．

1.4 まず，a–b 間に接続されている $\boldsymbol{Z}_5$ を外した回路を考える．このとき，a–b 間から見たインピーダンス $\boldsymbol{Z}$ は，電圧源インピーダンスがゼロであるので，解図 1 (a) のように考えることができる．したがって，a–b 間のインピーダンスは $\boldsymbol{Z}=\boldsymbol{Z}_1\boldsymbol{Z}_3/(\boldsymbol{Z}_1+\boldsymbol{Z}_3)+\boldsymbol{Z}_2\boldsymbol{Z}_4/(\boldsymbol{Z}_2+\boldsymbol{Z}_4)$ と求められる．一方，a–b 間の開放電圧は，解図 1 (b) のように考えれば，点 a，b の電位はそれぞれ，$\boldsymbol{V}_\mathrm{a}=\{\boldsymbol{Z}_3/(\boldsymbol{Z}_1+\boldsymbol{Z}_3)\}E$，$\boldsymbol{V}_\mathrm{b}=\{\boldsymbol{Z}_4/(\boldsymbol{Z}_2+\boldsymbol{Z}_4)\}E$ と求められるので，$\boldsymbol{V}=\{\boldsymbol{Z}_3/(\boldsymbol{Z}_1+\boldsymbol{Z}_3)-\boldsymbol{Z}_4/(\boldsymbol{Z}_2+\boldsymbol{Z}_4)\}E$ となる．したがって，テ

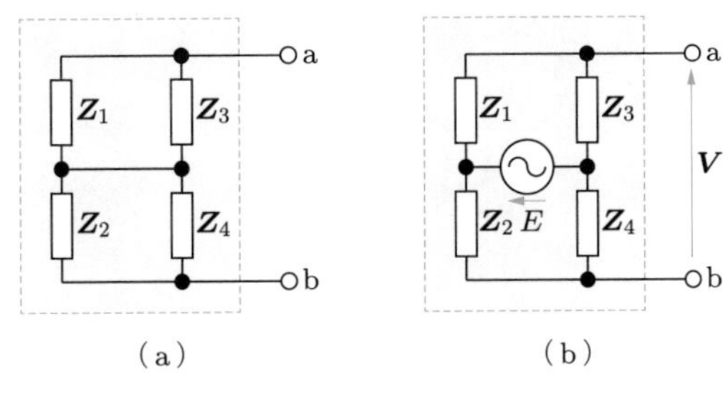

（a）　（b）

解図 1

ブナンの定理を用いて，a–b 間に $\boldsymbol{Z}_5$ を接続した場合の電流は，次のようになる．

$$
\begin{aligned}
\boldsymbol{I}_5 &= \frac{\boldsymbol{V}}{\boldsymbol{Z}+\boldsymbol{Z}_5} \\
&= \left(\frac{\boldsymbol{Z}_3}{\boldsymbol{Z}_1+\boldsymbol{Z}_3} - \frac{\boldsymbol{Z}_4}{\boldsymbol{Z}_2+\boldsymbol{Z}_4}\right)E \\
&\quad \times \frac{1}{\boldsymbol{Z}_1\boldsymbol{Z}_3/(\boldsymbol{Z}_1+\boldsymbol{Z}_3)+\boldsymbol{Z}_2\boldsymbol{Z}_4/(\boldsymbol{Z}_2+\boldsymbol{Z}_4)+\boldsymbol{Z}_5} \\
&= \frac{(\boldsymbol{Z}_2\boldsymbol{Z}_3-\boldsymbol{Z}_4\boldsymbol{Z}_1)E}{\boldsymbol{Z}_1\boldsymbol{Z}_3(\boldsymbol{Z}_2+\boldsymbol{Z}_4)+\boldsymbol{Z}_2\boldsymbol{Z}_4(\boldsymbol{Z}_1+\boldsymbol{Z}_3)+\boldsymbol{Z}_5(\boldsymbol{Z}_2+\boldsymbol{Z}_4)(\boldsymbol{Z}_1+\boldsymbol{Z}_3)}
\end{aligned}
$$

2章

2.1　(1)　式 (2.1) にパラメータを代入して計算した結果を解図 2 に示す．図 (a) は縦軸を対数表示したもので，図 (b) はリニアスケールである．

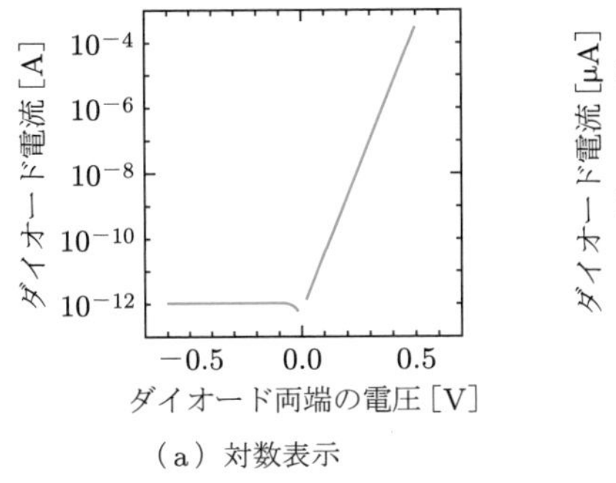

（a）対数表示

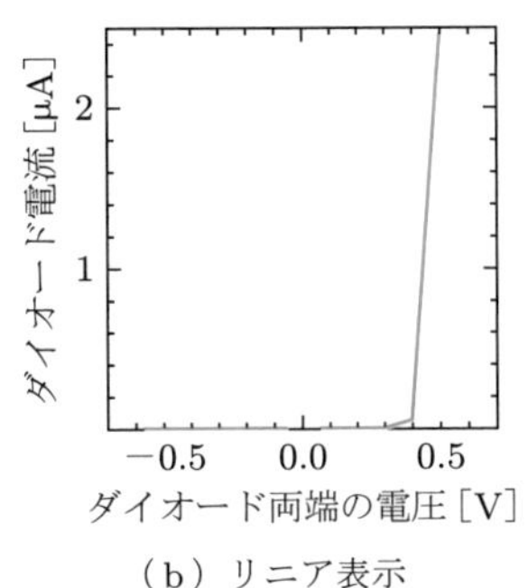

（b）リニア表示

解図 2

(2)　抵抗とダイオードが直列に接続されているので，抵抗およびダイオードを流れる電流は同一となる．したがって，印加電圧に対して両電流をプロットすると，解図 3 のようになる．この交点が回路を流れる電流となる．図より回路電流は 370 μA となることがわかる．

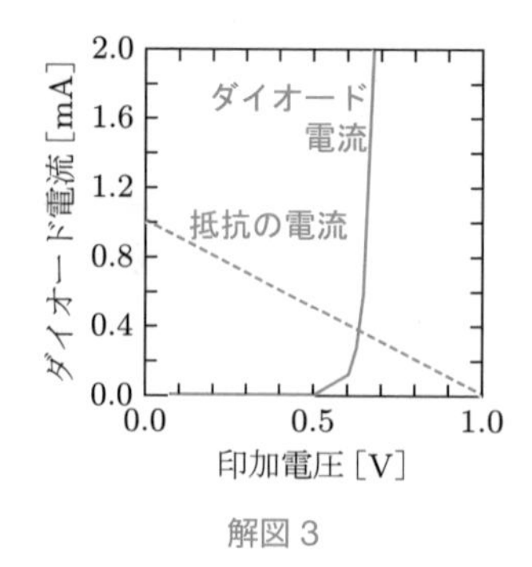

解図 3

2.2　式 (2.10) において，$K_n = W_n \mu_n C_{\mathrm{oxn}}/(2L_n)$，$\Delta L/L_n = x$ とおく．$x \ll 1$ として，$1/(1-x)$ のマクローリン展開の 1 次の項までを考えると，

$$I_{DS\mathrm{satn}} \cong K_n (V_{GS} - V_{Tn})^2 \left(1 + \frac{\Delta L}{L_n}\right)$$

が得られる．さらに，$\Delta L/L_n = \lambda_n V_{DS}$ を代入すれば式 (2.11) が導出できる．

2.3　式 (2.11) および式 (2.14) において，問題文から係数パラメータ K_n と K_p 以外は同一である．よって，同じドレイン電流を得るには，p チャネル MOSFET のゲート幅を n チャネル MOSFET に比較して 2.5 倍にすればよいことがわかる．

3章

3.1　式 (3.1) から，$V_{DSQ} = V_{DD}/2 = 1$ V が得られる．また，式 (3.4) より $V_{DSQ} = V_{DD} - R_L I_D$ であるから，$R_L = 500\ \Omega$ となる．次に，式 (3.3) より $I_D = K(V_{GS} - V_T)^2$ であるから，$V_{GS} = I_D/K + V_T = \sqrt{(2.0 \times 10^{-3})/(8.0 \times 10^{-3})} + 0.5 = 1.0$ V となる．この結果を式 (3.5) に適用すると，$V_{GS} = R_2 V_{DD}/(R_1 + R_2)$ より $R_2 : (R_1 + R_2) = 1 : 2$ が得られる．$I_G = 0$ なので，I_1 を $I_1 = 1\ \mu$A にするには $R_1 + R_2 = 1$ MΩ，すなわち $R_1 = 500$ kΩ，$R_2 = 500$ kΩ となる．

3.2　電圧利得は，式 (3.8) より $A_V = -g_m R_L = -5$ となる．入力インピーダンスは，式 (3.9) より $Z_{\mathrm{in}} = R_1 /\!/ R_2 = 128$ kΩ となり，出力インピーダンスは，式 (3.10) より $Z_{\mathrm{out}} = R_L = 2$ kΩ となる．

3.3　電圧利得 A_V は，式 (3.22) より $A_V = g_m R_S/(1 + g_m R_S) = 0.92$ となる．入力インピーダンスは，式 (3.23) より $Z_{\mathrm{in}} = R_1 /\!/ R_2 = 238$ kΩ となり，出力インピーダンスは，式 (3.24) より $Z_{\mathrm{out}} = R_S/(1 + g_m R_S) = 370$ kΩ となる．

3.4　(1)　ゲート電位は，$V_G = R_2/(R_1 + R_2) \times V_{DD} = 1.2$ V，ソース電位は，$V_S = V_G - V_T - V_{\mathrm{ov}} = 1.2 - 0.5 - 0.2 = 0.5$ V，ドレイン電位は，$V_D = V_{DD} - I_D R_L = 3 - 0.5 \times 10^{-3} \times 2 \times 10^3 = 2.0$ V となる．

(2)　ソース端子に接続されたキャパシタンス C_S が交流信号に対しては短絡とみなせるので，この回路は図 3.8 のソース接地増幅回路と同じになる．したがって，等価回路は解

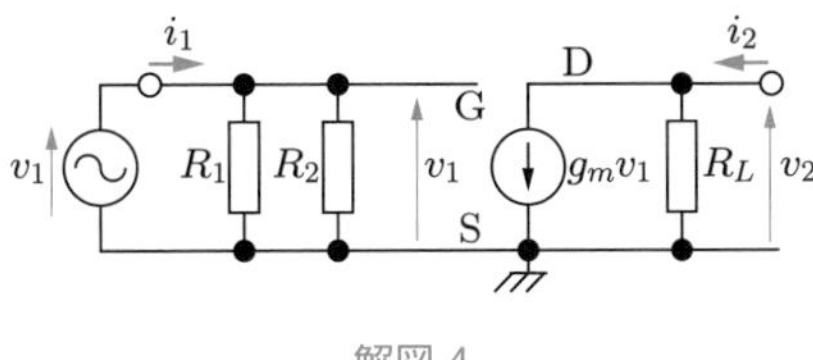

解図 4

図 4 になる．

(3)　解図 4 から，入力端子に接続されている素子はバイアス抵抗のみであるので，入力インピーダンスは $Z_{\text{in}} = R_1 /\!/ R_2 = 12\ \text{k}\Omega$ となる．

(4)　電圧利得は $A_V = -g_m R_L$ から求められる．ここで，式 (2.9) と式 (3.6) から，$g_m = 2I_D/V_{\text{ov}} = 2 \times 0.5 \times 10^{-3}/0.2 = 5\ \text{mS}$ が得られるので，$A_V = -10$ となる．

3.5　(1)　バックゲート端子がソース端子に接続されているので，出力インピーダンスを導出するための等価回路は図 3.20 と同じになる．また，ドレイン接地増幅回路のソースに電流源を接続した場合は，式 (3.24) におけるソース抵抗 R_S が無限大になったことになるので，出力インピーダンスは $Z_{\text{out}} = 1/g_m$ となる．式 (2.9) と式 (3.6) から，$g_m = 2I_D/V_{\text{ov}}$ であるので，$Z_{\text{out}} = V_{\text{ov}}/2I_D$ で与えられる．

(2)　バックゲート端子を基板に接続した場合は，式 (3.29) で，ソース抵抗を無限大にした場合に相当するので，バックゲートの伝達コンダクタンスを g_{mb} とすれば，出力インピーダンスは $Z_{\text{out}} = 1/(g_m + g_{mb})$ となる．

4 章

4.1　4.3 節で述べたように，出力振幅が $-A$ 倍されるので，入力側から見た容量は $C_{\text{in}} = C_1 + (1+A)C_2$ となる．一方，出力側から考えると，出力振幅を基準（1 と見立てる）にすれば，入力振幅が $1/A$ になるので，入出力間に接続されたキャパシタ C_2 の電圧変化は $1 + 1/A$ となる．よって，出力側から見た容量は $C_{\text{out}} = C_3 + (1 + 1/A)C_2$ となる．

4.2　式 (4.2) で示された $C_m = C_{gs} + (1 + g_m R_L)C_{gd}$，および $R_P = R_1 /\!/ R_2$ を用いた式 (4.8) から，次のようになる．

$$f_{\text{H}} = \frac{1}{2\pi C_m \rho R_P/(\rho + R_P)} = 24.9\ \text{MHz}$$

4.3　式 (4.19) より，$f_{\text{L}} = 1/2\pi C_1 R_P = 0.62\ \text{Hz}$ となる．

5 章

5.1　MOSFET を等価回路に置き換えると，解図 5 のようになる．解析を簡単にするため，テブナンの定理を用いて，この回路の帰還部を入出力間で分離する．さらに，$R_i \gg R_1$，$R_i \gg R_2$，$r_o \gg R_1 /\!/ R_i + R_2$ とすれば，解図 6 の等価回路が導かれる．ただし，$R_{LP1} = r_{o1} /\!/ R_{L1}$，$R_{LP2} = r_{o2} /\!/ R_{L2}$ である．この等価回路から，制御電圧が $v_1 =$

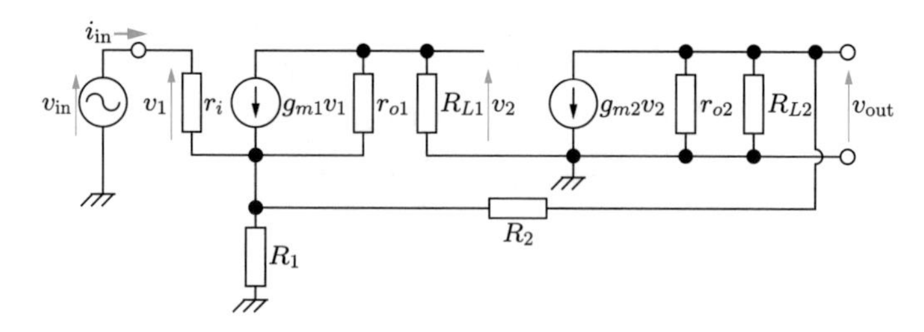

解図 5

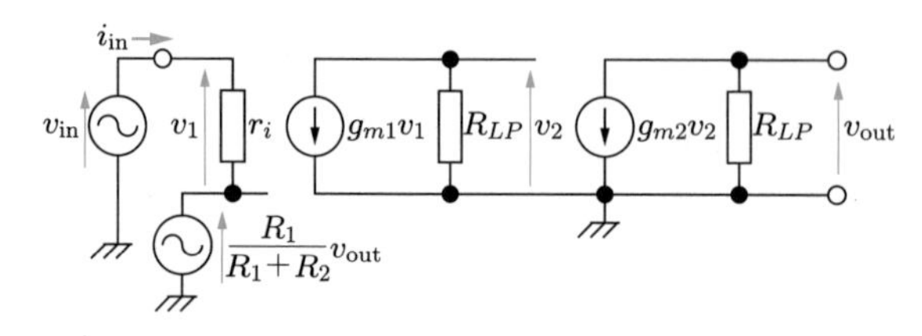

解図 6

$v_{\rm in} - \{R_1/(R_1 + R_2)\}v_{\rm out}$ と導かれ，出力電圧は，

$$
\begin{aligned}
v_{\rm out} &= -g_{m2}v_2R_{LP2} = -g_{m2}(-g_{m1}v_1R_{LP1})R_{LP2}\\
&= g_{m1}g_{m2}R_{LP1}R_{LP2}\left(v_{\rm in} - \frac{R_1}{R_1 + R_2}v_{\rm out}\right)
\end{aligned}
$$

となる．ここで，開ループ利得 $A_V = g_{m1}g_{m2}R_{LP1}R_{LP2}$，帰還率 $H = R_1/(R_1 + R_2)$ とすれば，閉ループ利得 $G = v_{\rm out}/v_{\rm in} = A_V/(1 + A_VH)$ となる．次に，入力インピーダンスを求めるために，入力電流 i_1 を導出する．$i_1 = v_i/R_i$ であるから，

$$
i_{\rm in} = \frac{v_{\rm in} - Hv_{\rm out}}{r_i} = \frac{v_{\rm in} - \{A_VH/(1 + A_VH)\}v_{\rm in}}{r_i} = \frac{v_{\rm in}}{(1 + A_VH)r_i}
$$

となる．したがって，入力インピーダンスは，

$$
Z_{\rm in} = \frac{v_{\rm in}}{i_{\rm in}} = (1 + A_VH)r_i
$$

と求められる．出力インピーダンスを求めるために，電源 $v_{\rm in}$ を短絡（$i_{\rm in} = 0$）すると，$v_1 = -Hv_{\rm out}$ となる．さらに，出力端子に電源 $v_{\rm out}$ を接続すれば，電流源電流 $i_3 = -g_{m2}v_2 = -g_{m2}(-g_{m1}v_1R_{LP1}) = g_{m1}g_{m2}R_{LP1}(-Hv_{\rm out})$ となる．これを

$$
i_{\rm out} = \frac{v_{\rm out}}{R_{LP2}} - i_3 = \frac{v_{\rm out}}{R_{LP2}} + \frac{A_VH}{r_{o2}}v_{\rm out}
$$

に代入して整理すると，出力インピーダンスが次のように求められる．

$$
Z_{\rm out} = \frac{v_{\rm out}}{i_{\rm out}} = \frac{R_{LP2}}{1 + A_VH}
$$

5.2 MOSFETを等価回路に置き換えると，解図7のようになる．解析を簡単にするため，テブナンの定理を用いて入出力を分離する．このとき，入力側は電流源が接続されているので，入力側から見た電源を電流源として等価回路に接続すると，解図8のようになる．ただし，$R_{LP} = r_o \mathbin{/\!/} R_L$ である．

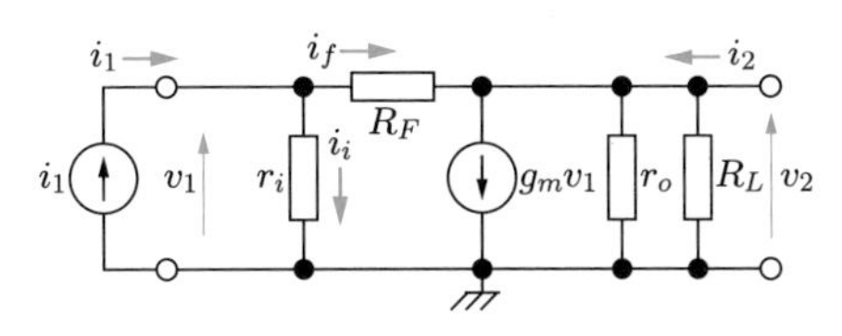

解図7

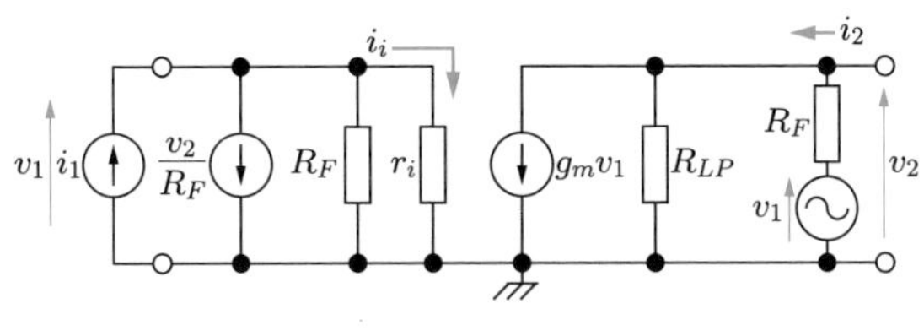

解図8

さらに，$R_F \gg R_{LP}, r_i$ として回路を近似すると，解図9のようになる．この回路から，

$$i_i = i_1 - \frac{v_2}{R_F}, \quad v_1 = i_i r_i = \left(i_1 - \frac{v_2}{R_F}\right) r_i, \quad v_2 = -g_m v_1 R_{LP}$$

の関係が導かれる．これらを連立させて

$$v_2 \left(1 - g_m \frac{r_i R_{LP}}{R_F}\right) = -g_m i_1 r_i R_{LP}$$

が得られるので，これを v_1 の式に代入すれば

$$\begin{aligned} v_1 &= i_i r_i = \left(i_1 - \frac{v_2}{R_F}\right) r_i \\ &= i_1 r_i + \frac{g_m r_i R_{LP}}{R_F} \frac{1}{1 - g_m r_i R_{LP}/R_F} i_1 = \frac{1}{1 + A_R H} r_i i_1 \end{aligned}$$

となる．ただし，$A_R = g_m r_i R_{LP}$，$H = 1/R_F$ である．したがって，入力インピーダンスは次のようになる．

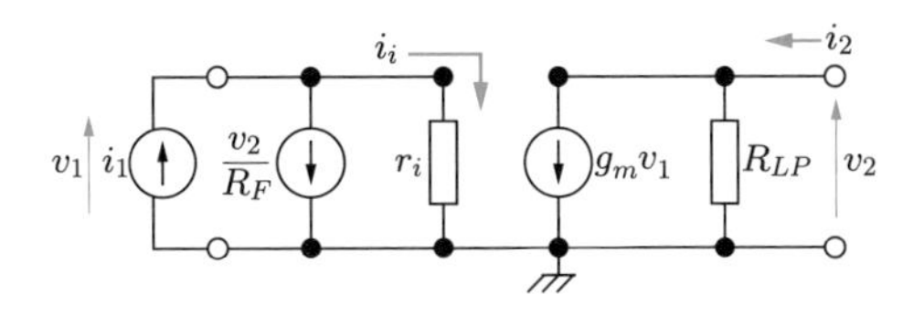

解図9

$$Z_{\mathrm{in}} = \frac{v_1}{i_1} = \frac{1}{1 + A_R H} r_i$$

一方，出力インピーダンスは，入力電流をゼロ（電流源を開放）にしたときの出力電流

$$i_2|_{i_1=0} = \frac{v_2}{R_{LP}} + g_m r_i i_i = \frac{v_2}{R_{LP}} - g_m r_i H v_2 = \left(\frac{1}{R_{LP}} - g_m r_i H\right) v_2$$

から求められ，次のようになる．

$$Z_{\mathrm{out}} = \frac{v_2}{i_2} = \frac{1}{1/R_{LP} - g_m r_i H} = \frac{R_{LP}}{1 - g_m r_i R_{LP} H} = \frac{R_{LP}}{1 + A_R H}$$

5.3　入力インピーダンスを求める等価回路は，解図 10 のようになる．$R_{LP} = r_o \mathbin{/\!/} R_L$ である．これより入力電流と電圧の関係

$$i_S = g_m v_i \frac{R_{LP}}{R_{LP} + R_F} \cong g_m v_i = g_m i_1 r_i$$
$$v_{\mathrm{in}} = i_1 r_i + R_F(i_1 + i_S) = i_1 r_i + R_F(i_1 + g_m i_1 r_i)$$

が得られる．ここで，$R_{LP} \gg R_F$ と近似した．入力インピーダンスは

$$Z_{\mathrm{in}} = \frac{v_{\mathrm{in}}}{i_1} = (1 + g_m R_F) r_i + R_F$$

と求められ，ここで，$r_i \gg R_F$，$A_G = g_m$，$H = R_F$ とすれば，$Z_{\mathrm{in}} = v_{\mathrm{in}}/i_1 = (1 + A_G H) r_i$ となる．

出力インピーダンスを求める等価回路は，解図 11 のようになる．これより

$$i_2 = g_m v_i + \frac{v_2}{R_{LP}},\quad v_i = -i_2 \times (r_i \mathbin{/\!/} R_F) = -i_2 R_{FP}$$
$$i_2 = -R_{FP} g_m i_2 + \frac{v_2}{R_{LP}}$$

の関係が得られる．ただし，$R_{FP} = r_i \mathbin{/\!/} R_F$ である．したがって，出力インピーダンスは

$$Z_{\mathrm{out}} = \frac{v_2}{i_2} = R_{LP}(1 + g_m R_{FP})$$

と求められ，ここで，$r_i \gg R_F$ とすれば，$Z_{\mathrm{out}} = v_2/i_2 = R_{LP}(1 + A_G H)$ となる．

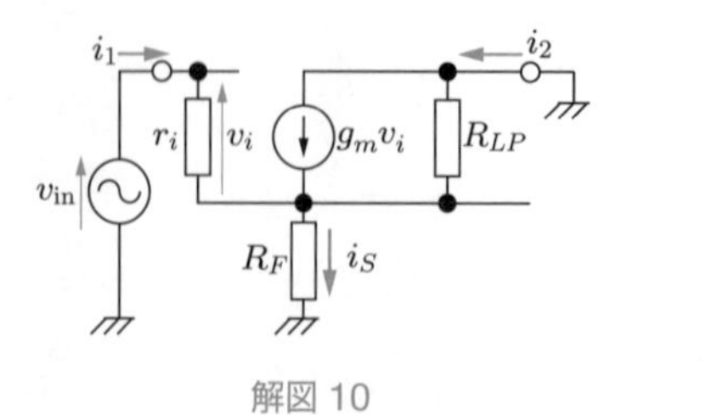

解図 10

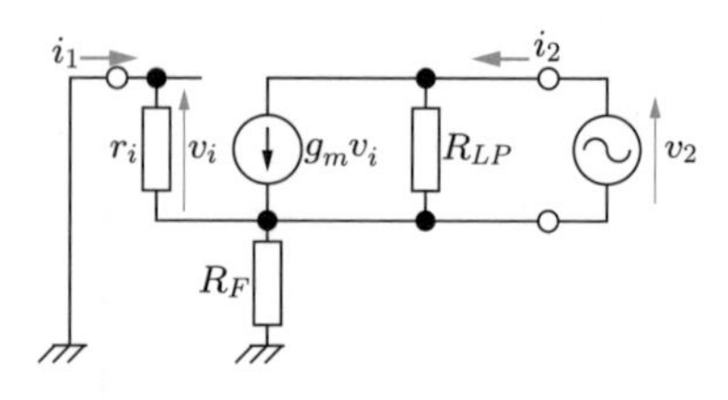

解図 11

5.4 入力インピーダンスを求めるために，出力 v_2 を短絡した等価回路を解図 12 に示す．この回路の電流・電圧の関係は，

$$i_f = \frac{r_i}{r_i + (R_F + R_S)} i_{\text{in}}$$

$$i_S = g_{m2} v_{\text{in}2} \frac{r_{o2} /\!/ (R_F + r_i)}{R_S + r_{o2} /\!/ (R_F + r_i)} = g_{m2}(v_{o1} - v_S) \frac{r_{o2} /\!/ (R_F + r_i)}{R_S + r_{o2} /\!/ (R_F + r_i)}$$

$$\cong g_{m2}(v_{o1} - v_S) \frac{R_F}{R_S + R_F}$$

$$v_{\text{in}} = i_f R_F + v_S = i_f R_F + (i_f + i_S) R_S = (R_F + R_S) i_f + i_S R_S$$

$$v_{o1} = -g_{m1}(R_L /\!/ r_{o1}) v_{\text{in}}$$

となる．ただし，$R_F \gg r_i$，$r_{o2} \gg R_F$ と近似した．この関係式から，R_S を流れる電流 i_S と，入力電圧 v_{in}，入力電流 i_{in} との関係を求める．

$$i_S = g_{m2}(v_{o1} - v_S) \frac{R_F}{R_S + R_F} = g_{m2}\{v_{o1} - (R_F + R_S) i_f - i_S R_S\} \frac{R_F}{R_S + R_F}$$

$$i_S = \frac{g_{m2}}{1 + g_{m2} R_S R_F / (R_S + R_F)} \{v_{o1} - (R_F + R_S) i_f\}$$

$$= \frac{g_{m2}}{1 + g_{m2} R_S R_F / (R_S + R_F)} \left\{ -g_{m1}(R_L /\!/ r_{o1}) v_{\text{in}} - \frac{r_i (R_F + R_S)}{r_i + (R_F + R_S)} i_{\text{in}} \right\}$$

$$\cong \frac{g_{m2}}{1 + g_{m2} R_S R_F / (R_S + R_F)} \{-g_{m1}(R_L /\!/ r_{o1}) v_{\text{in}} - r_i i_{\text{in}}\}$$

この式を，v_{in} の関係式に代入して，

$$v_{\text{in}} = (R_F + R_S) i_f + i_S R_S$$

$$= r_i i_{\text{in}} + \frac{g_{m2}}{1 + g_{m2} R_S R_F / (R_S + R_F)} \{-g_{m1}(R_L /\!/ r_{o1}) v_{\text{in}} - r_i i_{\text{in}}\} R_S$$

$$\left\{ 1 + \frac{g_{m2} g_{m1} (R_L /\!/ r_{o1}) R_S}{1 + g_{m2} R_S R_F / (R_S + R_F)} \right\} v_{\text{in}}$$

$$= r_i \left\{ 1 - \frac{g_{m2} R_S}{1 + g_{m2} R_S R_F / (R_S + R_F)} \right\} i_{\text{in}}$$

$$Z_{\text{in}} = \frac{v_{\text{in}}}{i_{\text{in}}} = r_i \times \frac{1 + g_{m2} R_S \{R_F / (R_S + R_F) - 1\}}{1 + g_{m2} R_S R_F / (R_S + R_F) + g_{m2} R_S g_{m1} (R_L /\!/ r_{o1})}$$

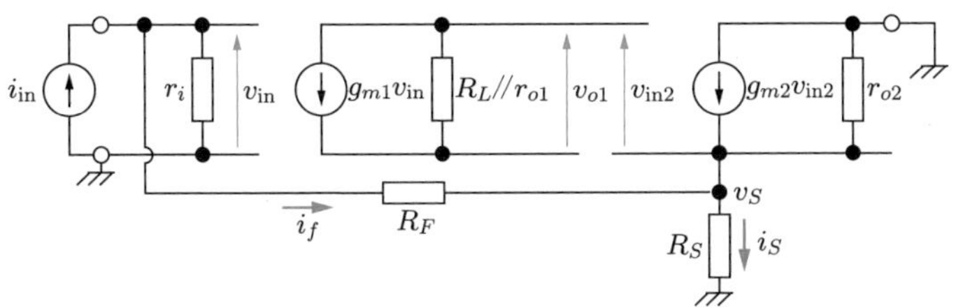

解図 12

$$= r_i \times \frac{1}{1 + g_{m2}R_F\{1 + g_{m1}(R_L /\!/ r_{o1})\}R_S/(R_S + R_F)} = r_i \times \frac{1}{1 + A_I H}$$

となる．ここで，$R_F/(R_S + R_F) \sim 1$ と近似した．また，

$$A_I = g_{m2}R_F\{1 + g_{m1}(R_L /\!/ r_{o1})\}, \quad H = \frac{R_S}{R_S + R_F}$$

である．

一方，出力インピーダンスは，解図 13 のように，入力電流源 i_{in} を開放して，出力端子に電圧源 v_{out} を接続したときの出力電流から求められる．これより各節点の電流・電圧の関係は，次のようになる．

$$i_S = \frac{r_i + R_F}{r_i + R_F + R_S} i_{\text{out}}, \quad v_S = \frac{(r_i + R_F)R_S}{r_i + R_F + R_S} i_{\text{out}},$$

$$v_{\text{in}} = r_i \times \frac{R_S}{r_i + R_F + R_S} i_{\text{out}}, \quad v_{o1} = -g_{m1}(R_L /\!/ r_{o1})v_{\text{in}},$$

$$i_{\text{out}} = g_{m2}v_{\text{in2}} + \frac{v_{\text{out}} - v_S}{r_{o2}} = g_{m2}(v_{o1} - v_S) + \frac{v_{\text{out}} - v_S}{r_{o2}}$$

これらを連立させて，出力電流 i_{out} および出力電圧 v_{out} の関係を求める．

$$\begin{aligned}
i_{\text{out}} &= g_{m2}(v_{o1} - v_S) + \frac{v_{\text{out}} - v_S}{r_{o2}} \\
&= g_{m2}\left\{v_{o1} - \frac{(r_i + R_F)R_S}{r_i + R_F + R_S} i_{\text{out}}\right\} + \left\{v_{\text{out}} - \frac{(r_i + R_F)R_S}{r_i + R_F + R_S} i_{\text{out}}\right\} \Big/ r_{o2}
\end{aligned}$$

$$\begin{aligned}
i_{\text{out}}&\left\{1 + g_{m2}\frac{(r_i + R_F)R_S}{r_i + R_F + R_S} + \frac{(r_i + R_F)R_S}{(r_i + R_F + R_S)r_{o2}}\right\} = g_{m2}v_{o1} + \frac{v_{\text{out}}}{r_{o2}} \\
&= -g_{m1}g_{m2}(R_L /\!/ r_{o1})v_{\text{in}} + \frac{v_{\text{out}}}{r_{o2}} \\
&= -g_{m1}g_{m2}(R_L /\!/ r_{o1})\frac{r_i R_S}{r_i + R_F + R_S} i_{\text{out}} + \frac{v_{\text{out}}}{r_{o2}}
\end{aligned}$$

$$\begin{aligned}
i_{\text{out}}&\left\{1 + g_{m2}\frac{(r_i + R_F)R_S}{r_i + R_F + R_S} + \frac{(r_i + R_F)R_S}{(r_i + R_F + R_S)r_{o2}}\right. \\
&\quad \left. + g_{m1}g_{m2}(R_L /\!/ r_{o1})\frac{(r_i + R_F)R_S}{r_i + R_F + R_S}\right\}
\end{aligned}$$

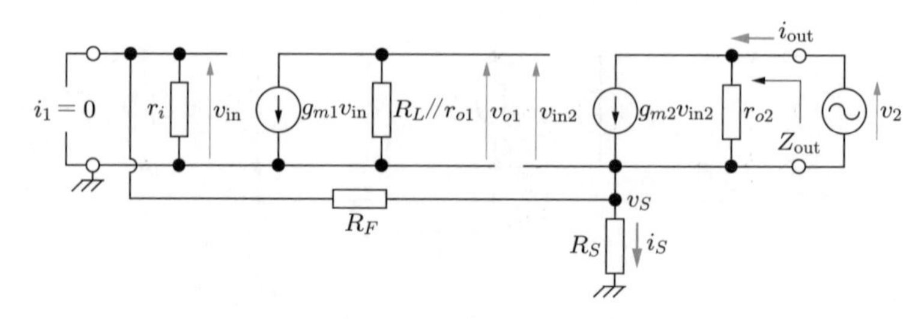

解図 13

$$= i_{\text{out}}\left[1 + g_{m2}\frac{(r_i + R_F)R_S}{r_i + R_F + R_S}\{1 + g_{m1}(R_L /\!/ r_{o1})\} + \frac{(r_i + R_F)R_S}{(r_i + R_F + R_S)r_{o2}}\right]$$

$$= \frac{v_{\text{out}}}{r_{o2}}$$

したがって，出力インピーダンスは，

$$\begin{aligned} Z_{\text{out}} &= \frac{v_{\text{out}}}{i_{\text{out}}} \\ &= \frac{(r_i + R_F)R_S}{r_i + R_F + R_S} + r_{o2}\left[1 + g_{m2}\frac{(r_i + R_F)R_S}{r_i + R_F + R_S}\{1 + g_{m1}(R_L /\!/ r_{o1})\}\right] \\ &\cong \frac{R_F R_S}{R_F + R_S} + r_{o2}\left[1 + g_{m2}\frac{R_F R_S}{R_F + R_S}\{1 + g_{m1}(R_L /\!/ r_{o1})\}\right] \\ &\cong R_F /\!/ R_S + r_{o2}(1 + A_I H) \cong r_{o2}(1 + A_I H) \end{aligned}$$

となる．ここで，$r_i \ll R_F$，$r_{o2} \gg R_F /\!/ R_S$ と近似した．

5.5　式 (5.53) より，発振角周波数 $\omega_{\text{osc}} = 1/\sqrt{C_0^2 R_0^2} = 1/C_0 R_0 = 2\pi \times 1 \times 10^3$ であるから，$C_0 = 1/(2\pi \times 1 \times 10^3 \times 10 \times 10^3) = 16$ nF となる．

5.6　初段増幅器の入力 v_i は，入力信号 v_1 と出力帰還信号 $-Hv_2$ の和であり，次段増幅器の入力は，初段出力 $A_1 v_i$ と雑音 v_n の和となるので，次のような関係式が得られる．

$$v_i = v_1 - Hv_2,\quad v_2 = (v_i A_{V1} + v_n)A_{V2},\quad v_i = \frac{v_2 - v_n A_{V2}}{A_{V1}A_{V2}}$$

これらを連立させて，入力信号 v_1 と出力信号 v_2，および雑音 v_n の関係を求めると，

$$v_1 - Hv_2 = \frac{v_2 - v_n A_{V2}}{A_{V1}A_{V2}} \quad \therefore (1 + A_{V1}A_{V2}H)v_2 = A_{V1}A_{V2}v_1 + v_n A_{V2}$$

から，次のようになる．

$$v_2 = \frac{A_{V1}A_{V2}}{1 + A_{V1}A_{V2}H}v_1 + \frac{A_{V2}}{1 + A_{V1}A_{V2}H}v_n$$

6章

6.1　ソース電位 v_{S0} は変化しないとして，等価回路は解図 14 のようになる．この回路における電流・電圧の関係は

$$g_m(v_{\text{in1}} - v_{S1}) + \frac{v_{\text{out1}} - v_{S1}}{r_D} = i_{\text{out}} = \frac{v_{S1}}{r_S},$$

$$-i_{\text{out}}R_L = v_{\text{out1}},\quad \frac{v_{S1}}{r_S} = -\frac{v_{\text{out1}}}{R_L}$$

であるので，これらを連立させて，

$$g_m\left(v_{\text{in1}} + \frac{r_S}{R_L}v_{\text{out1}}\right) + \frac{v_{\text{out1}} + (r_S/R_L)v_{\text{out1}}}{r_D} = i_{\text{out}} = -\frac{v_{\text{out1}}}{R_L}$$

から，

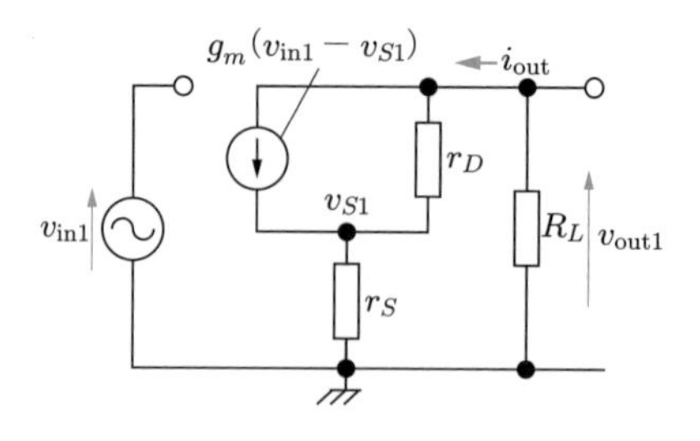

解図 14

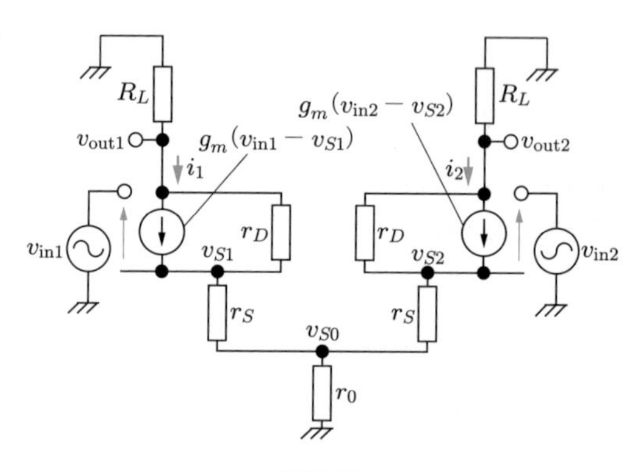

解図 15

$$A_d = \frac{v_{\rm out1}}{v_{\rm in1}} = -\frac{g_m r_D R_L}{R_L + r_D + r_S(1 + g_m r_D)}$$

が得られる．同相利得を計算する場合の等価回路は解図 15 のようになる．この回路の電流・電圧の関係は，

$$g_m(v_{\rm in1} - v_{S1}) + \frac{v_{\rm out1} - v_{S1}}{r_D} = i_1, \quad g_m(v_{\rm in2} - v_{S2}) + \frac{v_{\rm out2} - v_{S2}}{r_D} = i_2,$$
$$-i_1 R_L = v_{\rm out1}, \quad -i_2 R_L = v_{\rm out2}, \quad \frac{v_{S1} - v_{S0}}{r_S} = -\frac{v_{\rm out1}}{R_L},$$
$$\frac{v_{S2} - v_{S0}}{r_S} = -\frac{v_{\rm out2}}{R_L}, \quad i_1 + i_2 = i_0 = \frac{v_{S0}}{r_0} = -\frac{v_{\rm out1} + v_{\rm out2}}{R_L}$$

であるので，これらを連立させて

$$g_m(v_{\rm in1} - v_{S1}) + \frac{v_{\rm out1} - v_{S1}}{r_D} + g_m(v_{\rm in2} - v_{S2}) + \frac{v_{\rm out2} - v_{S2}}{r_D}$$
$$= -\frac{v_{\rm out1} + v_{\rm out2}}{R_L}$$

に，

$$v_{S1} + v_{S2} = 2v_{S0} - \frac{r_S}{R_L}(v_{\rm out1} + v_{\rm out2}), \quad v_{S0} = -\frac{r_0}{R_L}(v_{\rm out1} + v_{\rm out2})$$

の関係を代入して，

$$\begin{aligned} & g_m r_D R_L (v_{\mathrm{in1}} + v_{\mathrm{in2}}) \\ & = -\{R_L + r_D + r_S(1 + g_m r_D) + 2r_0(1 + g_m r_D)\}(v_{\mathrm{out1}} + v_{\mathrm{out2}}) \end{aligned}$$

より，

$$A_c = \frac{v_{\mathrm{out1}} + v_{\mathrm{out2}}}{v_{\mathrm{in1}} + v_{\mathrm{in2}}} = -\frac{g_m r_D R_L}{R_L + r_D + r_S(1 + g_m r_D) + 2r_0(1 + g_m r_D)}$$

が得られる．したがって，CMRR は次のようになる．

$$\begin{aligned} \mathrm{CMRR} = \frac{A_d}{A_c} &= \frac{\dfrac{g_m r_D R_L}{R_L + r_D + r_S(1 + g_m r_D)}}{\dfrac{g_m r_D R_L}{R_L + r_D + r_S(1 + g_m r_D) + 2r_0(1 + g_m r_D)}} \\ &= 1 + \frac{2r_0(1 + g_m r_D)}{R_L + r_D + r_S(1 + g_m r_D)} \end{aligned}$$

6.2 (1)　飽和領域のドレイン電流は，式 (2.9) より

$$I_{DS} = K(v_{gs} - V_T)^2 = \frac{1}{2}\frac{W}{L}\mu C_{\mathrm{ox}}(v_{gs} - V_T)^2$$

であるので，チャネル幅とチャネル長の比を $\beta = W/L$ として，$I_{DS3} = 30 \times 10^{-6} \times \beta \times \{-1.5 - (-0.5)\}^2 = 30 \times 10^{-6}$ A から $\beta = 1$ が導かれ，M_3 のゲート長 $L_3 = 5$ μm から，$W_3 = 5$ μm が得られる．

(2)　M_1 に関しては，$\beta = 7.5$ であるので，$I_{DSn1} = 100 \times 10^{-6} \times 7.5 \times (v_{gs} - 0.5)^2 = 30 \times 10^{-6}$ A から，$v_G = 0.7$ V となる．

(3)　電流源 M_2 は，$I_{DSn2} = 100 \times 10^{-6} \times \beta \times (0.7 - 0.5)^2 = 30 \times 10^{-6}$ A から $\beta = 7.5$ が得られ，M_2 のゲート長 $L_2 = 1.0$ μm から，ゲート幅 $W_2 = 7.5$ μm が得られる．

6.3　図 6.15 に示した折り返しカスコード回路では，M_1 のドレインと M_2 のソースが電流源 I_{ref} に接続されている．電流源の電流は変化しないので，M_1 のドレイン電流の変化は，M_2 のソース電流の変化となる（これを電流が折り返されるという）．したがって，この回路の出力抵抗は，式 (6.34) に示したカスコード回路の出力抵抗と同様に考えることができる．M_1 のドレイン抵抗を r_{o1}，M_2 の伝達コンダクタンスを g_m，ドレイン抵抗を r_{o2} とすれば，$(g_m r_{o2}) r_{o1}$ となる．

図 6.16 に示したスーパーカスコード回路では，増幅器を用いて M_2 のソース電位を帰還制御している．増幅器の利得 A_V が大きい場合には，M_1 のドレイン電圧は，出力端の電位が変化してもほとんど変動しないので，等価的な出力抵抗が高くなる．この回路の出力抵抗は，回路の電流・電圧の関係から，

$$i_{\mathrm{out}} = g_m(v_Y - v_X) + \frac{v_{\mathrm{out}} - v_X}{r_{o2}}, \quad v_Y = A_V(V_B - v_X), \quad v_X = i_{\mathrm{out}} r_{o1}$$

であるので，これらを連立させて，

$$i_{\text{out}} = g_m\{A_V(V_B - i_{\text{out}}r_{o1}) - i_{\text{out}}r_{o1}\} + \frac{v_{\text{out}} - i_{\text{out}}r_{o1}}{r_{o2}}$$

となる．よって，$Z_{\text{out}} = v_{\text{out}}/i_{\text{out}} = r_{o1} + r_{o2} + g_m r_{o1} r_{o2} + A_V g_m r_{o1} r_{o2}$ であり，利得が大きければ，$A_V g_{m2} r_{o2} r_{o1}$ となる．

6.4　差動入力信号 Δv_{in} が十分小さい場合は，M_1，M_2 のソース電位は変化しないので，ソース接地回路とみなして解析する．いま，M_1，M_2 のゲート電圧が $\pm\Delta v_{\text{in}}/2$ 変化したと仮定すると，M_1 のドレイン電流の変化量 Δi_{D1} は，出力電圧の変化量を Δv_{out}，M_1 の伝達コンダクタンス，ドレインコンダクタンスをそれぞれ g_{mp}，g_{Dp} とすれば，式 (6.48) で与えられる．一方，M_3 がダイオード特性を示すので，M_1 のドレイン電圧はほとんど変化しない．したがって，M_1 のドレイン電流の変化量は $\Delta i_{D1} = g_{mp}\Delta v_{\text{in}}/2$ と近似できる．この電流の変化は，カレントミラー回路で M_4 のドレイン電流 Δi_{D4} に現れるが，ドレイン電圧が変化するので，M_4 のドレインコンダクタンスを g_{Dn} とすれば，$\Delta i_{D4} = g_{mp}\Delta v_{\text{in}}/2 - g_{Dn}\Delta v_{\text{out}}$ となる．

一方，M_2 の電流は，$\Delta i_{D2} = -g_{mp}\Delta v_{\text{in}}/2 + g_{Dp}\Delta v_{\text{out}}$ と表されるので，キルヒホッフの法則より $\Delta i_{D4} = \Delta i_{D2}$ であるから，

$$g_{mp}\frac{\Delta v_{\text{in}}}{2} - g_{Dn}\Delta v_{\text{out}} = -g_{mp}\frac{\Delta v_{\text{in}}}{2} + g_{Dp}\Delta v_{\text{out}}$$

となる．式を整理すると，増幅度 A_V として，$A_V = \Delta v_{\text{out}}/\Delta v_{\text{in}} = g_{mp}/(g_{Dn} + g_{Dp})$ が導かれる．

7章

7.1　(1)　電圧利得が無限大の場合は，式 (7.9) より $A_V = v_{\text{out}}/v_{\text{in}} = 1 + R_2/R_1 = 1 + (100 \times 10^3)/(1 \times 10^3) = 101$ となる．

(2)　電圧利得 A_d が有限の場合は，演算増幅器の入出力電圧の関係 $A_d\{v_{\text{in}} - R_1 v_{\text{out}}/(R_1 + R_2)\} = v_{\text{out}}$ から，次のようになる．

$$\begin{aligned} A_V &= \frac{v_{\text{out}}}{v_{\text{in}}} = \frac{A_d}{1 + A_d R_1/(R_1 + R_2)} \\ &= \frac{A_d}{1 + A_d \times 1 \times 10^3/(1 \times 10^3 + 100 \times 10^3)} \end{aligned}$$

(3)　(2) において，$A_V \geqq 0.999 \times 101$ であるから，$A_d \geqq 101000$ となる．

7.2　(1)　演算増幅器が理想的である場合，利得は $A_V = v_{\text{out}}/v_{\text{in}} = -R_f/R_1$ であるので，R_f は 94 kΩ となる．

(2)　演算増幅器のプラス端子に正の入力オフセットがある場合の入出力の関係は，キルヒホッフの電流則より $(v_{\text{in}} - v_{\text{off}})/R_1 = (v_{\text{off}} - v_{\text{out}})/R_f$ であるから，$v_{\text{out}} = -(R_f/R_1)v_{\text{in}} + (1 + R_f/R_1)v_{\text{off}}$ と求められる．

7.3 (1) 電圧利得は，入力端子が仮想接地として，次のようになる．

$$A_V = -\frac{Z_f}{R_1} = \frac{R_2 /\!/ (R_3 + 1/j\omega C)}{R_1} = \frac{R_2(1 + j\omega CR_3)}{R_1 + j\omega CR_1(R_2 + R_3)}$$

(2) $R_2 = \infty$，$R_3 = 0$ のときの電圧利得は，$A_V = -1/j\omega CR_1$ であり，$R_1 = 2.4\ \mathrm{k\Omega}$，$C = 220\ \mathrm{fF}$ のとき，利得の絶対値が 1 になる周波数は，次のようになる．

$$f_T = \frac{1}{2\pi CR_1} = \frac{1}{2\pi \times 220 \times 10^{-15} \times 2.4 \times 10^3} \cong 300\ \mathrm{MHz}$$

(3) 直流利得は，$|R_2/R_1| = 100$ である．電圧利得は，$A_V = -Z_f/R_1 = (R_2/R_1) \times 1/(1 + j\omega CR_2)$ であるので，$f_{-3\mathrm{dB}} = 1/2\pi R_2 C$ から，約 3 MHz と求められる．利得の絶対値の dB 表示は，周波数が高い場合には $\omega CR_2 \gg 1$ であるので，

$$\begin{aligned} 20\log_{10}|A_V| &= 20\log_{10}\frac{R_2}{R_1}\frac{1}{\sqrt{1 + (\omega CR_2)^2}} \\ &\cong 20\log_{10}\left(\frac{R_2}{R_1}\frac{1}{\omega CR_2}\right) = -20(\log_{10}\omega + \log_{10}CR_1) \end{aligned}$$

となり，-20 dB/dec で減衰する．

7.4 回路の電流・電圧の関係は

$$\frac{v_{\mathrm{in}} - v_{\mathrm{x}}}{R_1} = \frac{v_{\mathrm{x}} - v_{i+}}{R_2} + j\omega C_1(v_{\mathrm{x}} - v_{\mathrm{out}}), \quad \frac{v_{\mathrm{x}} - v_{i+}}{R_2} = j\omega C_2 v_{i+}$$

となる．演算増幅器が理想的であるなら，仮想短絡（$v_{i+} = v_{i-}$）が成立するので，$v_{i+} = v_{i-} = v_{\mathrm{out}}$ の関係から v_{x} を消去して，$v_{\mathrm{in}} = \{1 + j\omega C_2(R_1 + R_2) - \omega^2 C_1 C_2 R_1 R_2\}v_{\mathrm{out}}$ より，次のようになる．

$$H(\omega) = \frac{v_{\mathrm{out}}}{v_{\mathrm{in}}} = \frac{1}{1 - \omega^2 C_1 C_2 R_1 R_2 + j\omega C_2(R_1 + R_2)}$$

8章

8.1 MOSFET の v_{ds} は，電源電圧に対する出力信号の振幅比を k（< 1）とすれば，$v_{ds} = V_{DD} + kV_{DD}\sin\omega t$ と表される．変成比 α（< 1）のとき $n = 1/\alpha$ と定義すると，負荷線の電流は

$$i_{ds} = \frac{V_{DD}}{n^2 R_L} - \frac{kV_{DD}}{n^2 R_L}\sin\omega t$$

となる．したがって，i_{ds} の平均値は $V_{DD}/n^2 R_L$ であるから，電源供給電力 P_{sup} は，

$$P_{\mathrm{sup}} = V_{DD} \times \frac{V_{DD}}{n^2 R_L} = \frac{V_{DD}^2}{n^2 R_L}$$

と求められる．信号電力 P_{out} は抵抗 R_L で消費される電力であるが，理想変成器は電力を消費しないので，1 次側インダクタが消費する電力を求めればよい．端子対 $\mathrm{P_1}$-$\mathrm{P_2}$ の電

流信号成分（負荷線の信号電流）が端子対 P_1-P_2 間の等価抵抗 n^2R_L に流れることから，信号電力 P_{out} は，

$$
\begin{aligned}
P_{\mathrm{out}} &= \frac{1}{T}\int_0^T \left(\frac{kV_{DD}}{n^2R_L}\sin\omega t\right)^2 \times n^2R_L\,\mathrm{d}t = \frac{1}{T}\int_0^T \frac{k^2V_{DD}^2}{n^2R_L}\sin^2\omega t\,\mathrm{d}t \\
&= \frac{k^2V_{DD}^2}{2n^2R_L}
\end{aligned}
$$

となる．以上から，電力効率 η は次のようになる．

$$
\eta = \frac{P_{\mathrm{out}}}{P_{\mathrm{sup}}} = \frac{n^2R_L}{V_{DD}^2} \times \frac{k^2V_{DD}^2}{2n^2R_L} = \frac{k^2}{2}
$$

8.2　回路が対称で $V_{DD} = |V_{SS}|$ としているため，V_{DD} が供給する電力を 2 倍すれば求められる．入出力信号がともに正弦波であると仮定すると，電源 V_{DD} から電流が流れる半周期の電流は，$i_{dsn} = (kV_{DD}/R_L)\sin\omega t$ で，残りの半周期はゼロである．したがって，電源が増幅回路に供給する電力 P_{sup} は，

$$
P_{\mathrm{sup}} = 2P_{V_{DD}} = 2 \times \left(\frac{1}{T}\int_0^{T/2} V_{DD} \times \frac{kV_{DD}}{R_L}\sin\omega t\,\mathrm{d}t\right) = \frac{2kV_{DD}^2}{\pi R_L}
$$

となる．一方，抵抗 R_L から取り出せる出力信号電力 P_{out} は，抵抗 R_L に加わる正弦波の振幅から求められ，

$$
P_{\mathrm{out}} = \frac{1}{T}\int_0^T \frac{(kV_{DD}\sin\omega t)^2}{R_L}\,\mathrm{d}t = \frac{k^2V_{DD}^2}{2R_L}
$$

となるので，最大電力効率 η は次のようになる．

$$
\eta = \frac{P_{\mathrm{out}}}{P_{\mathrm{sup}}} = \frac{k^2V_{DD}^2}{2R_L} \times \frac{\pi R_L}{2kV_{DD}^2} = \frac{k\pi}{4}
$$

9章

9.1　式 (9.14) より，$C = T/2\sqrt{3}R_L\gamma = 1/(920 \times 10^6 \times 2\sqrt{3} \times 10 \times 10^3 \times 0.1) = 0.3\,\mathrm{pF}$ となる．

9.2　(1)　デューティ比 $\delta = 50\%$ であるから，スイッチのオン・オフ期間は等しく $T_{\mathrm{on}} = T_{\mathrm{off}} = 1/2f_{\mathrm{sw}}$ で，出力電圧 $v_{\mathrm{out}} = \delta v_{\mathrm{in}} = v_{\mathrm{in}}/2$ である．式 (9.29) より，$\Delta i_L = 0.1 \times i_L = (v_{\mathrm{out}}/L)T_{\mathrm{off}} = v_{\mathrm{in}}/4Lf_{\mathrm{sw}}$ となる．したがって，次のようになる．

$$
L = \frac{v_{\mathrm{in}}}{4f_{\mathrm{sw}}} \times \frac{1}{0.1 \times i_L} = \frac{10}{4 \times 100 \times 10^3} \times \frac{1}{0.1 \times 0.5} = 500\,\mu\mathrm{H}
$$

(2)　式 (9.32) より，$\gamma = (1-\delta)/8\sqrt{3}LC_Lf_{\mathrm{sw}}^2$ であるから，次のようになる．

$$
C_L = \frac{1-\delta}{8\sqrt{3}Lf_{\mathrm{sw}}^2\gamma} = \frac{1-0.5}{8 \times \sqrt{3} \times 500 \times 10^{-6} \times (100 \times 10^3)^2 \times 0.01} = 0.72\,\mu\mathrm{F}
$$

索　引

な　行

は　行

ま　行

ら　行

著者略歴
前多　正（まえだ・ただし）
1983 年　豊橋技術科学大学電気電子工学専攻修了
1983 年　日本電気株式会社
1999 年　日本電気株式会社光無線デバイス研究所主任研究員
2006 年　日本電気株式会社デバイスプラットフォーム研究所主幹研究員
2010 年　ルネサスエレクトロニクス株式会社
2015 年　芝浦工業大学工学部教授
現在に至る
博士（工学），2005～2010 年 International Solid State Circuit Conference (ISSCC) ワイヤレスプログラム委員，2018 年電子情報通信学会英文論文誌 (A) 小特集プログラム編集委員長などを歴任．専門はアナログ RF 回路設計．所属学会：米国電気電子学会（IEEE），電子情報通信学会

アナログ電子回路

2023 年 3 月 7 日　第 1 版第 1 刷発行

著者　前多　正

編集担当　富井　晃（森北出版）
編集責任　上村紗帆・宮地亮介（森北出版）
組版　プレイン
印刷　丸井工文社
製本　同

発行者　森北博巳
発行所　森北出版株式会社
〒102-0071　東京都千代田区富士見 1-4-11
03-3265-8342（営業・宣伝マネジメント部）
https://www.morikita.co.jp/

ISBN 978-4-627-78781-0

MEMO

MEMO

MEMO

MEMO

MEMO